Brown粒子の運動理論

～材料科学における拡散理論の新知見～

沖野 隆久

NTS

序

　1827年にBrownによって発見された水中の花粉微粒子の挙動は，水の自己拡散現象が可視化されたものであることがEinsteinによって1905年に明らかにされた．この事実は，物質が基本粒子としての分子または原子から構成されている証左を与えるものである．Brown粒子の集団運動とは，物質構成要素である分子または原子などの個々のミクロ粒子（Brown粒子）が物質中に生じた熱的なゆらぎに起因して放物線則にしたがってランダム運動する拡散現象として知られている．

　Brown粒子の運動はMarkov過程にしたがって確率微分方程式で表され，その挙動は，数学的にはGaussの正規分布に関連する現象として，物質科学，情報科学，生体科学，複雑系科学や社会科学に至るまで，部分的なゆらぎが系全体に影響を与えるような保存系の現象に現れる広範な諸科学に共通したものである．したがって，諸科学のMarkov過程に関連した研究課題は総称してBrown問題と言われている．

　本書では，所謂Brown問題の1つとして，物質中のミクロ粒子の集団移動を意味する拡散現象について議論する．拡散現象は，発展方程式に属する放物型偏微分方程式で表される．また，拡散方程式は別名，Fickの第2法則，連続の方程式，熱伝導方程式や物質保存の方程式とも称されるように多くの物理現象に適用される物理学における基本方程式の1つである．なお，拡散方程式に含まれる拡散係数は拡散現象を決定する物理量であるが，これは単一ミクロ粒子と当該ミクロ粒子近傍の拡散場によって定まる物理量である．したがって，量子効果を有する単一ミクロ粒子の挙動についても議論する．

　本書では，Gaussの発散定理と拡散方程式の座標変換論にしたがって，物質中のミクロ粒子の拡散現象に関する基本方程式の解析問題を論じている．したがって，上述したように，ここでの解析理論から得られた新知見は広範なBrown問題についても一般に成立するものである．また，数学的な解析結果と物理学的な現象との整合性については，豊富なデータが存在する理想的な固体結晶中での実験結果に対比して検討している．このようにしても，拡散方程式の解析に関する数学的な一般性を失うことはないからである．

　本書は8章から構成されており，第1章では，拡散問題の基本事例としてBrown運動に関連して，原子または分子の実在の確証を得るまでのミニ物理学史的な展望の中で拡散現象に関する物理学または応用数学がどのように進展してきたかを時系列に沿って概観する．また，Brown問題は，物質科学に限定されたものでなく，Markov過程に関わる諸科学分野に広範に適用できるものであり，その普遍性について述べる．

　第2章では，発展方程式としての拡散方程式とSchrödinger方程式との関係が拡散現象の素過程におけるミクロ粒子の衝突問題を介して議論されている．その結果，物質の種類やその熱力学的な状態に無関係にすべての物質について適用できる拡散係数の基本素量が，ミクロ粒子共通の物理定数であるPlanck定数とAvogadro定数および拡散粒子の特性を表す原子量または分子量を組み入れて，導出されている．さらに，ここでの議論から，拡散係数は，量子力学

における物質科学の基本方程式である de Broglie の物質波の関係式や不確定性原理の関係式に密接に関係していることが明らかにされている。

　第3章では，典型的な拡散系における拡散方程式の一般的な解析手法を具体的に示すことで，ここで用いる応用数学の基礎を明らかにする。なお，ここでの一般的な解析手法は，複雑な拡散各論の解析問題についても役立つものと考えられる。

　第4章では，拡散現象が放物線則にしたがう挙動を示すことに鑑みて放物空間を定義し，放物空間での拡散方程式の解析方法について論じる。前例のない放物空間での解析方法は，第3章で示した Laplace 変換や Fourier 変換などの積分変換による方法や変数分離解法に比して極めて優位な解析法であることが具体的に示されており，今後 Markov 過程に関連した諸科学において広く適用可能であると考えられる。

　第5章では，相互拡散現象を湖面上の筏モデルに対応させて拡散方程式の座標系設定に関する問題を議論して，拡散現象を把握するためには拡散方程式を座標変換することが必要不可欠であることを明らかにする。

　第6章では，第5章の議論に基づいて2元系相互拡散問題を具体的に検討する。その結果，Kirkendall 効果や自己拡散機構を含めて拡散機構が統一して議論されている。さらに，N元系相互拡散問題が議論されている。

　本書の第一義的な目的は以上であるが，便宜上，拡散問題を解析する上で必要と思われる数学と物理学に関する重要な事項を述べる。本来，簡単な付録とすべきであるが，材料科学系における学生教育の実情を勘案して，さらに2章を設けることにした。

　第7章では，応用数学の視点から，多少冗長的であることは否めないが，Brown 問題の解析に必要な数学の基礎について記述した。

　第8章では，拡散現象を理解するために必要な物理学の法則や定理について概説したが，十分な内容であるとは言えず，その補足は専門書に委ねることにしたい。

　今後，Brown 問題に関連した諸科学を専攻しようとする学生諸君にとって，ランダム運動の数理現象を把握して具体的な問題の解析に対する応用力を培っていただければ幸いである。また，材料科学における拡散問題，さらに広範には Brown 問題に関連した若い研究者・技術者にとって，本書での数理解析に関する議論が今後の研究活動進展への一助となれば幸いである。さらに，本書で論じた拡散現象の基礎理論における新知見が拡散問題の各論へ新風を与え，今後の拡散研究の進展に寄与できれば望外の幸せである。

　拡散史における先哲をはじめ，これまで拡散研究に取り組んでこられた数多くの研究者に対して，著者はその敬意をここに著すものである。また，本書の図面を作成していただきました佐久間俊雄博士と長 弘基博士に深謝いたします。

2016 年 8 月吉日

目　次

第1章　Brown 運動 …………………………………………………………… 1

§1-1　Brown 運動に関わる科学史 ……………………………………………………… 2
§1-2　確率分布と誤差関数 ………………………………………………………………… 7
§1-3　Boltzmann の原理 ……………………………………………………………………… 9
§1-4　Einstein の理論と Perrin の実験 ………………………………………………… 12
§1-5　Langevin の運動方程式 ……………………………………………………………… 16
§1-6　Gauss の発散定理と Brown 粒子の集団運動 …………………………………… 18
§1-7　Brown 運動の普遍性 ………………………………………………………………… 22
　付録1-A　Brown 粒子の拡散挙動 ……………………………………………………… 24

第2章　単一 Brown 粒子の挙動 ……………………………………………… 27

§2-1　発展方程式 …………………………………………………………………………… 28
§2-2　発展方程式における放物型と楕円型の関係 …………………………………… 30
§2-3　拡散方程式と Schrödinger 方程式 ………………………………………………… 32
§2-4　Brown 粒子の拡散係数 ……………………………………………………………… 35
§2-5　拡散係数と物質波の関係式 ………………………………………………………… 37
§2-6　拡散係数と不確定性原理の関係 …………………………………………………… 39

第3章　拡散方程式の典型的な解析方法 …………………………………… 41

§3-1　変数分離法による線形拡散方程式の解析 ……………………………………… 42
§3-2　Fourier 変換による線形拡散方程式の解析 ……………………………………… 44
§3-3　Laplace 変換による線形拡散方程式の解析 ……………………………………… 47
§3-4　Green 関数を用いた非斉次線形拡散方程式の解析 …………………………… 49
§3-5　拡散場における生成消滅源 ………………………………………………………… 55
§3-6　共通拡散場における2元系拡散方程式の解析 ………………………………… 57

第4章　放物空間における拡散方程式 ……………………………………… 61

§4-1　放物空間の定義 ……………………………………………………………………… 62
§4-2　放物空間における拡散方程式と拡散流束 ……………………………………… 63
§4-3　放物空間における線形拡散方程式の解析 ……………………………………… 65
§4-4　放物空間における非線形拡散方程式の解析 …………………………………… 68
§4-5　放物空間における解析問題の検討 ………………………………………………… 73
§4-6　解析解の相互拡散問題への適用 …………………………………………………… 74
　付録4-A　拡散係数と濃度に関する近似解析 ………………………………………… 76
　付録4-B　解析解における物理定数の導出 …………………………………………… 78

第5章　拡散方程式に関する座標系の議論 ……………………………… 81

§5-1　静止座標系と運動座標系 …………………………………………… 82
§5-2　相互拡散現象に対応する筏の力学モデル ………………………… 84
§5-3　束縛条件下での相互拡散方程式 …………………………………… 86
§5-4　相互拡散における拡散流束の意味 ………………………………… 89
§5-5　拡散粒子のジャンプ機構 …………………………………………… 90

第6章　典型的な相互拡散問題の解析 ……………………………… 93

§6-1　2元系の相互拡散問題 ……………………………………………… 94
§6-2　拡散方程式と座標系の問題 ………………………………………… 96
§6-3　Kirkendall 効果 ……………………………………………………… 102
§6-4　拡散問題の統一理論 ………………………………………………… 104
§6-5　N元系の相互拡散 …………………………………………………… 108
　付録6-A　2元系相互拡散における Darken 式の問題 ………………… 114
　付録6-B　拡散流速と Driving Force …………………………………… 121

第7章　拡散問題に関連した基礎数学 ……………………………… 125

§7-1　Taylor 展開と Euler の関係式 ……………………………………… 126
§7-2　定係数線形微分方程式 ……………………………………………… 128
§7-3　Cauchy の積分公式 ………………………………………………… 130
§7-4　直交関数系と Fourier 級数 ………………………………………… 135
§7-5　Fourier 変換 ………………………………………………………… 140
§7-6　Laplace 変換 ………………………………………………………… 143
§7-7　超関数としての δ 関数 ……………………………………………… 147
§7-8　Sturm Liouville の方程式 …………………………………………… 152
§7-9　Green 関数 …………………………………………………………… 158
　付録7-A　Stockes の定理 ……………………………………………… 168
　付録7-B　Fourier 級数の完備性と収束性 …………………………… 170
　付録7-C　Riemann Lebesgue の定理 ………………………………… 176

第8章　拡散問題に関連した基礎物理学 …………………………… 177

§8-1　基礎熱力学 …………………………………………………………… 178
§8-2　基礎解析力学 ………………………………………………………… 181
§8-3　自由エネルギー最小の原理とエントロピー増大の法則 ………… 184
§8-4　エネルギー等分配則 ………………………………………………… 187
§8-5　Boltzmann 因子の物理的な意味 …………………………………… 188
§8-6　前期量子論 …………………………………………………………… 189
§8-7　基礎量子力学 ………………………………………………………… 195
　付録8-A　Legendre 関数 ……………………………………………… 208
　付録8-B　Rodrigues の公式 …………………………………………… 209

参考文献・参考書 …………………………………………………………… 211
索　引 ………………………………………………………………………… 215

第1章　Brown運動

§1-1　Brown運動に関わる科学史
§1-2　確率分布と誤差関数
§1-3　Boltzmannの原理
§1-4　Einsteinの理論とPerrinの実験
§1-5　Langevinの運動方程式
§1-6　Gaussの発散定理とBrown粒子の集団運動
§1-7　Brown運動の普遍性
付録 1-A　Brown粒子の拡散挙動

自然の摂理として孤立系における物理現象は，相反する原理と法則であるエネルギー最小の原理（秩序ある方向）とエントロピー増大の法則（無秩序な方向）が拮抗する終状態である熱平衡状態になるように変化する。したがって，結晶物理学では完全結晶がエネルギー最小の状態であるが，上述の意味において，現実には空孔などの固有点欠陥を含んだ状態で存在し，完全結晶は存在しないことになる。なお，生体は熱平衡状態からズレを生じて秩序ある状態で存在しており，秩序ある状態を保持するためにエネルギーを供給する必要がある。換言すれば，生体はエントロピーを食しており，生体の死とはエネルギーの供給を停止し，物理的に熱平衡状態になることである。

　熱平衡状態にある物理系のミクロな挙動について，分子や原子は絶えず熱運動をしており，熱力学的なゆらぎに起因して純物質あるいは熱平衡状態にある固体物質中でも，分子や原子は，ランダムなジャンプ運動の連鎖として，物質中で拡散進行をしている。また，気体や液体物質中では分子や原子は平均自由行程の移動で衝突してランダム運動をする。歴史的な Brown 粒子の運動は，水中で花粉の微粒子がランダム運動している H_2O 分子との衝突によって生じたものであり，水の自己拡散が可視化されたものである。

§1-1　Brown 運動に関わる科学史

　1827 年，植物学者 Brown は水に浮かべた花粉の微粒子を顕微鏡観察して，ある位置で花粉の微粒子は絶えず動いており，ある瞬間に他の位置へジャンプ移動することを発見した。さらに，このジャンプ移動はその直前のジャンプ移動とは全く無関係に任意の方向に生じることが判明した。当初，植物学者である Brown は花粉の微粒子の一連の挙動を生命体現象であると考えた。その後，彼自身の実験にて有機物は勿論のこと，無機物に至るまですべての微粒子について普遍的な物理現象であることが判明した。したがって，Brown 運動は，物理学の研究対象としての問題だけではなく，平衡状態における系のゆらぎが全系に及ぼす影響に関連した問題として数学的にも広範な研究対象である。

　本章では，Brown 運動に関連した物質科学の中で拡散問題を応用数学的な視点から論じる。Brown 運動における花粉微粒子の挙動が水分子の自己拡散に起因していることを理解するまでに随分長い時間を要した。この間での量子論に至るまでの物理学の変遷は興味深いものであり，また拡散現象は原子または分子運動に直接関連しており，拡散現象の基礎に関わる物質構成要素としての原子または分子の実在が受け入れられるまでの興味深い科学史を以下で時系列に沿って概観する。

（1）気体の熱力学

　マクロな状態量として圧力 P，体積 V，絶対温度 T を用いて気体状態の変化について歴史的な進展を 1873 年の van der Waals の状態方程式に至るまで年代順に述べ，仮想基本粒子としての分子や原子の概念がどのように受け入れられてきたか簡単に振り返ってみることにする。1662 年に Boyle は，「一定温度 T のもとで希薄な気体の体積 V は圧力 P に反比例する」ことを

発見し，以後 Boyle の法則として受け入れられてきた。その後 1787 年には，Charles によって「圧力 P が一定のとき，理想気体の体積 V は絶対温度 T に比例する」ことが発見され，以後 Charles の法則として受け入れられてきた。18 世紀末には，これらの 2 つの法則は P, V, T 間の関係式である Boyle Charles の法則 $PV/T = const.$ として知られていた。

19 世紀になると，「ある反応に 2 種以上の気体が関与する場合，反応で消費あるいは生成された各気体の体積には同じ圧力，同じ温度のもとで簡単な整数比が成り立つ」ことが Gay Lussac によって発見され，以後 Gay Lussac の法則として受け入れられている。この発見は $P = const.$, $T = const.$ の条件下では，ある気体の基本量の体積は気体の種類に無関係に一定であることを示唆しており，1803 年の Dalton の原子説や 1811 年の Avogadro の法則に受け継がれたものと考えられる。この時代の化学者には，物質は基本粒子としての原子から構成されていることが受け入れられていた。しかしながら，原子の実在が明確に確認されていたわけではなかった。

物質構成の基本粒子である原子または分子について力学的な考察から，これら基本粒子の弾性衝突の問題として，1859 年の Maxwell の速度分布関数およびこれに続いて 1868 年の Boltzmann の速度分布関数に関する研究が発表された。ここでの理論構成は，原子または分子の衝突による集団運動の平均的な力積がマクロな状態量である圧力 P に対応し，またここで導出されたエネルギー等分配則はミクロな基本粒子の力学的な運動エネルギーがマクロな状態量である絶対温度 T に対応するものであった。このように，ミクロな基本粒子を想定し，その力学的な性質からマクロな状態量への関係式としてエネルギー等分配則の導出に成功し，この時点で物質構成の基本粒子である原子または分子の存在は，物理的にも確かなものとして受け入れられたかのように思われた。

しかしながら，1819 年に Dulong Petit の法則としてすでに知られていた比熱の実験結果について，物質構成の基本粒子である原子または分子運動論から導出されたエネルギー等分配則は，低温における比熱の理論を説明できなかった。このことは，物質構成の基本粒子として原子または分子の実在が Newton 力学によって理解できないことを意味し，Boltzmann の分子運動論が正当であるための障害となっていた。このような状況下で，1873 年に van der Waals によって気体分子の存在を想定して Boyle Charles の法則に気体分子間の相互作用を取り入れた理論式は，実在気体の挙動に一致した。このことは，気体分子の実在に信憑性を与えるものであるが，それでも基本粒子としての原子または分子実在の確固たる根拠には至らなかった。

(2) 熱輻射エネルギー

熱輻射エネルギーに関しての研究が当時の製鉄工業などの工学的な要請から精力的に行われていた。ここでの研究は，Newton 力学と古典物理学における双壁をなす電磁気学分野に属するものである。また，当時電磁波の真空中の伝播に関連してエーテルの未解決問題も存在していた。熱輻射エネルギーに関する研究は，結果として 1900 年の Planck のエネルギー量子の発見を導き，熱輻射エネルギーの問題を解決したばかりではなく，1905 年の Einstein の光電効果論を経て，現在の物質科学にとって必要不可欠な 1926 年の Schrödinger による波動力学へと量子力学建設に向けて進展させた。この間の物質構成の基本粒子である原子または分子に関

連した研究成果を時系列に沿って概観することにする。

1860年には，Kirchhoffによって空洞内の輻射エネルギーは温度だけに依存することが理論的に明らかにされていた。1879年にStefanは，輻射エネルギーUと空洞内の絶対温度Tとの間に比例定数σとして，関係式$U=\sigma T^4$が成立することを発見した。その後，1884年にこの関係式はBoltzmannによって理論的に導出された。

1893年にWienは，空洞輻射の振動数υに対して，その単位体積当たりのエネルギー分布についてυ/Tの関数$f(\upsilon/T)$として関係式

$$U(\upsilon)=\frac{8\pi}{c^3}\upsilon^3 f(\upsilon/T)$$

を導出した。ここで，cは光速度である。さらに関数を$f(\upsilon/T)=k_B\beta\exp[-\beta\upsilon/T]$と仮定してWienの変位則と称される関係式

$$U(\upsilon)=\frac{8\pi k_B\beta}{c^3}\upsilon^3\exp[-\beta\upsilon/T]$$

を発表した。

空洞内の1つの振動子にk_BTだけのエネルギーが分配されるとして，1900年に単位体積当たりのエネルギー分布がRayleigh Jeansの公式

$$U(\upsilon)=\frac{8\pi k_B}{c^3}\upsilon^2 T$$

として得られた。Rayleigh Jeansの公式は値υ/Tが小さい領域では実験結果を再現するが，値υ/Tが大きい領域ではWienの変位則が実験結果とよく一致することが判明した。以上に論じたように，エネルギー等分配則を適用した振動子モデルでは輻射エネルギーの問題を説明することができなかった。

古典物理学と言われるNewton力学および電磁気学の範疇では，比熱の問題や輻射エネルギーの問題を包括的に解決できないことが判明した。換言すれば，比熱や輻射エネルギーの問題が基本粒子を想定したエネルギー等分配則では説明できず，物質構成要素としての原子や分子の実在に対して確固たる根拠を示すことができなかった。

1900年にPlanckはWienの変位則を$f(\upsilon/T)=h/\{\exp[h\upsilon/k_BT]-1\}$として値$\upsilon/T$の全域で実験結果を再現するPlanckの公式

$$U(\upsilon)=\frac{8\pi h}{c^3}\upsilon^3\Big/\{\exp[h\upsilon/k_BT]-1\} \tag{1-1}$$

を導出した。ここで用いたhはPlanck定数と言われる。ここで重要なことは，電磁波のエネルギーが振幅には無関係に振動数υにだけ依存し，エネルギー$h\upsilon$をもった波動でありながら同時に粒子像をもった量子を想定したことである。Planckは量子数nの状態でのエネルギーE_nについて$E_n=nh\upsilon$としてエネルギーが離散的な値をもつと考えた。

Planckの理論は，1905年のEinsteinの光電効果の理論，1923年のCompton効果の理論によって正当性が明らかにされた。また，古くはギリシャ時代から想定されていたアトムの実在が1905年のEinsteinのBrown運動の理論により明らかにされた。さらに，比熱の問題に対するNewton力学によるエネルギー等分配則の破綻も，エネルギー量子を適用した1912年の

Debye の比熱理論によって解決した。

19 世紀末に未解決のまま残されていた物理学の問題は，エーテルの問題も含めて，電磁波について波動性と粒子性を同時にもつエネルギー量子を受け入れることで解決した。さらに，当時粒子と考えられていた原子や分子などの微粒子について波動性を想定して，1924 年に de Broglie は，Einstein の特殊相対論から得られた物質エネルギー $E=mc^2$ と Planck のエネルギー量子 $E=h\upsilon$ とから得られる関係式

$$p=h/\lambda$$

について，光の運動量 $p=mc$ を速度 v の物質の運動量 $p=mv$ に置き換えても成立するとの仮説を提唱した。この仮説は，Planck 定数がこれらの粒子像と波動像を仲介していることを意味する。物質波の関係式は原子核の周りの電子の運動などの理解に必要不可欠であるばかりでなく，電子線の結晶回折の実験でも電子の波動性が明らかにされた。この新しい力学体系は 1926 年の Schrödinger の波動方程式の発表を経て，物質科学における具体的な解析が可能となり今日に至っている。なお，本書第 2 章 §2-5 において，Brown 粒子の Markov 過程における挙動から de Broglie の仮説が成立する事実が実証されている。

(3) 拡散現象の基礎理論

拡散に関する本格的な研究報告は，1829 年の研究を最初とする気体，液体中の拡散に関する Graham の実験研究に見られる。このときすでに，1822 年に拡散方程式と数学的には同形である放物型の発展方程式である Fourier の熱伝導方程式が発表されていた。この熱伝導方程式は，1855 年に Fick によって拡散問題に適用された。拡散問題は当初気体と液体に関するもので，固体の拡散問題は 1896 年の Austen の研究に始まったと考えられる。その後，拡散問題が材料開発に重要な位置を占める合金や半導体などの工学的な要請から，材料基礎科学の基礎問題として今日まで精力的に研究が行われてきた。

本書では，応用数学の視点から拡散問題の進展を論じることにする。拡散方程式は数学的には放物型の発展方程式に属する。1822 年に発表された Fourier の熱伝導方程式は，物質内の熱伝導に関する研究から熱伝導体内の温度 T のプロファイルに関する時空 (t, x, y, z) での微分方程式

$$\frac{\partial T}{\partial t} = \kappa \nabla^2 T \qquad (1\text{-}2)$$

として導出された。ここで，κ は熱伝導率で時空に依存しない物理定数である。一方，Fick は Fourier の熱伝導方程式をアナロジーとして温度 T を溶媒中の溶質濃度 C のプロファイルに置き換えた。このとき，熱拡散率 κ は拡散係数 D_0 に書き換えられ，拡散方程式を

$$\frac{\partial C}{\partial t} = D_0 \nabla^2 C \qquad (1\text{-}3)$$

とした。

Fick によって熱伝導方程式(1-2)が拡散方程式(1-3)として提唱された 1855 年には，保存系の物理現象に適用できる Gauss の発散定理がすでに 1840 年に発表されていた。それにも拘わらず，発散定理に基づいて拡散方程式の座標系設定に関する座標変換の議論がされることな

く，物理学的な状態量である温度分布に関する熱伝導方程式(1-2)が物理学的な実体量である濃度分布を表す拡散方程式(1-3)に直接適用された．

式(1-2)または式(1-3)の微分方程式について時空(t, x, y, z)における解析は変数分離による方法，または数値解法による方法が考えられる．一般解としての厳密な解析解は得られていない．しかしながら，時空(t, x)に関しては，これらの微分方程式の解析法は研究され，Fourier変換，Laplace変換や変数分離解法などを用いて，様々な初期・境界条件の問題が解析されてきた．

式(1-3)は拡散係数一定の条件下のものであり，Fickの第1法則を独立な法則として受け入れて，発散定理からの拡散方程式を導出する場合は，

$$\frac{\partial C}{\partial t} = \nabla(D\nabla C) \tag{1-4}$$

として得られる．したがって，拡散係数Dが濃度Cに依存するときは，非線形の偏微分方程式となり，時空(t, x)の場合でも厳密解は期待できない．そこで，1894年にBoltzmannは変数変換，$\tau = t$，$\xi = x/\sqrt{t}$，をして常微分方程式

$$-\frac{\xi}{2}\frac{dC}{d\xi} = \frac{d}{d\xi}\left(D\frac{dC}{d\xi}\right) \tag{1-5}$$

を導出した．

拡散係数Dが濃度Cに依存するとき，式(1-5)は非線形の常微分方程式となる．金属合金間の相互拡散問題では拡散係数に濃度依存性が存在することが知られており，上式を解析することは重要な課題であった．そこで，1933年にMatanoは実験で得られた濃度プロファイルをBoltzmann変換式(1-5)に適用して，相互拡散係数の挙動を求めた．以来，この方法はBoltzmann Matano法として広く用いられてきた．その後，1947年にKirkendallによって金属結晶中の原子は空孔を介して拡散進行することが明らかにされた．このKirkendall問題を説明するために，1948年にDarkenは新たに固有拡散係数を想定して相互拡散係数を定義した．このDarken式は金属原子の相互拡散問題に今日まで広く適用されてきた．しかしながら，最近に至るまで式(1-5)が数学的に解析されることはなかった．

1855年に発表されたFickの第1および2法則は依然として拡散問題のバイブルとして現在に至るまで永年にわたり鎮座してきた．本章§1-4で記述しているように，Fickの第1法則とは無関係にFickの第2法則は確率微分方程式からも導出できる．その導出過程で第2法則には，ミクロな世界でのランダム運動を意味する放物線則が組み込まれている．一方，独立な法則として提唱されたFickの第1法則にはマクロな情報として濃度勾配が含まれているが，ミクロな情報は考慮されていない．

発散定理にしたがって，第2法則から第1法則を数学的に検討すると，第1法則としての拡散流束には演算子∇に関する積分定数に相当する項が欠落しており，基礎物理数学との整合性から積分定数を取り入れた広義な拡散流束を定義する必要がある．広義拡散流束は拡散の基礎理論を理解する上で極めて重要な意味を有することになる．

Fourierの熱伝導方程式は熱力学的な状態量である熱量の移動に伴う温度分布の挙動を示したものである．一方，拡散方程式は，Fourierの熱伝導方程式と同形の偏微分方程式ではある

が，物理的な実体である拡散粒子のランダム運動の結果として生じた濃度分布の挙動を表したものであり，拡散粒子の運動に伴う拡散場(溶媒)の変動を考慮する必要がある。

基礎物理数学との整合性から拡散方程式を座標変換することで，拡散の基礎理論を検討した結果，広義拡散流束を用いて拡散問題の統一理論やKirkendall効果の理論が合理的に把握されることが判明した。

Boltzmann変換式を3次元に拡張して，放物型の拡散方程式を楕円型のPoisson方程式として放物空間においてエレガントに解析できることも判明した。ここで定義された時空から放物空間への座標変換の基礎理論は拡散問題のみならず，今後，放物線則に関係したBrown問題に影響を広範に与えるものと思われる。

単一拡散粒子の挙動はSchrödinger方程式で記述される。一方，拡散粒子の集団運動の挙動はFickの拡散方程式で記述される。拡散係数は単一拡散粒子の挙動から決定されることから拡散素過程を考察して，拡散方程式からSchrödinger方程式が導出された。その解析過程において，拡散係数は量子力学における角運動量に対応していることが判明した。

結果として，物質の種類やその熱力学的な状態を問わず，すべての拡散問題に適用できる拡散係数の基本素量が導出されている。今後，拡散素過程における系のエントロピー決定が拡散問題の重要な研究課題になると考えられる。同時に，拡散係数についての研究は量子力学における少数多体系の問題として進展していくものと思われる。また，Brown粒子の拡散係数が量子力学における基本原理である不確定性原理に直接関係していることが§2-6で議論されている。

§1-2 確率分布と誤差関数

1つのサイコロを連投する場合について，k回目に出る目の数をN_kとすれば，N_kはN_{k-1}には全く無関係に$1 \leq N_k \leq 6$を満たす整数の確率変数である。このとき，$S_n = \sum_{k=1}^{n} N_k$とすればS_nはS_{n-1}に全く無関係であり，これも確率変数という。このように時間経過とともに偶然変化による確率変数列$\{N_k : k=1,2,\cdots\}$および$\{S_n : n=1,2,\cdots\}$は確率過程と言われる。同様に，間隔Δxで相互に平行な結晶面を垂直に貫く方向にx軸を設定し，時刻$t=0$のとき$x=0$に存在していた結晶面上の拡散粒子がk回目のジャンプで移動する距離ΔX_kは$(k-1)$回目のジャンプに全く無関係に確率0.5でΔxであり，確率0.5で$-\Delta x$である。n回のジャンプ後の位置は$(n-1)$回目までのX_{n-1}には全く無関係に$X_n = \sum_{k=1}^{n} \Delta X_k$となる。このときの確率変数列$\{\Delta X_k : k=1,2,\cdots\}$および$\{X_n : n=1,2,\cdots\}$も確率過程と言われる。

以上に示した問題では，確率変数の実現可能な値が連続ではないので離散的な確率過程という。一方，上記問題でk回目のジャンプの時刻をt_kとして，確率変数列$\{t_k : k=1,2,\cdots\}$および$\{X_n : n=1,2,\cdots\}$とすると，時間列$\{t_k : k=1,2,\cdots\}$は連続変数となる。この場合，連続的な確率過程という。

上述のX_kの確率分布について，離散的な確率過程$\{\Delta X_k : k=1,2,\cdots\}$または連続的な確率過程

$\{t_k : k=1,2,\cdots\}$ が k の値にだけ依存し，さらに X_k が X_{k-1} の値だけに依存して，それ以前の履歴には無関係であるとき，$\{X_n : n=1,2,\cdots\}$ は Markov 過程と言われる。

上記問題で Δx へのジャンプ確率を p とすると，$-\Delta x$ へのジャンプ確率は $(1-p)$ となる。このとき，

$$X_n = {}_nC_k p^k(1-p)^{n-k}\Delta x - {}_nC_k(1-p)^k p^{n-k}\Delta x$$
$$= {}_nC_k\{p^k(1-p)^{n-k} - (1-p)^k p^{n-k}\}\Delta x$$

が成立する。ここで，二項分布関数

$$X(x) = {}_nC_x p^x(1-p)^{n-x} = \frac{n!}{x!(n-x)!}p^x(1-p)^{n-x} \tag{1-6}$$

は，$x\to\infty$ とすると正規分布関数になることを以下で示しておく。

式(1-6)の両辺の対数をとると，

$$\ln X(x) = \ln n! - \ln x! - \ln(n-x)! + x\ln p + (n-x)\ln(1-p)$$

となる。ここで，x が十分大きいとき，$\ln x!$ の微分について近似式

$$\frac{d}{dx}\ln x! = \frac{1}{x!}\frac{dx!}{dx} \cong \sum_{k=1}^{x}\frac{1}{k} \cong \int_1^x \frac{1}{t}dt = \ln x$$

が成立するので，

$$\frac{d}{dx}\ln X(x) = -\ln x + \ln(n-x) + \ln p - \ln(1-p) = \ln\frac{p(n-x)}{x(1-p)}$$

となる。したがって，$x=np$ のとき $d\ln X(x)/dx = 0$ となり，$X(x)$ は最大値となることが分かる。

$x=\alpha(=np)$ の回りに $\ln X(x)$ を2次の項まで Taylor 展開すれば，

$$\ln X(x) \cong \ln X(\alpha) + \{\ln X(\alpha)\}'(x-\alpha) + \frac{\{\ln X(\alpha)\}''}{2}(x-\alpha)^2$$

となり，$\sigma = \sqrt{np(1-p)}$ として正規分布関数

$$\ln X(x) \cong \ln X(\alpha) - \frac{(x-\alpha)^2}{2\sigma^2} \;\;\to\;\; X(x) = X(\alpha)\exp\left[-\frac{(x-\alpha)^2}{2\sigma^2}\right]$$

が得られる。ここで，$x=\alpha$ で $\{\ln X(x)\}' = 0$，$\{\ln X(x)\}'' = -\{np(1-p)\}^{-1}$ が成立することを用いた。$X(x)$ の全確率は1であるので，正規分布の確率密度関数は

$$X(x) = \frac{1}{\sqrt{2\pi}\sigma}\exp\left[-\frac{(x-\alpha)^2}{2\sigma^2}\right] \tag{1-7}$$

となる。

一般に，Markov 過程にしたがう物理現象の確率分布は Gauss 分布で表され，適当な変数変換をすれば，Gauss 関数

$$f(x) = N\exp\left[-\frac{x^2}{2\sigma^2}\right]$$

で表される。ここで，全確率は1であるので $f(x)$ の区間 $-\infty < x < \infty$ での積分値が1になるように規格化定数 N を決定する。$z = x/\sqrt{2}\sigma$ として，

$$A = \int_{-\infty}^{\infty} f(x)dx = N\sqrt{2}\sigma \int_{-\infty}^{\infty} \exp[-z^2]dz$$

が成立する。ここで，積分変数は積分値に影響しないので，上式で z を w に置き換えたものを用いて，次式が成立する。

$$A^2 = 2N^2\sigma^2 \int_{-\infty}^{\infty} \exp[-z^2]dz \int_{-\infty}^{\infty} \exp[-w^2]dw = 2N^2\sigma^2 \int_{-\infty}^{\infty}\int_{-\infty}^{\infty} \exp[-(z^2+w^2)]dzdw$$

ここで，$z = r\cos\theta$，$w = r\sin\theta$ に変数変換し，Jacobian は $dzdw = rdrd\theta$ となるので，

$$A^2 = 2N^2\sigma^2 \int_0^{2\pi} d\theta \int_0^{\infty} r\exp[-r^2]dr$$

$$= 4\pi N^2\sigma^2 \left[-\frac{1}{2}\exp[-r^2]\right]_0^{\infty} = 2\pi N^2\sigma^2 = 1$$

が得られる。したがって，式(1-7)の規格化定数は $N = 1/\sqrt{2\pi}\sigma$ となる。

以上の計算において，Gauss 積分の結果

$$\int_0^{\infty} \exp[-z^2]dz = \frac{1}{2}\int_{-\infty}^{\infty} \exp[-z^2]dz = \frac{\sqrt{\pi}}{2}$$

を用いた。そこで，誤差関数 $\mathrm{erf}(x)$ を

$$\mathrm{erf}(x) = \frac{2}{\sqrt{\pi}} \int_0^x \exp[-z^2]dz \tag{1-8}$$

として定義する。なお，補誤差関数 $\mathrm{erfc}(x)$ は $\mathrm{erfc}(x) = 1 - \mathrm{erf}(x)$ と定義する。また，式(1-7)の両辺を x について2回偏微分すれば，

$$\frac{\partial^2 X(x)}{\partial x^2} = \frac{1}{\sqrt{2\pi}\sigma^5}(x^2 - \sigma^2)\exp\left[-\frac{x^2}{2\sigma^2}\right]$$

となり，これから Gauss 関数は $x = \pm\sigma$ で変曲点を取ることが分かる。

次に，σ が時間 t の関数のとき，確率分布は規格化濃度分布に相当するので $X(x) \to C(t,x)$ として，$C(t,x)$ が拡散方程式

$$\frac{\partial C}{\partial t} = D\frac{\partial^2 C}{\partial x^2}$$

を満たす条件を求める。

$$\frac{\partial C}{\partial t} = \frac{x^2 - \sigma^2}{\sqrt{2\pi}\sigma^4}\frac{\partial \sigma}{\partial t}\exp\left[-\frac{x^2}{2\sigma^2}\right] \quad \frac{\partial^2 C}{\partial x^2} = \frac{x^2 - \sigma^2}{\sqrt{2\pi}\sigma^5}\exp\left[-\frac{x^2}{2\sigma^2}\right]$$

から $\sigma d\sigma/dt = D$ が成立するので，放物線則を満たす関係式

$$\sigma = \sqrt{2Dt} \tag{1-9}$$

が求められる。$\sigma = \sqrt{2Dt}$ は原点から変曲点までの x 方向の距離であり，平均2乗変位とも称される。$\sqrt{Dt}$ は拡散進行の目安を与える量であり，拡散長とも称されている。

§1-3 Boltzmann の原理

§1-1 で述べたように，気体反応に関連して熱力学における仮想粒子として，原子や分子の

存在は当時の化学者には受け入れられていた。しかしながら，これらの仮想粒子が実在する確固たる物理的な根拠は示されていなかった。Maxwell はこれら仮想粒子の大きさを考慮して，個々の粒子間の弾性衝突問題を統計的に議論して Maxwell の速度分布関数を 1860 年に発表した。1873 年に van der Waals は，これら仮想粒子間の相互作用を Boyle Charles の法則に取り入れて実在気体の挙動とよく一致する方程式を導出した。このような状況下で，1872 年に Boltzmann は，仮想粒子の衝突に関する力学的な統計問題については議論せず，粒子の運動を確率問題として非平衡状態の速度分布関数が無限時間経過することで平衡状態において Maxwell の速度分布関数になることを明らかにした。

気体分子運動論を展開した彼らの願望は，原子や分子が実在の粒子である根拠を示したかったことに相違ない。しかしながら，この確固たる証左は Einstein の Brown 運動論まで時間を要した。現在の統計力学への端緒でもある統計力学的エントロピーの定義である Boltzmann の原理は，ミクロ粒子の力学的な情報とマクロな物質の量に比例する示量状態変数（体積，エネルギー，質量，エントロピーなど）や物質の量に依存しない示強状態変数（温度，圧力，密度，誘電率など）との関係を仲介する極めて重要な関係式であり，これについて以下で考察する。

n 個のミクロ粒子の集団について，粒子 i の運動状態を決定するためには粒子の位置 $q_i (i = 1, 2, \cdots, 3n)$ と運動量 $p_i (i = 1, 2, \cdots, 3n)$ を指定しなければならない。現実に，多粒子系の $6n$ 次元の直交位相空間の問題を取り扱うことは原理的にも不可能である。したがって，以下では確率密度を想定して議論する。

上述の物理系の力学的ポテンシャルを $V(q_i)$，運動エネルギーを $T(p_i)$ とすれば，Hamiltonian $\mathcal{H}$ は

$$\mathcal{H} = \sum_{i=1}^{3n} \{V(q_i) + T(p_i)\} \tag{1-10}$$

となる。全系のエネルギー E を定めると $\mathcal{H} = E$ の条件付加により物理系は $(6n-1)$ 次元空間となり，$\mathcal{H} = E$ を満たす「等エネルギー面」上の問題となる。この「等エネルギー面」上のみならず，物理系全体で粒子密度は一定であることが「Liouville の定理」として 1838 年には知られていた。

Boltzmann の原理は「等重率の原理」を前提条件として成立する。「Liouville の定理」は「等重率の原理」を想定するに当たり影響を与えたものと考えられる。そこで，「Liouville の定理」を以下で明らかにしておく。その前に，物理量のベクトル表示に本書では Dirac の Bracket を用いるが，それに関連して以下に記号の定義をしておく。

微分演算子 ∇ や速度 $|v\rangle$ などは，これらが Hermite 量でないことに起因して，Hermite 量 Q について成立する Dirac の $\langle$Bra-Vector$|$ と $|$Ket-Vector$\rangle$ の Hermite 共役な関係式

$$\langle Q | = \{|Q\rangle\}^\dagger, \quad |Q\rangle = \{\langle Q|\}^\dagger$$

が成立しない。具体的には，$|\nabla\rangle$，$|v\rangle$ について Hermite 共役 $\dagger$ をとれば，任意の独立変数 ξ の微分演算子は関係式

$$\left(\frac{d}{d\xi}\right)^\dagger = -\frac{d}{d\xi}$$

を満たすので,

$$\langle -\nabla | = \{ |\nabla \rangle \}^\dagger, \quad \langle -v | = \{ |v \rangle \}^\dagger$$

となる．そこで，本書では記号

$$\langle \tilde{\nabla} | = -\{ |\nabla \rangle \}^\dagger, \quad \langle \tilde{v} | = -\{ |v \rangle \}^\dagger$$

を以下で用いることにする．

密度 ρ は独立変数 $6n$ 次元空間と時間 t の関数 $\rho = \rho(t, q_1, q_2, \cdots, q_{3n}, p_1, p_2, \cdots, p_{3n})$ となるので，

$$\frac{d\rho}{dt} = \frac{\partial \rho}{\partial t} + \sum_{i=1}^{3n} \left\{ \frac{dq_i}{dt} \frac{\partial \rho}{\partial q_i} + \frac{dp_i}{dt} \frac{\partial \rho}{\partial p_i} \right\} \tag{1-11}$$

が一般に成立する．密度 ρ に発散定理から得られる物質保存則

$$\frac{\partial \rho}{\partial t} + \langle \tilde{\nabla} | \rho v \rangle = 0$$

を適用する．$6n$ 次元の直交位相空間における速度ベクトルとナブラ・ベクトル

$$\langle \tilde{v} | = \frac{d}{dt}(q_1, q_2, \cdots, q_{3n}, p_1, p_2, \cdots, p_{3n}), \quad \langle \tilde{\nabla} | = \left(\frac{\partial}{\partial q_1} + \frac{\partial}{\partial p_1}, \frac{\partial}{\partial q_2} + \frac{\partial}{\partial p_2}, \cdots, \frac{\partial}{\partial q_{3n}} + \frac{\partial}{\partial p_{3n}} \right)$$

を物質保存則に適用して

$$\frac{\partial \rho}{\partial t} + \sum_{i=1}^{3n} \left\{ \frac{\partial}{\partial q_i} \left(\rho \frac{dq_i}{dt} \right) + \frac{\partial}{\partial p_i} \left(\rho \frac{dp_i}{dt} \right) \right\} = 0 \tag{1-12}$$

が得られる．ここで，Hamiltonian $\mathcal{H}$ について一般に成立する正準変換

$$\frac{d}{dt} q_i = \frac{\partial}{\partial p_i} \mathcal{H}, \quad \frac{d}{dt} p_i = -\frac{\partial}{\partial q_i} \mathcal{H}$$

を式(1-12)に用いて

$$\frac{\partial \rho}{\partial t} + \sum_{i=1}^{3n} \left\{ \frac{dq_i}{dt} \frac{\partial \rho}{\partial q_i} + \frac{dp_i}{dt} \frac{\partial \rho}{\partial p_i} \right\} = 0 \tag{1-13}$$

が成立する．式(1-13)を式(1-11)に代入して

$$\frac{d\rho}{dt} = 0$$

が成立するが，このときは式(1-13)が成立している条件下であり，位相空間の任意の点で成立しているわけではない．したがって，等エネルギー面で粒子分布が一様であるとすれば，付加条件

$$\frac{\partial \rho}{\partial q_i} = 0, \quad \frac{\partial \rho}{\partial p_i} = 0$$

のもとで，

$$\frac{\partial \rho}{\partial t} = 0$$

が成立するので，位相空間における任意の点で密度が不変となり，「Liouville の定理」が成立する．

気体は多数の分子から構成されているが，個々の分子 i の運動状態は q_i と p_i で決まり，Boltzmann は物理系全体のエネルギー E が一定の場合でも運動状態の数は多数あると考え，新しい概念として物理系全体の運動状態の総数 $\Omega(E)$ を想定した。1871 年に $\Omega(E)$ 個の運動状態について，どの運動状態も同一確率で具現すると仮定した。その後，この仮定は「等重率の原理」または「エルゴード仮説」と称されている。

平衡状態にある気体全体を 2 つの部分に分割したとき，それぞれのエネルギーを E_1, E_2 とすると，エネルギーは示量変数であるので，この物理系全体のエネルギー E は部分系間の相互作用が無視できるとき

$$E = E_1 + E_2$$

となる。このとき，部分系のエントロピーを S_1, S_2 とすると，エントロピーも示量変数であるので物理系全体のエントロピー S とすれば，

$$S = S_1 + S_2$$

が成立する。部分系の運動状態数を $\Omega(E_1)$, $\Omega(E_2)$ とすれば，部分系間の相互作用が無視できるとき，物理系全体の運動状態数 $\Omega(E)$ は

$$\Omega(E) = \Omega(E_1)\Omega(E_2)$$

となる。したがって，これを書き換えて

$$\ln \Omega(E) = \ln \Omega(E_1) + \ln \Omega(E_2) \tag{1-14}$$

が成立する。ここで，Boltzmann は S と $\ln \Omega(E)$ は比例するとして

$$S = k_B \ln \Omega(E) \tag{1-15}$$

を仮定した。式(1-15)の比例定数 k_B は Boltzmann 定数である。Einstein によって式(1-15)は「Boltzmann の原理」と呼称されたもので，平衡系におけるマクロな熱力学とミクロな気体分子運動論を仲介する重要な関係式である。

物理系全体の運動状態数は $\Omega(E)$ であるので，1 つのエネルギー状態 E の出現する確率を $P(E)$ とすれば，式(1-15)を用いて

$$P(E) = \frac{1}{\Omega(E)} = \exp\left[-\frac{S}{k_B}\right]$$

が成立する。ここで，熱力学的な関係式 $E = ST$ を用いてエネルギー状態 E の出現する確率 $P(E)$ は

$$P(E) = \exp\left[-\frac{E}{k_B T}\right] \tag{1-16}$$

となり，式(1-16)は Boltzmann 因子として知られている。

§1-4　Einstein の理論と Perrin の実験

1905 年当時すでに Boltzmann の分子運動論が発表されてはいたが，分子や原子の存在を物理学的に直接示す根拠がなく，実証主義者からはこれらの存在は仮想的なものと思われていた。そこで，Einstein はその存在の根拠を示すべく，Brown 粒子の運動が物質を構成している基本粒子である原子または分子と Brown 粒子の衝突に起因していることを理論的に明らかに

した。具体的には，これらの基本粒子は放物線則を満たしてランダム運動をしていることが判明した。

拡散粒子のランダム運動を調べるために，相互に平行で等間隔 Δx の結晶面を垂直に貫くように x 軸を設定し，これらの結晶面間における拡散粒子の移動を考察する。任意の結晶面 S_0 を $x=0$ とし，$x>0$ 方向において S_0 に隣接する結晶面から順に $S_1, S_2, \cdots S_i, \cdots, S_n$ とし，これらの結晶面 S_k の座標を $x=x_k$ とする。同様に，$x<0$ の方向における座標 $x=x_{-k}$ での結晶面を S_{-k} と定義する。時刻 $t=0$ で $x=0$ に存在していた拡散粒子がジャンプ移動の連鎖として $t=t_j$ のとき $x=x_i$ に存在している確率密度を $P(t_j, x_i)$ とする。

結晶面 S_i にジャンプ移動して来る拡散粒子は，S_{i-1} または S_{i+1} に存在していた拡散粒子である。拡散粒子のランダム運動は等方的であり，S_{i-1} 上の拡散粒子が S_{i-2} または S_i にジャンプ移動する確率はともに 1/2 である。全く同様なことが S_{i+1} 上の拡散粒子のジャンプについても成立する。したがって，次式が成立する。

$$P(t_j, x_i) = \{P(t_{j-1}, x_{i-1}) + P(t_{j-1}, x_{i+1})\}/2$$

ここで統計的には，各結晶面における拡散粒子のジャンプ頻度の平均値は等しいと考えられるので，各ジャンプ間の所要時間と結晶面間の距離を $\Delta t, \Delta x$ とすれば，$t_{j-1}=t, t_j=t+\Delta t, x_i=x, x_{i\pm1}=x\pm\Delta x$ となるので，これらを上式に代入して

$$P(t+\Delta t, x) = \{P(t, x-\Delta x) + P(t, x+\Delta x)\}/2 \tag{1-17}$$

が得られる。式(1-17)の左辺を Taylor 展開して

$$P(t+\Delta t, x) = P(t, x) + \Delta t \partial P/\partial t + \cdots \tag{1-18}$$

が得られる。また，式(1-17)の右辺を Taylor 展開して

$$P(t, x\pm\Delta x) = P(t, x) \pm \Delta x \partial P/\partial x + \{(\Delta x)^2/2\}\partial^2 P/\partial x^2 \pm \cdots \tag{1-19}$$

が得られる。式(1-18), (1-19)を式(1-17)に代入して

$$\frac{\partial P}{\partial t} = \frac{(\Delta x)^2}{2\Delta t}\frac{\partial^2 P}{\partial x^2} \tag{1-20}$$

が成立する。

ここで定義された物理系では，結晶面間隔 Δx およびジャンプの時間間隔 Δt はともに有限であり，式(1-20)中の $(\Delta x)^2/2\Delta t$ は統計的に有限確定値 D_0 になると考えられる。拡散粒子の存在確率密度 $P(t_i, x_i)$ は規格化濃度 $C(t, x)$ に対応するので，拡散係数として

$$D_0 = (\Delta x)^2/2\Delta t \tag{1-21}$$

を式(1-20)に代入して拡散方程式

$$\frac{\partial C(t, x)}{\partial t} = D_0 \frac{\partial^2 C(t, x)}{\partial x^2} \tag{1-22}$$

が得られる。

通常の教科書では，後述するようにFickの第1法則を独立な法則として発散定理を用いてFickの第2法則を導出していることが多い。その関係で拡散とは濃度勾配の大きい方から小さい方に拡散粒子が移動することと誤解されている場合がある。しかしながら，式(1-22)の導出過程から明らかなように，濃度勾配に無関係なランダム運動の結果として，拡散は均一な濃度になるように進行する。なお，§1-6で論じるように，Fickの第1法則には式(1-22)をxについて積分して得られる拡散流束

$$J = -\int \frac{\partial C(t,x)}{\partial t}dx = -D_0 \frac{\partial C(t,x)}{\partial x} + \text{const.}$$

の積分定数が考慮されておらず，濃度勾配ゼロの状態における拡散現象を考えると，積分定数について検討する必要がある。

時間tの間に拡散粒子は$t/\Delta t$回のジャンプをする。このとき，結晶面S_0からの平均変位$\langle x \rangle$は，各結晶面でのジャンプが相互に独立であるので，各結晶面でのジャンプ結果の1次結合として

$$\langle x \rangle = \{0.5\Delta x + 0.5(-\Delta x)\}t/\Delta t = 0 \tag{1-23}$$

となる。一方，その平均2乗変位$\langle x^2 \rangle$は

$$\langle x^2 \rangle = \{0.5(\Delta x)^2 + 0.5(-\Delta x)^2\}t/\Delta t = (\Delta x)^2 t/\Delta t \tag{1-24}$$

となる。ここで，上述した関係式$D_0 = (\Delta x)^2/2\Delta t$を式(1-24)に代入して$\sigma = \sqrt{\langle x^2 \rangle}$とすれば，放物線則を満たす関係式

$$\sigma = \sqrt{2D_0 t} \tag{1-25}$$

が§1-2で述べた正規分布関数の変曲点に対応して得られる。

以上に，結晶面間の拡散粒子のジャンプ問題に確率密度関数を適用して拡散方程式と平均2乗変位の関係式を求めた。液体や気体の場合も分子移動に関する確率密度関数は，結晶面間の拡散粒子のジャンプ問題を拡散粒子間の平均自由行程における衝突問題に置き換えることで全く同様な議論が成立する。

EinsteinはBrown粒子の挙動に関する拡散係数を以下に示す力学的なモデルの解析を介して求めた。

(1) 溶液の浸透圧に関するvan't Hoffの法則を適用

溶媒は自由に通過できるが，溶質は全く通過できない半透膜によって仕切られた溶媒と溶質が平衡に到達したときの圧力差を浸透圧pとする。このとき，考えている系の体積V_Fに絶対温度Tでnモルの溶質があるとすると，気体定数Rとして気体の状態方程式に類似したvan't Hoffの法則と称される

$$pV_F = nRT \tag{1-26}$$

が成立する。Brown粒子を溶質とみなして以下にBrown粒子に作用する外力を求める。

物理系の温度が一定であれば，式(1-26)の両辺をxについて偏微分すると

$$V_F \frac{\partial p}{\partial x} + p \frac{\partial V_F}{\partial x} = 0 \tag{1-27}$$

となる。1つのBrown粒子に作用する外力のx成分をfとすると，これは浸透圧pの勾配と関係し，Avogadro定数N_Aとして

$$nN_A f = V_F \partial p / \partial x \tag{1-28}$$

が成立する。式(1-26)〜(1-28)から

$$nN_A f = -p \partial V_F / \partial x = -\{nRT/V_F\} \partial V_F / \partial x$$

が得られる。ここで，Brown粒子の数密度$\gamma = nN_A/V_F$を用いて上式を書き換えれば，Brown粒子に作用する外力のx成分fは

$$f = \frac{RT}{N_A} \frac{1}{\gamma} \frac{\partial \gamma}{\partial x} \tag{1-29}$$

となる。

ここでの解析において，van't Hoffの法則は本来分子程度の大きさの粒子について成立するものであり，これをBrown粒子ほどの大きい粒子について適用できるか否かの問題がある。

(2) 流体におけるStokes法則を適用

粘性率ηの流体中を速度vで運動している半径rの球体に作用する抵抗力fはStokesの法則として

$$f = 6\pi \eta r v \tag{1-30}$$

で表される。球体をBrown粒子に置き換えると，単位面積を単位時間に通過するBrown粒子の流束J_1は数密度γを用いて

$$J_1 = \gamma v = \gamma \frac{f}{6\pi \eta r} \tag{1-31}$$

となる。一方，拡散係数D_0としてFickの第1法則から，単位面積を単位時間に通過するBrown粒子は拡散流束J_2として

$$J_2 = -D_0 \frac{\partial \gamma}{\partial x} \tag{1-32}$$

によって与えられる。ここで，拡散粒子の流束間に力学的平衡が成立していれば，$J_1 + J_2 = 0$となり，

$$f = 6\pi \eta r D_0 \frac{1}{\gamma} \frac{\partial \gamma}{\partial x} \tag{1-33}$$

が得られる。

ここでの解析において，Stokesの法則をBrown粒子のような小さいものに適用できるか否かの問題がある。

(3) Brown粒子の拡散係数の導出

式(1-29), (1-33)の導出に，上述したように，Brown粒子にvan't Hoffの法則とStokesの法則を適用したことにBrown粒子の大きさに関して，その妥当性について物理的な問題はある

ものの，力 f が同一であるとすれば，f を消去して拡散係数

$$D_0 = \frac{RT}{N_A}\frac{1}{6\pi\eta r} \tag{1-34}$$

が得られる。Brown 粒子が球体とみなせないときは，Stokes の法則の代わりに流体中における易動度 μ を用いて式(1-30)を $v = \mu f$ として

$$D_0 = \mu\frac{RT}{N_A} \tag{1-35}$$

となる。式(1-34)または(1-35)は Einstein の関係式と称されている。

　以上に Brown 粒子の拡散係数が求められた。この拡散係数を式(1-25)の右辺に用いて，Brown 粒子の集団運動の実験結果を再現できれば，Brown 粒子の挙動は溶媒の拡散粒子との衝突によるものと考えられる。同時に，Brown 粒子の挙動は溶媒が分子によって構成されていることを可視化したことになる。しかしながら，Einstein は Fick の第 1 法則が適用できない水の自己拡散そのものについては議論していない。なお，1908 年に Perrin は Einstein の関係式導出の問題点を巧妙な実験を介して解決し，Einstein の理論の正当性を明らかにした。

§1-5　Langevin の運動方程式

　質量 m の Brown 粒子が速度 v に比例する粘性抵抗 kv を受けて運動しているとき，運動方程式は

$$m\frac{dv}{dt} = -kv \tag{1-36}$$

で表される。式(1-36)は一様な減衰運動を示しており，Brown 粒子は絶えず衝突を繰り返して減衰することなく運動していることを説明できない。1908 年に Langevin は Brown 粒子単体のジグザグ運動を運動方程式の視点から検討した。ランダム運動している Brown 粒子に作用する外力 $F(t)$ は，時間経過とともに衝突によるゆらぎの効果によって正負いずれにも変化し，その時間平均を $\langle F(t) \rangle = 0$ として，Langevin は外力 $F(t)$ を式(1-36)に取り入れて，確率微分方程式

$$m\frac{dv}{dt} = -kv + F(t) \tag{1-37}$$

を導入した。

　式(1-37)の両辺に x をかけて $v = dx/dt$ であることに注意して，式(1-37)は x に関する微分方程式

$$\frac{m}{2}\frac{d^2(x^2)}{dt^2} - m\left(\frac{dx}{dt}\right)^2 = -\frac{k}{2}\frac{d(x^2)}{dt} + F(t)x \tag{1-38}$$

に書き換えられる。式(1-38)において時間平均をとると，エネルギー等分配則から

$$m\left\langle \left(\frac{dx}{dt}\right)^2 \right\rangle = k_B T$$

が成立する。また，$F(t)$ と x は独立であるので $F(t)$ の定義から

$$\langle F(t)x\rangle = \langle F(t)\rangle\langle x\rangle = 0$$

が成立する。したがって，$y = \langle d(x^2)/dt\rangle$ とすると式(1-37)は

$$m\frac{dy}{dt} + ky = 2k_{\text{B}}T \tag{1-39}$$

となる。

式(1-39)の余関数は $(d/dt + k/m)y = 0$ の一般解であり，積分定数を C として

$$y = C\exp[-kt/m]$$

である。これは式(1-36)の一般解 v に一致する。また，特解は

$$y = 2(d/dt + k/m)^{-1} k_{\text{B}}T/m = 2k_{\text{B}}T/k$$

となる。したがって，式(1-39)の一般解は

$$y = C\exp[-kt/m] + 2k_{\text{B}}T/k \tag{1-40}$$

として得られる。

Brown 粒子の平均ジャンプ時間間隔よりも大きい時間 t について，式(1-40)の右辺第 1 項は，式(1-36)の一般解でもあるが，無視できる。ここで，関係式

$$y = \langle d(x^2)/dt\rangle = d\langle x^2\rangle/dt$$

が成立すれば，微分方程式

$$\frac{d}{dt}\langle x^2\rangle = 2k_{\text{B}}T/k$$

を $t = 0$ から任意の時間 t まで積分して

$$\langle x^2\rangle = 2\mu k_{\text{B}}Tt \tag{1-41}$$

が易動度 $\mu = 1/k$ を用いて得られる。

式(1-41)の結果は，式(1-25)から Brown 粒子が拡散係数 $D_0 = \mu k_{\text{B}}T$ に相当するランダム運動をしていることを示しており，式(1-35)の Einstein の関係式に一致している。したがって，Langevin 方程式の解は Einstein 理論の正当性に対して，その証左を与えるものである。

式(1-36)と(1-37)の相違は $F(t)$ を含むか否かの相違である。式(1-36)の解は時間経過とともに終速度ゼロに到達する。一方，式(1-37)の解は，時間平均の寄与が $\langle F(t)\rangle = 0$ として結果的に式(1-37)から $F(t)$ が取り除かれているにも拘わらず，式(1-41)に示されているようにジグザグ運動する結果が得られる。

なお，ミクロ粒子の集団運動は拡散方程式(1-4)で表されるが，Langevin 方程式は，その解析において $\langle F(t)\rangle = 0$ を導入することで，局所空間における単一ミクロ粒子の運動を取り除いて，マクロな状態を可視化したことになる。一方，拡散素過程において $F(t)$ を考慮して拡散方程式を検討すると，Schrödinger 方程式が導出され，単一ミクロ粒子の挙動は量子力学で表されることが第 2 章で明らかにされている。

§1-6　Gauss の発散定理と Brown 粒子の集団運動

Brown 粒子の集団運動は，式(1-21)の放物線則を満たして拡散方程式(1-22)で表される。歴史的には，1822 年に発表された Fourier の熱伝導方程式を Fick が Brown 粒子の集団運動を意味する拡散現象に適用した 1855 年当時，すでに 1840 年に Gauss の発散定理が発表されていた。したがって，質量を有しない熱流束と質量を有する拡散流束との相異について当時検討すべきであった。以下では，Gauss の発散定理にしたがって Brown 粒子の集団運動について論じる。

(1) 数学における発散定理

3 次元空間 (x,y,z) における単一閉曲面 S およびその内部領域 V で微分可能な任意のベクトルを $\langle A(x,y,z)| = (A_x, A_y, A_z)$ とする。ナブラ演算子 $\langle \tilde{\nabla}| = (\partial_x, \partial_y, \partial_z)$ および閉曲面 S 上の面素 dS における法単位ベクトル $\langle n| = (\cos\alpha, \cos\beta, \cos\gamma)$ を用いて，発散定理と称される体積分と面積分の関係式

$$\int_V \langle \tilde{\nabla}|A(x,y,z)\rangle dV = \int_S \langle n|A(x,y,z)\rangle dS \tag{1-42}$$

が成立する。

§1-3 で定義したベクトル記号 $\langle A(x,y,z)|$ は Dirac の Bracket での Bra Vector であり，行ベクトルを意味する。その Hermite 共役をとることで列ベクトルの Ket Vector として $|A(x,y,z)\rangle = \langle A(x,y,z)|^\dagger$ に変換される。ここで，独立変数 ξ について，偏微分記号 $\partial/\partial\xi$ を ∂_ξ として $\partial_\xi = -(\partial_\xi)^\dagger$ が成立するので，$\langle \tilde{\nabla}| = -\{|\nabla\rangle\}^\dagger$ と定義した。方向余弦は，Descartes 座標での単位ベクトル

$$\langle i| = (1,0,0), \quad \langle j| = (0,1,0), \quad \langle k| = (0,0,1)$$

と面素 dS に垂直な法単位ベクトル $|n\rangle$ との内積をとることで，

$$\cos\alpha = \langle i|n\rangle, \quad \cos\beta = \langle j|n\rangle, \quad \cos\gamma = \langle k|n\rangle$$

として表される。

式(1-42)の物理学への適用を考えるとき，式(1-42)の成立過程を理解しておくことは重要である。したがって，以下に式(1-42)を証明しておく。

単一閉曲面 S 内の $A_z = A_z(x,y,z)$ について，$dV = dxdydz$ として

$$\int_V \partial_z A_z dxdydz = \int_S A_z dxdy \tag{1-43}$$

が成立する。図[1-1]に示されているように，曲面 S 上の微小面素 dS を xy 平面に正射影したとき，その相当微小面素を $dxdy$ とする。このとき，dS 上の法単位ベクトルを $|n\rangle$ として，面ベクトル $|n\rangle dS$ の z 成分は $|k\rangle dxdy$ となり，$dxdy = \cos\gamma dS$ が成立する。したがって，式(1-43)の右辺の z 成分について

$$\int_S A_z dxdy = \int_S \cos\gamma A_z dS \tag{1-44}$$

が成立する。式(1-43)と(1-44)から，式(1-42)の z 成分について

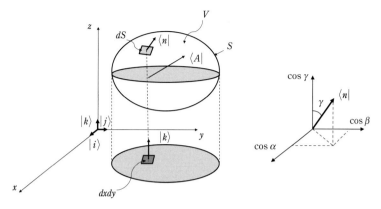

図[1-1] 体積分と面積分の関係

$$\int_V \partial_z A_z dV = \int_S \cos\gamma A_z dS$$

が成立する。y-z 平面，z-x 平面への正射影についても同様の計算をすれば，

$$\langle \tilde{\nabla}|A\rangle = \partial_x A_x + \partial_y A_y + \partial_z A_z, \quad \langle n|A\rangle = \cos\alpha A_x + \cos\beta A_y + \cos\gamma A_z$$

であることから，式(1-42)が成立する。

(2) 発散定理の物理学への適用

式(1-42)は数学的には体積積分と表面積分の関係を表しているに過ぎないが，発散定理と称されるように物理学的な問題に適用する場合，領域 V におけるスカラー物理量 Q の時空 (t, x, y, z) における時間的な変化が問題となる。

領域 V に存在する物理量 Q の密度関数を $C(t, x, y, z)$ として

$$Q(t, x, y, z) = \int_V C(t, x, y, z)dV$$

が成立する。単位時間に単位面積を通る物理量 Q のベクトル流束量 $|J(t, x, y, z)\rangle$ を発散定理に適用すると，

$$\int_V \langle \tilde{\nabla}|J\rangle dV = \int_S \langle n|J\rangle dS \tag{1-45}$$

が成立する。式(1-45)の右辺は領域 V の内部から閉曲面 S を通って，単位時間に外部に流出する物理量 Q を意味する。したがって，領域 V に物理量 Q の生成消滅源が存在しなければ，式(1-45)の右辺は領域 V における物理量 $Q(t, x, y, z)$ の単位時間当たりの減少率に等しくなり，

$$\int_S \langle n|J(t, x, y, z)\rangle dS = -\partial_t Q(t, x, y, z) = -\int_V \partial_t C(t, x, y, z)dV \tag{1-46}$$

が成立する。式(1-46)の右辺は，領域内部 V の物理量 Q が単位時間に閉曲面 S から流出する物理量を意味する。

流束量 $|J(t, x, y, z)\rangle$ が比例定数 D として密度関数 $C(t, x, y, z)$ の勾配に比例して，

$$\left|J(t,x,y,z)\right\rangle = -D\left|\nabla C(t,x,y,z)\right\rangle \tag{1-47}$$

で表されるとき，式(1-45)～(1-47)から物理量 Q の保存則を意味する発展方程式

$$\partial_t C(t,x,y,z) = \left\langle \tilde{\nabla} \middle| D\nabla C(t,x,y,z) \right\rangle \tag{1-48}$$

が成立する。

式(1-47)で，拡散係数 D および濃度 $C(t,x,y,z)$ とすると，$\left|J(t,x,y,z)\right\rangle$ は拡散流束を意味する。このとき，式(1-47)は Fick の第1法則として，また式(1-48)は Fick の第2法則として 1855 年以来今日まで物理学の基本方程式として広く受け入れられてきた。式(1-48)は，濃度 $C(t,x,y,z)$ で表された拡散粒子が拡散場(溶媒)の中で拡散係数 D を拡散進行の駆動力としてランダム運動していることを表している。

溶媒が拡散粒子と同一である自己拡散や溶質の濃度が溶媒の濃度に比して無視できる不純物拡散に式(1-48)を適用する場合，拡散場での拡散進行の駆動力である拡散係数 D に関する時空 (t,x,y,z) の依存性は無視できる。このとき，$\left\langle\tilde{\nabla}D\right| = 0$ となるので式(1-48)は，一定値 $D = D_0$ として放物型の線形偏微分方程式

$$\partial_t C(t,x,y,z) = D_0 \left\langle \tilde{\nabla} \middle| \nabla C(t,x,y,z) \right\rangle \tag{1-49}$$

で表される。

式(1-48)を空間積分すれば，

$$\int\left\{\int \partial_t C(t,x,y,z)dx\right\}dydz = \int\left\{\int \left\langle\tilde{\nabla}\middle|D\nabla C(t,x,y,z)\right\rangle dx\right\}dydz \tag{1-50}$$

となる。ここで，y,z の重積分に関する式(1-50)の { } の計算では，y,z は定数として積分できるので t,x に関する拡散方程式

$$\partial_t C(t,x) = \frac{\partial}{\partial x}\left\{D\frac{\partial}{\partial x}C(t,x)\right\} \tag{1-51}$$

が得られる。等方的な空間での拡散現象の場合や x 方向だけの拡散現象を考察する場合は，式(1-51)を解析することになる。また，式(1-50)の { } は領域内部 V の物理量 Q が単位時間に面素 $dydz$ から流出する物理量を意味しているので，式(1-51)の { } に注目すれば，数学的には，x についての積分の積分定数を任意関数 $J(t)$ として拡散流束の関係式

$$J(t,x) = -D\frac{\partial}{\partial x}C(t,x) + J(t) \tag{1-52}$$

が成立する。

(3) Brown 粒子の集団運動

拡散係数に濃度依存性がない場合は，Brown 粒子の集団の挙動は式(1-49)に示した拡散方程式によって記述される。歴史的には，Fick の第1法則および第2法則とは，熱流束および熱伝導方程式を直接 Brown 粒子の集団運動に適用したものである。したがって，当然数学的には同形の偏微分方程式であるが，物理的には質量を有しない熱流束と質量を有する拡散流束と

の相異によって生じる座標設定の問題を考慮しなければならない。

　以下で，座標変換に関連して，Fourier の熱伝導方程式と Fick の拡散方程式の物理系への適用における相異について検討する。

(i) Fourier の熱伝導方程式

　Fourier の熱伝導方程式は，熱量の移動を熱力学的な状態量である温度分布の挙動として表したものである。温度 T の状態の物質中で質量 m の粒子が速度 v で運動しているとき，Boltzmann 定数 k_B として，周知のエネルギー等分配則

$$\frac{1}{2}mv^2 = \frac{1}{2}k_B T$$

が成立する。

　断面積が一様な棒について，ある断面 S_1 の温度 T_1 としたとき，断面 S_1 に属する粒子の平均質量 $\bar{m}_1$ とし，その平均速度 $\bar{v}_1$ とする。物理学的には，粒子は平衡点の近傍を調和振動することになる。この調和振動は最近接断面 S_2 の粒子に運動エネルギーを伝搬することになり，最近接断面 S_2 の粒子の平均質量 $\bar{m}_2$，またその平均速度 $\bar{v}_2$ とすれば，断面 S_2 の粒子は平衡点の近傍を調和振動することになる。上述の平衡点近傍の調和振動に加えて，最近接粒子間で相互に位置交換する場合も想定されるが，これを数式で表すと，

$$\frac{1}{2}k_B T_1 = \frac{1}{2}\bar{m}_1 \bar{v}_1^2 : \quad \frac{1}{2}\bar{m}_1 \bar{v}_1^2 \to \frac{1}{2}\bar{m}_2 \bar{v}_2^2 \quad : \frac{1}{2}\bar{m}_2 \bar{v}_2^2 = \frac{1}{2}k_B T_2$$

となる。結果として，棒の断面を構成する粒子集団としての当該領域間での温度変化は

$$T_1 \to T_2$$

となり，この連鎖として棒に温度分布が生じることになる。

　温度分布の挙動を記述するためには座標系の設定が必要であり，一般に棒の一端を座標原点として熱伝導方程式を設定する。通常，棒を構成している粒子は平衡点近傍を調和振動すると想定されるが，たとえ棒を構成している粒子がその近傍粒子と位置交換をしても，棒の形状変化がなければ，当該物理系外の基準点に対して座標原点は移動せず，熱伝導方程式は静止座標系となる。棒状の容器に入れられた流体の熱伝導においても Brown 粒子の挙動を想定すれば，拡散場に対流が存在しない限り，上述の場合と同様の結果となる。

(ii) Fick の拡散方程式

　拡散粒子 α についての拡散方程式に注目すると，拡散進行の駆動力は拡散係数であり，粒子 α の拡散係数は単一拡散粒子 α と近傍粒子との相互作用として定義されている。したがって，拡散の基本方程式は相互作用の存在する拡散場（溶媒）に設定しなければならない。

　そこで，具体例として鉄中の水素原子のように鉄結晶の格子間隙を拡散進行する場合，鉄原子が格子振動をするか，仮に，鉄原子が相互に位置交換しても拡散場は変化しないので，拡散場として鉄に設定した座標系は拡散系外の基準点に対して静止座標系であり，Fourier の熱伝導方程式を拡散方程式として水素原子の拡散現象に適用しても問題は生じない。

　問題となるのは，例えば純銅棒 A と純亜鉛棒 B を拡散接合する場合である。拡散領域での

Cu原子の濃度分布を解析する場合，初期条件として，純銅棒Aと純亜鉛棒Bの接合界面上の亜鉛に拡散方程式の座標原点を設定する。この場合，Cu原子とZn原子が初期接合面を相互に通って拡散領域が形成されるが，一般に拡散領域の境界面から拡散領域に注入されるCu原子の移動速度とZn原子の移動速度は等しくない。その結果，拡散Cu原子に関する拡散場の座標原点は厳密には拡散系外の基準点に対して移動することになる。さらに，拡散系外の基準点に対する拡散Cu原子およびZn原子の挙動については，以下で定義する拡散領域空間の運動も考慮しなければならない。

物質の構造や拡散機構に無関係に，ある点Pに存在していた拡散粒子が局所的な熱ゆらぎによって生じた粒子間隙（空格子点も含めて）の点Qに移動すると，点Qの粒子間隙は消滅し，点Pに粒子間隙が生成される。その後，他の拡散粒子が点Pに移動してくれば点Pの粒子間隙は消滅する。ミクロ粒子に対応して，結晶の空格子点をも含めて粒子間隙をミクロホールと呼ぶことにすると，拡散領域ではミクロホールの生成消滅が頻繁に生じており，ミクロホール全体を拡散領域空間と定義する。なお，式(1-52)に示された$J(t)$はミクロホールの挙動を表している。

拡散系がエネルギー最小の原理とエントロピー増大の法則が拮抗する熱平衡状態になるように，拡散領域空間は拡散系外の空間と相互作用をしている。したがって，拡散系外の基準点に対して拡散領域空間は運動していることになる。第6章で論じる2元系相互拡散問題におけるKirkendall効果は拡散領域空間の移動を示したものとして理解できる。

実験結果は，拡散系外で観察されており，拡散系外の基準点に対して静止座標系の結果として得られる。したがって，運動座標系表示の拡散方程式を解析した結果と実験結果は座標変換しなければ一致しない。熱伝導場が運動している場合を想定すれば，Fourierの熱伝導方程式も運動座標系として成立する。拡散場の運動を考慮すれば，拡散方程式は一般に運動座標系表示として考えるべきである。

§1-7 Brown運動の普遍性

拡散方程式は，確率微分方程式から式(1-22)として導出されたように，物質科学に限らずMarkov過程を記述するようなすべての現象に適用できることは容易に想定される。また，単体のBrown粒子の挙動については，不規則な時間変化のゆらぎを考慮した確率過程を伴う現象にLangevin方程式が用いられている。

具体的な適用例として，原子や分子のランダム運動に関する拡散問題や結晶成長に関するフラクタルの問題のような物質科学，生物の捕食・被食関係に関する環境科学，ニューロンの伝達に関する生命科学，電気回路における熱雑音に関する電気科学，画像処理に関する情報科学，人口問題や経済変動に関する社会科学などBrown運動の解析方法を適用できる現象は広範多岐である。

単一の生物が増殖しながら勢力を拡散させていく現象は，生物種の密度$u(t,x)$，内因的な増加率μ，環境容量K，拡散係数Dとして，非線形拡散方程式

$$\frac{\partial u(t,x)}{\partial t} = D\frac{\partial^2 u(t,x)}{\partial x^2} + \mu u(t,x)\left(1-\frac{u(t,x)}{K}\right)$$

で表されることが知られている．また，生態環境に関する生物の捕食・被食の問題やシリコン中の固有点欠陥の問題は，生成消滅項をもった拡散方程式を連立させて解析することになる．したがって，一般に微分作用素

$$L = \frac{\partial}{\partial t} - D\nabla^2$$

を含む微分方程式をモデルとして適用できる現象は一般に Brown 問題となる．

Brown 粒子の運動について，時間経過に依存する確率過程を

$$\{t_i : i = 1, 2, \cdots\cdots, n\}$$

として，Brown 粒子の位置を $P_i(x(t_i), y(t_i))$ とする．例えば，$k = 10i$ として線分 $\overline{P_k P_{k+1}}$ を $i = 1, 2, \cdots\cdots$ についてプロットすれば，ジグザグ運動した Brown 粒子の運動軌跡が得られる．同様に $l = 10^3 i$ として $i = 1, 2, \cdots\cdots$ について線分 $\overline{P_l P_{l+1}}$ をプロットすれば，やはりジグザグ運動の軌跡が得られる．このとき，線分 $\overline{P_k P_{k+1}}$ と線分 $\overline{P_l P_{l+1}}$ の軌跡が相似であれば，自己相似であると言う．この現象はフラクタル問題として結晶成長など多くの自然現象に見られる．このような Brown 粒子の挙動に対応する多くの問題に対して確率微分方程式が適用されている．

物理系における物質粒子の集団運動に関する挙動を問題とするときは，拡散方程式を解析することになる．基本的には，発散定理から明らかなように保存系の物理現象を解析することになるが，集団の構成要素の生成消滅現象を考慮した非線形拡散方程式を解析しなければならない場合もあり，その応用範囲は広範多岐である．一方，Markov 過程で記述される現象について，確率微分方程式が社会経済現象に至るまで広範に問題解析に適用されている．

本来 Brown 運動とは，水中の花粉の微粒子が自己拡散をしている水分子との衝突によって生じたジグザク運動であり，水分子の拡散現象を可視化したものである．このジグザク運動の本質は放物線則を満たした放物型の微分方程式で表され，さらに数学的には，Markov 過程として確率微分方程式で表される．これらの微分方程式で記述される現象は上述のように諸科学の分野で多数見られ，これら諸科学で見られる問題は総称して Brown 問題と称されている．

付録 1-A　Brown 粒子の拡散挙動

水中に時空の座標原点 $(t,x)=(0,0)$ を設定して，水中の花粉微粒子の挙動を不純物拡散問題として考察する．そのとき，水中における花粉微粒子の濃度を $C(t,x)$ とし，不純物拡散では温度一定の条件下で，拡散係数は $D=D_0$ を満たす一定値と考えられ，拡散方程式は

$$\frac{\partial C}{\partial t} = \frac{\partial}{\partial x}\left\{D_0 \frac{\partial C}{\partial x}\right\} \tag{A-1}$$

で表される．この拡散系に外力 F が作用すると，拡散系全体が外力 F の影響で変動することになる．拡散系外の座標系 (τ,ξ) から見ると，拡散場に設定した座標原点 $(t,x)=(0,0)$ も例外ではなく移動することになる．この移動速度を $v=v(\tau)$ とすれば，座標系間に関係式

$$\tau = t, \quad \xi = x + \int_0^t v d\tau \tag{A-2}$$

が成立する．

座標系間の微分演算子の関係は

$$\frac{\partial}{\partial t} = \frac{\partial \tau}{\partial t}\frac{\partial}{\partial \tau} + \frac{\partial \xi}{\partial t}\frac{\partial}{\partial \xi} = \frac{\partial}{\partial \tau} + v\frac{\partial}{\partial \xi}, \quad \frac{\partial}{\partial x} = \frac{\partial \tau}{\partial x}\frac{\partial}{\partial \tau} + \frac{\partial \xi}{\partial x}\frac{\partial}{\partial \xi} = \frac{\partial}{\partial \xi} \tag{A-3}$$

である．式(A-3)を式(A-1)に代入すれば，式(A-1)は

$$\frac{\partial C}{\partial \tau} = \frac{\partial}{\partial \xi}\left\{D_0 \frac{\partial C}{\partial \xi} - vC\right\} \tag{A-4}$$

に書き換えられる．式(A-4)に発散定理を適用して，座標系 (τ,ξ) における拡散流束 $J(\tau,\xi)$ は

$$J(\tau,\xi) = -D_0 \frac{\partial C}{\partial \xi} + vC \tag{A-5}$$

となる．ここで，式(A-5)の右辺第2項は，外力 F の影響で座標系原点 $(t,x)=(0,0)$ の移動によって，濃度距離曲線全体が座標系原点 $(\tau,\xi)=(0,0)$ に対して速度 v で平行移動していることを示している．

Brown 粒子の濃度が拡散領域の任意の点で時間的な変化が認められない定常状態に到達したとき，式(A-4)の左辺は $\partial C/\partial \tau = 0$ となるので，偏微分方程式の一般論から関係式

$$\frac{\partial}{\partial \xi}\left\{D_0 \frac{\partial C}{\partial \xi} - vC\right\} = 0 \;\rightarrow\; D_0 \frac{\partial C}{\partial \xi} - vC = J(\tau) \tag{A-6}$$

が時間 τ の任意関数 $J(\tau)$ として成立する．式(A-6)は拡散流束を表しており，$J(\tau)$ は拡散系外から見た拡散領域空間の流束を意味する．したがって，定常状態における正味の拡散粒子の挙動については，$J(\tau)=0$ として次式

$$D_0 \frac{\partial C}{\partial \xi} - vC = 0 \tag{A-7}$$

が成立することになる．

質量 m の粒子が外力 F の存在下で，流体中を速度 v で運動しているとき，粘性抵抗 kv として，運動方程式は

$$m\frac{dv}{d\tau} = F - kv$$

で表される。ここで，外力 F が陽には時間 τ に依存しないとき，易動度 $\mu(1/k)$，$u = v - \mu F$ とすれば，上式は

$$\frac{du}{d\tau} = -\frac{1}{\mu m}u$$

となる。上記微分方程式の解は，初速度 $v = 0$ として

$$u = -\mu F e^{-\tau/\mu m} \rightarrow v = \mu F\left(1 - e^{-\tau/\mu m}\right)$$

である。したがって，物理的に十分大きい時間 τ では，粒子は $v = \mu F$ を満たす速度で運動することになる。

　拡散理論から得られた式(A-7)の v について，Einstein は，§1-4 で議論したように，水中の花粉微粒子が外力 F の存在下で Stokes の定理を満たし，その易動度 μ として，

$$v = \mu F \tag{A-8}$$

が成立するとした。さらに，水中における van't Hoff の関係式

$$pV_F = nRT \tag{A-9}$$

を微分して得られる関係式

$$V_F \frac{\partial p}{\partial \xi} + p\frac{\partial V_F}{\partial \xi} = 0 \tag{A-10}$$

から式(A-8)の外力 F を求めた。式(A-9)での記号 p, V_F, n, R, T は，当該物理系での浸透圧，容積，溶質のモル数，気体定数，絶対温度を意味する。

　式(A-10)での $V_F\, \partial p/\partial \xi$ は，Avogadro 数 N_A として溶質全体に作用する外力 nN_AF に相当する。したがって，式(A-10)は

$$F = -\frac{p}{nN_A}\frac{\partial V_F}{\partial \xi} \tag{A-11}$$

に書き換えられる。ここで，溶質濃度を $C = nN_A/V_F$ として，式(A-9)を式(A-11)に代入すれば，

$$F = \frac{RT}{N_A C}\frac{\partial C}{\partial \xi} \tag{A-12}$$

となる。式(A-8)，(A-12)を式(A-7)に代入して，Einstein の関係式

$$D_0 = \mu \frac{RT}{N_A} = \mu k_B T \tag{A-13}$$

が得られる。ここで，k_B は Boltzmann 定数である。

　以上の議論において，Einstein は式(A-1)から式(A-7)に至る拡散方程式の座標系設定に関する議論をせずに，定常状態における物理的な考察から式(A-7)，(A-8)を用いた。しかしながら，第 5 章で議論しているように拡散現象の解析には座標変換の議論が必要不可欠である。それにも拘わらず，Fick によって拡散方程式が提唱された 1855 年以来，拡散史において上述の座標系設定に関する議論は行われてこなかった。その結果，拡散系に外力が存在するときの拡散流束として式(A-5)が拡散の基本方程式(A-1)に対する拡散流束であるかのように，座標系を混同

して用いられてきた[付録6-B 参照]。

なお，定常状態では式(A-7), (A-8)から

$$D_0 \frac{\partial C}{\partial \xi} - vC = 0 \rightarrow \frac{\partial C}{\partial \xi} = \frac{v}{D_0}C = \frac{\mu F}{D_0}C \tag{A-14}$$

が成立する。ここで，外力 F のポテンシャル・エネルギーを

$$U = -\int F d\xi$$

とすれば，拡散系外の座標系から見ると，式(A-13), (A-14)から C_0 を一定値として定常状態における濃度が Boltzmann 分布

$$C(\xi) = C_0 \exp\left[-\frac{\mu U}{D_0}\right] = C_0 \exp\left[-\frac{U}{k_B T}\right] \tag{A-15}$$

で表される。

Einstein の Brown 運動理論や Langevin の運動方程式は，拡散場に外力が存在する条件下で純物質中の不純物拡散問題を論じたものである。換言すれば，拡散場としての純物質が濃度勾配ゼロの状態でも拡散運動していることを間接的に可視化したものである。したがって，濃度勾配ゼロの純物質における拡散機構を直接理論的に示したものではない。そこで，第6章では濃度勾配ゼロの熱平衡状態の物質または純物質の自己拡散機構が発散定理にしたがって議論されている。

上述の議論では，外力の存在によって拡散系に生じるエントロピーの変化については考慮されていない。拡散現象におけるエントロピーの変化は拡散方程式中の拡散係数に組み込まれることになる。この問題については，[付録6-B]を参照されたい。

第2章　単一Brown粒子の挙動

§2-1　発展方程式
§2-2　発展方程式における放物型と楕円型の関係
§2-3　拡散方程式とSchrodinger方程式
§2-4　Brown粒子の拡散係数
§2-5　拡散係数と物質波の関係式
§2-6　拡散係数と不確定性原理の関係

単一 Brown 粒子の挙動は，de Broglie の仮説に示されているように，粒子性と同時に波動性を有することが量子論から明らかにされている。したがって，単一 Brown 粒子の運動は Schrödinger 方程式によって記述されることになる。一方，Brown 粒子の集団運動は，Gauss の発散定理が示すように，物質保存則を表す拡散方程式で記述される。以下では，本書での議論に関係のある発展方程式について数学的な概説をして，拡散素過程における拡散方程式から Schrödinger 方程式を導出して，Brown 粒子の拡散係数を求める。

§2-1　発展方程式

物理学や工学の分野で多くの自然現象が発展方程式と称される偏微分方程式で記述されている。発展方程式はその振る舞いに応じて放物型，双曲型，楕円型に分類される。時空 (t,x,y,z) における斉次線形偏微分方程式の代表的なものとして

(a) $\quad\dfrac{\partial}{\partial t}C(t,x,y,z)=D_0\nabla^2 C(t,x,y,z)\quad$ 連続の方程式

(b) $\quad\dfrac{\partial^2}{\partial t^2}w(t,x,y,z)=v^2\nabla^2 w(t,x,y,z)\quad$ 波動方程式

(c) $\quad\dfrac{\partial}{\partial t}\varphi(t,x,y,z)=\dfrac{i\hbar}{2m}\nabla^2\varphi(t,x,y,z)\quad$ Schrödinger 方程式

が挙げられる。

式(a)は，D_0 を拡散係数として $C(t,x,y,z)$ が濃度分布を意味する拡散方程式と言われ，物質保存則を意味する。数学的には，放物型の偏微分方程式で Fick の第2法則として知られている。式(b)は，媒質を介して伝播する波(音など)や伝播に媒質を必要としない波(電磁波など)について位相速度 v での波動現象を表す双曲型の偏微分方程式で波動方程式と称される。式(c)は，量子力学における自由粒子の運動を記述する Schrödinger の基本方程式である。右辺の $i, \hbar, m$ は純虚数，Planck 定数，粒子の質量である。また，右辺に虚数が現れているように，$\varphi(t,x,y,z)$ は複素数値関数である。

数学的には，Brown 粒子の集団運動が Markov 過程であることから，§1-4 での議論を3次元空間 $\langle r|=(x,y,z)\rangle$ に適用すれば，$C(t+\Delta t,|r\rangle)$ と $C(t,|r\rangle\pm|\Delta r\rangle)$ の関係式

$$C(t+\Delta t,|r\rangle)=\{C(t,|r\rangle+|\Delta r\rangle)+C(t,|r\rangle-|\Delta r\rangle)\}/2$$

が成立する。この両辺を Taylor 展開して $D_0=\langle\Delta r|\Delta r\rangle/2\Delta t$ とすれば，式(a)は導出される。波の伝搬が連続過程であることを考慮して，$w(t\pm\Delta t,|r\rangle)$ と $w(t,|r\rangle\pm|\Delta r\rangle)$ の関係式

$$w(t+\Delta t,|r\rangle)+w(t-\Delta t,|r\rangle)=w(t,|r\rangle+|\Delta r\rangle)+w(t,|r\rangle-|\Delta r\rangle)$$

が得られる。この両辺を Taylor 展開して $|v\rangle=|\Delta r\rangle/\Delta t$ とすれば，式(b)は導出される。また，式(c)は §2-3 で議論されているように，式(a)を拡散素過程に適用することで導出される。

式(a)〜(c)は斉次線形偏微分方程式であるが，解析解は簡単には得られない。求める解を時

間部分と空間部分, $T(t)$ と $S(x,y,z)$, に変数分離する有力な方法があるが，この場合式(a)〜(c)に共通する空間部分は Helmholtz の微分方程式と称される

(d) $\qquad \nabla^2 S(x,y,z) = \lambda S(x,y,z)$

となる．式(d)は楕円型の偏微分方程式で，特に $\lambda = 0$ のときは Laplace の方程式と言われる．一般には，物理学や工学において現実に研究対象とする問題を偏微分方程式でモデル化するとき，多くの場合，式(a)〜(c)の右辺に非斉次項が現れる．これらの問題を解く方法として Green 関数を利用する方法がある．

物理学や工学で用いられる偏微分方程式は，時空 (t,x,y,z) における2階偏微分方程式で記述されることが多い．最も基本的な発展方程式として時空 (t,x) での関数 $u(t,x)$ についての線形偏微分方程式

$$f(t, x, u, \partial_t^2 u, \partial_x^2 u, \partial_t \partial_x u, \partial_t u, \partial_x u) = 0$$

が考えられる．ここで，偏微分記号は独立変数 ξ に対して $\partial_\xi = \partial/\partial\xi$, $\partial_\xi^2 = \partial^2/\partial\xi^2$ を意味する．上式が特に $P_i (i = 1, 2, \cdots, 6)$, Q を定数または t, x の関数として

$$P_1 \partial_t^2 u + P_2 \partial_t \partial_x u + P_3 \partial_x^2 u + P_4 \partial_t u + P_5 \partial_x u + P_6 u = Q \qquad (2\text{-}1)$$

で表されるとき，式(2-1)は発展方程式の基本問題として重要である．

式(2-1)において $Q = 0$ のとき斉次偏微分方程式，$Q \neq 0$ のとき非斉次偏微分方程式という．式(2-1)の解 $u = u(t,x)$ は空間 (t,x,u) における曲面を表しており，この曲面上の単一閉曲線 $C(t,x,u)$ の (t,x) 平面への正射影を $c(t,x)$ とすると，一般に $c(t,x)$ は2次曲線になる．

一般に，平面 (X,Y) で2次曲線を表す方程式は

$$P_1 X^2 + P_2 XY + P_3 Y^2 + P_4 X + P_5 Y + P_6 = 0$$

で表されるが，座標系 (X,Y) を $\pi/4$ 回転させ，さらに座標軸を平行移動させた新座標系 (x,y) で表すと，2次曲線の基本形は

$P_2^2 - 4P_1 P_3 = 0$ のとき，放物線 $y^2 = 4px$
$P_2^2 - 4P_1 P_3 < 0$ のとき，楕円 $(x/a)^2 + (y/b)^2 = 1$
$P_2^2 - 4P_1 P_3 > 0$ のとき，双曲線 $(x/a)^2 - (y/b)^2 = 1$

で表される．上述の2次曲線 $c(t,x)$ に対応して，式(2-1)は P_1, P_2, P_3 の関係式によって

$P_2^2 - 4P_1 P_3 = 0$ のとき，放物型
$P_2^2 - 4P_1 P_3 < 0$ のとき，楕円型
$P_2^2 - 4P_1 P_3 > 0$ のとき，双曲型

に分類されることが知られている．

上述したように，発展方程式は，定常状態では Helmholtz または Laplace の微分方程式となる．拡散方程式は放物型の微分方程式であるが，第4章で明らかにされるように，定常状態でなくても，拡散方程式が放物線則を満たすことに注目して変数変換すれば，楕円型の微分方程式となる．楕円型の拡散方程式を解析してエレガントな解析解が得られることが第4章で明ら

§2-2 発展方程式における放物型と楕円型の関係

Gaussの発散定理は，数学的には微分可能なベクトル量に関する面積分と体積分の関係を表している。電磁気学の分野では楕円型の微分方程式で表される現象が多い。電流密度$|i\rangle$ (coulomb/$m^2 s$)，電界$|E\rangle$ (volt/m)，電気伝導度κとして成立する関係式

$$|i\rangle = \kappa|E\rangle \tag{2-2}$$

が知られている。電位をϕとすると，電磁気学では$|E\rangle = -|\nabla\phi\rangle$が成立するので，これを式(2-2)に用いれば

$$|i\rangle = -\kappa|\nabla\phi\rangle \tag{2-3}$$

となる。

式(2-3)で$|i\rangle \to |J\rangle$, $\kappa \to D$, $\phi \to C$に書き換えれば，Fickの第1法則である式(1-47)に形式的に対応する。しかしながら，式(1-47)と(2-3)は物理的には全く類似性がないことを示して発散定理の意味を明らかにする。§1-6での発散定理において定義した閉曲面Sで囲まれた領域V内に存在している電気量$Q(t,x,y,z)$について，その電荷密度$\rho(t,x,y,z)$とする。以下で，領域V内での電気量$Q(t,x,y,z)$について電荷保存則を考察する。関係式

$$Q(t,x,y,z) = \int_V \rho(t,x,y,z) dV$$

の両辺をtについて偏微分すれば，

$$\partial_t Q(t,x,y,z) = \partial_t \int_V \rho(t,x,y,z) dV = \int_V \partial_t \rho(t,x,y,z) dV \tag{2-4}$$

となる。閉曲面S上の法単位ベクトル$\langle n|$および電流密度$|i\rangle$として，発散定理から

$$\partial_t Q(t,x,y,z) = -\int_S \langle n|i\rangle dS = -\int_V \langle \tilde{\nabla}|i\rangle dV \tag{2-5}$$

が成立する。式(2-4), (2-5)から電荷保存則

$$\partial_t \rho(t,x,y,z) + \langle \tilde{\nabla}|i(t,x,y,z)\rangle = 0 \tag{2-6}$$

が得られる。

誘電率εとして，電磁気学におけるPoissonの方程式$\langle \tilde{\nabla}|\nabla\phi\rangle = -\rho/\varepsilon$および式(2-3)を式(2-6)に用いて，微分方程式

$$\partial_t \rho(t,x,y,z) = -(\kappa/\varepsilon)\rho(t,x,y,z) \tag{2-7}$$

が得られる。式(2-7)の解は

$$\rho(t,x,y,z) = \rho(0,x_0,y_0,z_0)\exp[-(\kappa/\varepsilon)t] \tag{2-8}$$

となる。ただし，$t=0$のとき，$x=x_0, y=y_0, z=z_0$とする。

温度や伝導体の種類によって多少異なるけれどもκ/εの値を評価すると，$10^{18} \sim 10^{20}$程度の

ものである．したがって，初期電荷分布があっても，式(2-8)は導体内部では瞬時に電荷密度がゼロになることを示している．したがって，発展方程式としての時間に関する偏微分の項は意味がなくなり，静電気学においては電荷の時間変化に対する挙動を把握する必要はなく，楕円型のLaplace方程式が適用されることになる．

以上の結果は，孤立系の導体に電荷を与えた場合，導体内の異符号の電荷は中和し，残りの同符号の電荷は反発して導体表面に分布し，導体内部では電荷分布が瞬時にゼロになることを意味している．

物質保存を意味する2階偏微分方程式であるFickの第2法則とは異なり，電荷保存則は1階偏微分方程式(2-6)で表されている．電荷密度 $\rho(t,x,y,z)$ について，Fickの第1法則に対応したベクトル関係式

$$|i(t,x,y,z)\rangle = -\alpha |\nabla \rho(t,x,y,z)\rangle \tag{2-9}$$

が存在しない理由は，点電荷 Q, q 間の距離 $r = \sqrt{x^2+y^2+z^2}$ としてCoulomb力

$$|f\rangle = Q|E\rangle = Q\frac{q}{4\pi\varepsilon r^2}\frac{|r\rangle}{r} \tag{2-10}$$

の大きさが r^{-2} に比例している特性による．点電荷 q が $r=0$ に存在するとき，$r \neq 0$ における電界に対して成立する関係式

$$-\langle \tilde{\nabla}|\nabla \phi \rangle = \langle \tilde{\nabla}|E\rangle = \frac{q}{4\pi\varepsilon}\langle \tilde{\nabla}|\{r^{-3}|r\rangle\} \tag{2-11}$$

を計算すると，

$$\langle \tilde{\nabla}|\{r^{-3}|r\rangle\} = \begin{pmatrix}\partial_x & \partial_y & \partial_z\end{pmatrix}\begin{pmatrix}x/r^3 \\ y/r^3 \\ z/r^3\end{pmatrix} = \frac{3}{r^3} + \{x\partial_x + y\partial_y + z\partial_z\}r^{-3} = 0$$

となり，楕円型のLaplace方程式

$$\langle \tilde{\nabla}|E\rangle = -\langle \tilde{\nabla}|\nabla \phi\rangle = 0 \tag{2-12}$$

が電荷の存在しない領域で成立する．

$0 < r \ll 1$ のとき，電荷 q が物理的に十分小さい半径 r の球内に一様な電荷密度 ρ で分布しているとする．この場合，式(2-10)から

$$|E\rangle = \frac{4\pi r^3 \rho}{3}\frac{1}{4\pi\varepsilon r^3}\begin{pmatrix}x\\y\\z\end{pmatrix} = \frac{\rho}{3\varepsilon}\begin{pmatrix}x\\y\\z\end{pmatrix} \tag{2-13}$$

となる．したがって，$r \to 0$ としても楕円型のPoisson方程式

$$\langle \tilde{\nabla}|\nabla \phi\rangle = -\langle \tilde{\nabla}|E\rangle = -\frac{\rho}{\varepsilon} \tag{2-14}$$

が電荷の存在する領域で成立する．

式(2-12)，(2-14)の結果は電界の大きさが r^{-2} に比例する特性で生じたものである．したがって，導体中では $|\nabla \rho \rangle = 0$ となり式(2-9)は意味のないものとなる．しかしながら，一般に楕円

型微分方程式が式(2-9)を満たさない訳ではなく，第4章での放物空間における楕円型微分方程式の議論では式(2-9)に相当する関係式が出現する．

以上の議論から，式(2-3)は拡散現象を意味する式(1-47)とは物理的に全く異なる表式であり，電荷密度について式(1-47)に相当する式(2-9)が成立しないことを意味する．同時に，ここでの荷電粒子の運動は，ミクロ粒子のランダム運動を表す物質保存則としての関係式(1-48)ではなく，流体として電荷保存則の関係式(2-6)で表されている．しかしながら，電荷Qを有する拡散粒子が存在する拡散場に電界$|E\rangle$を加える場合は，［付録1-A］または§2-5の議論のように外力$|F\rangle = Q|E\rangle$の拡散系への影響を拡散係数に考慮しなければならない．

§2-3　拡散方程式と Schrödinger 方程式

　ミクロ粒子の挙動は，集団運動の場合は Fick の拡散方程式で表され，少数系の場合は Schrödinger 方程式で表される．いずれもミクロ粒子の挙動に関するものであるが，従来の拡散係数の表式にはミクロな世界の情報が取り入れられていない．そこで，拡散方程式から Schrödinger 方程式を導出することで，従来の拡散係数とは異なり，ミクロな世界の情報として Planck 定数および拡散粒子の特性を示す原子量または分子量を含んだ拡散係数の表式を以下で求める．

　原子や分子のようなミクロ粒子の集団運動について，拡散係数に拡散場の濃度依存性がない場合，等方的な時空(t, x_1, x_2, x_3)においてこれら拡散粒子のマクロな状態量である濃度$C(t, x_1, x_2, x_3)$の挙動は拡散係数を$D_0 (= D_{x_1} = D_{x_2} = D_{x_3})$として拡散方程式

$$\frac{\partial C}{\partial t} = D_0 \langle \tilde{\nabla} | \nabla C \rangle \tag{1-49}$$

で表される．ここでの記号は，Dirac のベクトル記号を用いて

$$\langle \tilde{\nabla} | = \left(\frac{\partial}{\partial x_1}, \frac{\partial}{\partial x_2}, \frac{\partial}{\partial x_3} \right) = -\{|\nabla\rangle\}^\dagger, \quad |\nabla C\rangle = |\nabla\rangle C$$

を意味する．ただし，記号†は Hermite 共役を意味する．なお，物理量Qが Hermite 量であれば$\langle Q| = \{|Q\rangle\}^\dagger$が成立する．一方，孤立したミクロ粒子1個の運動は量子力学の範疇のことであり，周知の Schrödinger 方程式

$$i\hbar \frac{\partial \psi}{\partial t} = \mathrm{H} \psi \tag{2-15}$$

で表される．ここで，$\hbar$は Planck 定数hとして$\hbar = h/2\pi$であり，ψは波動関数である．また，H は全エネルギーを意味する Hamiltonian であり，自由粒子の場合，ミクロ粒子の質量m，その運動量$|p\rangle$として

$$\mathrm{H} = \frac{\langle p | p \rangle}{2m} \tag{2-16}$$

で表される．ここで，運動量pはミクロ粒子の速度$|v\rangle$として，古典力学では$\langle \tilde{p} | = m \langle \tilde{v} |$として表されるが，量子力学では Hermite 演算子$|p\rangle = -i\hbar |\nabla\rangle$で表される．

　固体中の単一ミクロ粒子は熱的なゆらぎによってある瞬間に拡散場でのエネルギー障壁を越

えてジャンプ移動する。流体中の単一ミクロ粒子は平均自由行程の移動で他のミクロ粒子と衝突することでジャンプ移動する。質量 m の Brown 粒子が速度 $v=dx/dt$ で粘性抵抗 $k\,dx/dt$ を受けて運動している問題について，式(1-37)に示した Langevin の方程式

$$m\frac{d^2x}{dt^2}=-k\frac{dx}{dt}+F(t) \tag{1-37}$$

が成立する。Langevin は衝突による瞬間力 $F(t)$ の時間平均 $\langle F(t)\rangle$ を $\langle F(t)\rangle=0$ とした。

式(1-37)で $\langle F(t)\rangle=0$ としたことは，拡散素過程における物質波としての拡散粒子の挙動を無視して Brown 運動を Newton 力学で議論したものである。そこで，瞬間力 $F(t)$ ではなく拡散の素過程における加速度について考察する。加速度は3次元空間での位置ベクトル $|r\rangle=(x_1,x_2,x_3)^\dagger$ として

$$|a\rangle=\frac{d^2|r\rangle}{dt^2}=\lim_{\Delta t\to 0}\frac{\Delta^2|r\rangle}{(\Delta t)^2} \tag{2-17}$$

で定義される。物理学における本質の一般性を失うことはないので，以下では最も簡単な1次元空間の問題を考察する。

速度 $|v\rangle$ で $|r\rangle$ 向に運動している質量 m の拡散粒子Aが静止している質量 m の同種の拡散粒子Bに $t=t_0$ で完全弾性衝突する場合について考察する。衝突直後に拡散粒子AとBの識別ができれば，衝突時間 Δt の中の時間 $\varepsilon(0<\varepsilon<\Delta t)$ の間に拡散粒子Aの速度は減速してゼロとなり，静止していた拡散粒子Bは時間 $\Delta t-\varepsilon$ の間に加速して速度 $|v\rangle$ となる。一方，衝突直後に拡散粒子AとBの識別ができないとすれば，質量 m の単一拡散粒子が時間 $0\le t\le\varepsilon$ の間に速度 $|v\rangle$ の状態から減速して速度ゼロになり，再度 $\varepsilon\le t\le\Delta t$ の間に加速してもとの速度 $|v\rangle$ になると考えられ得る。換言すれば，巨視的には $\Delta t\to 0$ の極限で拡散粒子は衝突しないで，まるで何事もなく連続運動しているように見える。

加速度 $|a\rangle$ に注目すれば，衝突することで $0<\gamma$ として $-|a\rangle\to\gamma|a\rangle$ が成立することになる。式(2-17)から判断して加速度の向きが反転するためには，拡散粒子の速度がゼロになった直後の極微小時間 $\Delta t-\varepsilon$ において $t\to it$ または $t\to -it$ であることが必要である。このことは，衝突直後に識別できないミクロ粒子の運動を記述する場合，運動方程式に関する従来の物理学における概念とは異なり，虚数時間を導入すべきであることを示唆している。換言すれば，$t<t_0+\varepsilon$ ではミクロ粒子の挙動は拡散方程式で記述され，$t>t_0+\varepsilon$ でのミクロ粒子の挙動は虚数時間を導入したことで量子として Schrödinger 方程式で記述されることになる。

一般に，ある物理量 Q として，関係式 iQt について数学的に iQ と t の積を考えるか，または Q と it の積とするかは，数学的には積に関する結合則と交換則から同値である。前者は物理量 Q の演算子 iQ と実時間の積であり，後者は物理量 Q と虚数時間 it の積である。時空の連続性を考慮すると，物理的には前者が妥当であると思われるが，数学的な解析手順としての同値性に鑑みて，以下では虚数時間を用いて解析する。物理的な妥当性は解析結果から検討することにする。

したがって，$\tau=it$ として濃度 $C(t,x_1,x_2,x_3)$ を単一拡散粒子の時空 (τ,x_1,x_2,x_3) における挙動を表す状態量として複素関数 $\varphi(\tau,x_1,x_2,x_3)$ に書き換えて，式(1-49)を

$$\frac{\partial \varphi}{\partial \tau} = D_0 \langle \tilde{\nabla} | \nabla \varphi \rangle \tag{2-18}$$

とする。式(2-18)において、$\varphi(\tau, x_1, x_2, x_3) = T(\tau) S(x_1, x_2, x_3)$ として周知の変数分離解法にて解析すると、よく知られているように一般には初期・境界条件から決定される複素数 k_j^n, A_{j+}, A_{j-} を用いて、式(2-18)の一般解は

$$\varphi = \sum_{n=1}^{\infty} \exp[\mu_n \tau] \prod_{j=1}^{3} \left(A_{j+} \exp[k_j^n x_j] + A_{j-} \exp[-k_j^n x_j] \right) \tag{2-19}$$

となる。ここで、$\mu_n = \sum_{j=1}^{3} (k_j^n)^2$ である。$\tau = it$ であるから、式(2-19)は

$$\varphi = \sum_{n=1}^{\infty} \prod_{j=1}^{3} \left(A_{j+} \exp[k_j^n x_j + i\mu_n t] + A_{j-} \exp[-k_j^n x_j + i\mu_n t] \right)$$

となる。実関数 $\psi_1(t, x_1, x_2, x_3), \psi_2(t, x_1, x_2, x_3)$ を用いて複素関数 φ を改めて複素数値関数

$$\varphi \equiv \psi = \psi_1 + i\psi_2 \tag{2-20}$$

に書き換える。式(2-20)を用いて、式(2-18)の両辺に $i^2\hbar$ を掛けると

$$i\hbar \frac{\partial \psi}{\partial t} = -\hbar D_0 \langle \tilde{\nabla} | \nabla \psi \rangle \tag{2-21}$$

が成立する。

初期状態に時空 $(t_0, |r_0\rangle)$ に存在していた単一拡散粒子が j 回のジャンプを経て時空 $(t_j, |r_j\rangle)$ に存在する確率密度を関数 $f(t_j, |r_j\rangle)$ で表す。拡散粒子は等方的にランダム運動しており、拡散粒子のジャンプ頻度 $1/\Delta t$ およびジャンプ変位 $\Delta r = \| |r_j\rangle - |r_{j-1}\rangle \| = \| \Delta r \|$ は確率的にそれらの平均値になると考えられる。また、時空 $(t_{j-1}, |r_{j-1}\rangle)$ の単一拡散粒子が時空 $(t_j, |r_{j-2}\rangle)$ または時空 $(t_j, |r_j\rangle)$ へジャンプ移動する確率は等しいので、

$$f(t + \Delta t, |r\rangle) = \{ f(t, |r\rangle - |\Delta r\rangle) + f(t, |r\rangle + |\Delta r\rangle) \}/2 \tag{2-22}$$

が成立する。

式(2-22)の左辺を Taylor 展開して

$$f(t + \Delta t, |r\rangle) = f(t, |r\rangle) + \Delta t\, \partial f/\partial t + \cdots \tag{2-23}$$

が得られる。また、式(2-22)の右辺を Taylor 展開して

$$f(t, |r\rangle \pm |\Delta r\rangle) = f(t, |r\rangle) \pm \langle \Delta r | \nabla f \rangle + \frac{(\Delta r)^2}{2} \langle \tilde{\nabla} | \nabla f \rangle \pm \cdots \tag{2-24}$$

が得られる。式(2-23)〜(2-24)を式(2-22)に代入して

$$\frac{\partial f}{\partial t} = \frac{(\Delta r)^2}{2\Delta t} \langle \tilde{\nabla} | \nabla f \rangle \tag{2-25}$$

が成立する。

拡散粒子の確率密度関数 f は規格化濃度 C に対応するので、式(2-25)と式(1-49)を比較して放物線則を満たす関係式として、r 方向へのジャンプ移動を表す拡散係数

$$D_0 = \frac{(\Delta r)^2}{2\Delta t} \tag{1-21}$$

が得られる。ここで速度 $|v\rangle = d|r\rangle/dt$, 運動量 $|p\rangle = m|v\rangle$, 角運動量 $|L\rangle = |r \times p\rangle$ として, 式 (1-21)は等方的な空間での角運動量 $\Delta L = \|\Delta \hat{r} \times p\rangle\|$ を用いて

$$D_0 = \frac{(\Delta r)^2}{2\Delta t} = \frac{\Delta r}{2}\left|\frac{|\Delta r\rangle}{\Delta t}\right| = \frac{\Delta r}{2m}\left|m\frac{d|r\rangle}{dt}\right| = \frac{1}{2m}\|\Delta \hat{r} \times p\rangle\| = \frac{\Delta L}{2m}$$

に書き換えられる。ここで, $|r\rangle$ 方向の単位ベクトル $|\kappa\rangle$ として $|\Delta \hat{r}\rangle = \Delta r|\kappa\rangle$ を意味する。したがって, 固有値方程式 $\Delta L \psi = \hbar \psi$ を考慮して, 式(1-21)は演算子として対応関係

$$D_0 \to \frac{|\Delta L\rangle}{2m} \to \frac{\hbar}{2m} \tag{2-26}$$

を意味する。

式(2-26)を式(2-21)に代入して

$$i\hbar\frac{\partial \psi}{\partial t} = i^2 \frac{\hbar^2}{2m}\langle\tilde{\nabla}|\nabla\rangle\psi \tag{2-27}$$

が成立する。したがって, 式(2-27)において,

$$|p\rangle = -i\hbar|\nabla\rangle, \quad \langle p| = \{|p\rangle\}^\dagger = -i\hbar\langle\tilde{\nabla}| \tag{2-28}$$

と定義すれば, 式(2-27)は

$$i\hbar\frac{\partial \psi}{\partial t} = \frac{\langle p|p\rangle}{2m}\psi \tag{2-29}$$

となる。式(2-29)に式(2-16)を代入して Schrödinger 方程式(2-15)が得られる。ここで定義した関係式(2-28)は量子力学における基本演算子の1つである。

以上の結果から, 数学的にはミクロ粒子の集団運動を記述する拡散方程式は, 時間 t を $\tau = it$ に置き換えて拡散素過程の拡散粒子の挙動に適用することで, 単一粒子の運動を記述する Schrödinger 方程式に変換できることが判明した。

§2-4 Brown 粒子の拡散係数

集合体の中での単一ミクロ粒子が絶対温度 T のとき熱量 Q の状態に存在している確率は, Boltzmann 係数 k_B を用いて §1-3 で述べた Boltzmann 因子

$$\exp\left[-\frac{Q}{k_B T}\right] \tag{2-30}$$

で与えられる。単一拡散粒子が熱的なゆらぎによってエネルギー障壁を通過するためには活性化エネルギー Q の状態になることが必要であり, その状態になる確率は式(2-30)である。したがって, 式(2-26)の拡散係数は多体系の効果として Boltzmann 因子に比例することになり, 拡散係数は絶対温度 T に依存することになる。一般に, 固体結晶中では拡散粒子の拡散進行は結晶の原子配位に影響され, その依存因子 ρ_0 および拡散粒子が移動することで結晶構造が弾

性変形することで増加すると考えられるエントロピー S_0 の効果を考慮して，式(2-26)の拡散係数は

$$\begin{cases} D_\mathrm{T} = N_\mathrm{A} \hbar \dfrac{5 \times 10^2 \rho_0}{n} \exp\left[\dfrac{S_0 T - Q}{k_\mathrm{B} T}\right] \\ \phantom{D_\mathrm{T}} = \dfrac{D_\mathrm{N}}{n} \Omega(\rho_0, S_0) \exp[-Q/k_\mathrm{B} T] \end{cases} \quad (2\text{-}31)$$

に書き換えられる。ここでの記号 N_A は Avogadro 定数，$n\,(=10^3 m N_\mathrm{A})$ は拡散粒子の原子量または分子量を意味し，$\Omega(\rho_0, S_0) = \rho_0 \exp[S_0/k_\mathrm{B}]$ である。また，ここでの記号 D_N は単一分子量に対する拡散係数の次元を持った拡散現象における基本素量

$$D_\mathrm{N} = 5 \times 10^2 N_\mathrm{A} \hbar = 3.18 \times 10^{-8} \,[m^2 s^{-1}] \quad (2\text{-}32)$$

である。

式(2-31)または(2-32)において，$N_\mathrm{A} \hbar$ は物質の種類や構造および熱力学的状態に無関係な物理定数であり，拡散粒子の特性は原子量または分子量 n によって表されている。拡散問題における温度依存性は $\exp[-Q/k_\mathrm{B} T]$ に含まれる。なお，既存の拡散係数での議論とは異なり，原子振動数 υ は式(2-31)に直接には含まれていない。その理由は，式(2-32)の物理次元がすでに拡散係数の次元を有しており，式(2-32)の表式には原子振動数 υ に比例する因子が想定できないからである。したがって，ここでの拡散理論では，原子振動数 υ の効果は，エネルギー等分配則から判断して式(2-30)に示されている Boltzmann 因子に間接的に取り入れられていることになる。

式(2-31)に示された拡散係数は従来の拡散係数の定義とは異なり，ミクロな世界での物理定数 $N_\mathrm{A}, \hbar$ および拡散粒子の特性を表す分子量 n が含まれており，Brown 粒子の挙動を表す物理量として自然である。ただし，式(2-31)に示された拡散係数は時空に依存しない線形拡散方程式に適用できるものである。

拡散系に Driving Force や外力が存在すると，熱的なゆらぎによって生じた拡散粒子近傍の拡散場はその影響を受ける。その結果，拡散係数に直接関係する拡散場の粒子の配位効果やエントロピーは変化する。式(2-31)に含まれる因子 ρ_0, S_0 が拡散粒子のランダム運動に及ぼす影響 $\Omega(\rho_0, S_0)$ を $\Omega(\rho, S)$ に書き換えて，以下で Driving Force や外力の影響を考察する。

Driving Force または外力 F が存在するとき，そのポテンシャル・エネルギーを U_F とすれば，$|r\rangle$ 方向の単位ベクトルを $|\kappa\rangle$ として，力学の定義にしたがって

$$U_\mathrm{F} = -\int_{-\infty}^{r} \langle F | \kappa \rangle dr \quad (2\text{-}33)$$

が成立する。式(2-33)を Boltzmann 因子に取り入れて，式(2-31)との整合性から

$$\Omega(\rho, S) = \Omega(\rho_0, S_0) A(\rho/\rho_0) \exp[-U_\mathrm{F}/k_\mathrm{B} T] \quad (2\text{-}34)$$

が得られる。

例えば，等方的な立方格子結晶では $\rho_0 = 1/6$ である。一般に，ρ_0 の値は拡散場の物質構造に依存する。多くの場合，結晶構造を有する拡散場で拡散が進行するとき，力 F の存在によって，拡散場の結晶構造には大きい変化が見られない。同様に，非晶質の場合でも拡散粒子近傍

の原子配位が大きく変化しないと考えられる．したがって，式(2-34)では
$$A(\rho/\rho_0) = 1$$
と想定される．したがって，$U_F/k_BT \ll 1$ のとき，式(2-34)は次式

$$\begin{cases} \Omega(\rho, S) = \Omega(\rho_0, S_0) \exp[-U_F/k_BT] \\ \qquad\qquad = \rho_0 \{1 - U_F/k_BT\} \exp[S_0/k_B] \end{cases} \tag{2-35}$$

に書き換えられる．

以上の議論から，力 F が拡散系に存在するときの式(2-31)に示された拡散係数 D は，式(2-31)の $\Omega(\rho_0, S_0)$ を式(2-35)の $\Omega(\rho, S)$ に書き換えて

$$\begin{cases} D = D_T + D_F \\ \quad = \dfrac{D_N \rho_0}{n} \exp[\{S_0 T - U_F - Q\}/k_B T] \\ \quad = D_T(1 - U_F/k_B T) \end{cases} \tag{2-36}$$

として表される．ここで，拡散係数 D_F は拡散系に作用する力 F の効果である．

なお，既存の拡散理論で拡散系に作用する力 F が存在するとき，その効果を時空に依存する Drift Velocity として拡散流束に取り入れて拡散現象が議論されている．その問題点の詳細については，[付録6-B]で議論されている．

拡散場における原子や分子の配位に関する物理条件や拡散系への Driving Force や外力の具体的な作用を検討すれば，式(2-36)は固体結晶に限らず，流体をも含めたすべての物質について適用できるものである．換言すれば，拡散現象の本質は基本素量 D_N にあり，他の要因は当該拡散系の状況に応じて定められることになる．基本素量 D_N を除く主たる要因はエントロピーであり，これは基本的に量子力学における少数多体系の問題として検討されるべきであり，今後，材料科学における拡散係数の問題が量子力学による研究対象として進展していくと考えられる．

拡散粒子が超重力場など大きな外力を受けて拡散進行するとき，当該拡散粒子の質量が拡散現象に及ぼす影響を評価すべき状況が考えられる．そのような場合，新拡散係数の表式(2-36)は物理的に有意なものとなる．

同種ミクロ粒子の衝突前後における識別不可能なことに起因して，拡散方程式(1-49)の時間 t を $\tau = it$ に置き換えることで Schrödinger 方程式(2-15)が導出された．その結果，拡散方程式は波動関数に変換されることになる．このとき，時間 t を $\tau = it$ に置き換えたことで，上述したように加速度の概念は量子力学から消失することになる．また，放物線則を満たす拡散係数の関係式(1-21)は角運動量演算子に対応している．結果として，任意の物質中でのミクロ粒子の拡散現象を記述する拡散係数の普遍的な表式(2-31)または式(2-36)が導出された．

§2-5 拡散係数と物質波の関係式

拡散素過程におけるミクロ粒子の粒子像の挙動を表す拡散方程式について，時間 t を $\tau = it$ に置き換えることで波動像の挙動を表す Schrödinger 方程式(2-15)が導出された．このことは，粒子像に関する演算子は時間 t を $\tau = it$ に置き換え，波動像に関する演算子は時間 t を $\tau = -it$

置き換えることでミクロ粒子の波動像から粒子像の関係が得られると想定される．ここでは，波束としての進行波が

$$w(\tau,\xi) = A\exp[i(k\xi - \omega\tau)]$$

で表されているとき，波動像が消滅することを想定している．具体的には上式で，波束が局所空間 $\Delta r < \lambda/2\pi$ では粒子像として存在するように，粒子としての運動量 $p = \hbar k$ と輻射波のエネルギー $E_\upsilon = \hbar\omega$ に関連して，空間と時間を $\xi = ix, \tau = -it$ に置き換えて得られる関係式

$$w(t,x) = A\exp[-kx - \omega t]$$

から，$x > 0, t > 0$ で波束が消滅することを想定したものである．

以下では，量子力学における物理量と演算子に関する議論から局所空間におけるミクロ粒子の粒子像と波動像の関係について検討して，拡散係数と物質波の関係式について議論する．

ミクロ粒子が粒子像と波動像の2面性を有することに関連して，上述したように時間を $\tau = \pm it$ とすることで奇数の時間次元を有する物理量は虚数を含むことになる．虚数で表される物理量は観測できないので，物理定数の場合を除いて，量子力学では虚数を有する物理変数は演算子として受け入れられ，その固有値が観測されることになる．

古典力学におけるエネルギー E，運動量 $|p\rangle$，角運動量 $|L\rangle$ などの物理量は，

$$E = i\hbar\frac{\partial}{\partial t}, \quad |p\rangle = -i\hbar|\nabla\rangle, \quad |L_{x_3}\rangle = -i\hbar\frac{\partial}{\partial \theta_{x_3}}$$

として演算子を意味することを明らかにすることで，粒子に対する波束の概念を理解して物質波の関係式

$$p = mv = \frac{h}{\lambda} \tag{2-37}$$

を導出する．式(2-37)は，速度 v で運動している質量 m のミクロ粒子の運動量 $p = mv$ が Planck 定数を比例定数として，粒子像の波長 λ に反比例していることを示している．

歴史的には，1924年に de Broglie は Einstein の特殊相対論から質量 m の粒子が光速度 c として有するエネルギーの関係式 $E_m = mc^2$ と Planck の熱放射理論から振動数 υ の光量子が有するエネルギーの関係式 $E_\upsilon = h\upsilon$ が同等であるとして

$$p = mc = \frac{h}{\lambda}$$

を想定した．さらに，de Broglie は，$p = mc$ を速度 v で運動している質量 m のミクロ粒子の運動量 $p = mv$ に書き換えて，物質粒子について式(2-37)が成立することを提唱したものである．

式(2-37)の Planck 定数 h は，物理的には相容れない描像であるミクロ粒子の粒子性を表す mv とその波動性を示す波長 λ の関係を仲介している．その後，電子線による結晶回折などの実験事実から物質粒子に波動性があることは疑いの余地のないものであり，式(2-37)は物質粒子の波動性を示した関係式として歴史的に有意義な関係式である．

輻射エネルギーの関係式 $E_\upsilon = h\upsilon$ について，h にも時間の次元は含まれるが，h は物理定数であるので，振動数 υ に含まれる時間の次元を検討する．局所空間 Δr に波長 λ の波束が存在するとき，$\lambda = 2\pi\Delta r$ の関係式が成立していると想定される．波束の速度 v とすると，

$$v = \lambda \upsilon = \Delta r / \Delta \tau$$

が成立するので，波動像に関する振動数 υ に対して時間 τ を $\tau = -it$ 置き換えて得られる

$$\upsilon = \frac{\Delta r}{\lambda \Delta \tau} \rightarrow \frac{\Delta}{-2\pi i \Delta t}$$

を用いて，演算子として

$$E_\upsilon = h\upsilon = i\hbar \frac{\partial}{\partial t}$$

が得られる。

　時間 t を $\tau = it$ に置き換えることは，衝突問題で局所空間において速度が実数であることを勘案して，空間 x を $\xi = ix$ に置き換えることに対応する。したがって，関係式

$$\frac{1}{\lambda} = \frac{\Delta}{2\pi \Delta \xi} \rightarrow -i \frac{\Delta}{2\pi \Delta x}$$

を式(2-37)に用いて，粒子像に関する運動量 $p_x = mv_x$ の演算子

$$\hat{p}_x = -i\hbar \frac{\partial}{\partial x} \rightarrow |\hat{p}\rangle = -i\hbar |\nabla\rangle$$

が得られる。なお，同じエネルギーでも Hamiltonian に含まれる運動エネルギー E_k の演算子は時間について偶数次元を有しており，

$$E_k = -\frac{\hbar^2}{2m} \nabla^2$$

として虚数を含まない微分演算子となる。また，角運動量演算子は $|L\rangle = |r \times p\rangle$ にここで求めた演算子 p を用いて得られる。

　以下では，拡散素過程におけるミクロ粒子の挙動から式(2-37)を導出することで，Brown 粒子の運動を把握する。式(1-21)，(2-26)から，次式

$$\frac{(\Delta r)^2}{\Delta t} = \frac{\hbar}{m} \tag{2-38}$$

が成立する。ここで，ミクロ粒子が波長 λ の波束の波動像を有していれば，Δr で示される局所空間にミクロ粒子が存在するためには，関係式 $\lambda = 2\pi \Delta r$ が成立しなければならない。したがって，ミクロ粒子の速度を $v = \Delta r / \Delta t$ として，式(2-38)を書き換えると，

$$p = mv = \frac{\hbar}{\Delta r} = \frac{h}{\lambda} \tag{2-39}$$

として，de Broglie が提唱した関係式(2-37)が得られる。換言すれば，de Broglie の仮説が Markov 過程における Brown 粒子の挙動から実証されたことになる。さらに，ここでの結果は，§1-4 および §2-4 での理論展開に正当性を与えるものである。

§2-6　拡散係数と不確定性原理の関係

　§1-4 で議論したように，拡散係数は Markov 過程における時間 Δt における Brown 粒子の

ジャンプ距離 Δx について，式(1-21)として得られた．また，物質中では単一 Brown 粒子の拡散係数は，当該 Brown 粒子とその近傍の拡散場との相互作用の結果として表される．Einstein の Brown 運動理論から，純物質中においても純物質を構成しているミクロ粒子は放物線則にしたがって，絶えずジャンプ移動していることが間接的に明らかにされた．

温度 T の状態にあるミクロ粒子は，エネルギー等分配則から1自由度当たりに $k_BT/2$ のエネルギーを有しており，ミクロ粒子は常に運動エネルギーを有していることになる．したがって，物質中でのミクロ粒子は熱的なゆらぎによって生じた近傍の間隙にジャンプ移動すると考えられてきた．

ミクロ粒子の挙動は，基本的には量子力学によって表される問題である．そこで，量子力学における基本原理として知られている不確定性原理の関係式

$$\Delta x \Delta p_x \geq \hbar/2 \tag{2-40}$$

に注目する．式(2-40)は，ミクロ粒子の位置変位 Δx と運動量の変化 Δp_x を同時に正確に観測できないことを示している．ここで，Markov 過程における質量 m のミクロ粒子の運動量の変化が

$$\Delta p_x = m\Delta x/\Delta t$$

であることに注目すれば，式(1-21)と式(2-40)から

$$D_0 \geq \hbar/4m \tag{2-41}$$

が得られる．

Boltzmann 因子の効果を除けば，自由空間でのミクロ粒子は温度とは無関係に式(2-41)を満たすジャンプ頻度で Brown 運動をしていることになる．§2-5 での結果をも含めて，Brown 粒子の挙動は量子力学における基本理論に合致していることが明らかにされた．拡散実験から得られる結果は濃度プロファイルだけであるので，拡散現象を把握するためには拡散係数の挙動を把握することが必要不可欠である．したがって，そのためには拡散係数を求める必要があり，今後拡散係数に関する研究は量子力学における少数多体系の問題として進展していくと想定される．

第3章　拡散方程式の典型的な解析方法

§3-1　変数分離法による線形拡散方程式の解析

§3-2　Fourier変換による線形拡散方程式の解析

§3-3　Laplace変換による線形拡散方程式の解析

§3-4　Green関数を用いた非斉次線形拡散方程式の解析

§3-5　拡散場における生成消滅源

§3-6　共通拡散場における2元系拡散方程式の解析

拡散方程式は発展方程式の1つで放物型に属する。しかしながら，次章で明らかにされるように拡散方程式は楕円型の偏微分方程式に変換できる。拡散係数が濃度に依存する場合や拡散系に拡散粒子の生成消滅源が存在する場合は，拡散方程式は非線形偏微分方程式となり，その解析的な解法は一般には知られていない。

　本章では，拡散係数に濃度依存性がない場合について，拡散方程式の代表的な解法として，変数分離解法，Fourier変換法，Laplace変換法を用いて斉次線形拡散方程式の具体的な問題を解析する。応用問題として，非斉次の線形拡散方程式についてGreen関数を利用して解く解析方法について述べる。さらに，共通の拡散場の中で相互作用しながら拡散進行する2元系の拡散問題では，物理的に拡散系の局所平衡状態に関連して非線形の偏微分方程式を連立して解析することになる。応用数学的な視点からこれらの解析法についても述べる。

§3-1　変数分離法による線形拡散方程式の解析

　一般に，偏微分方程式を数学的に厳密な方法で解析的に解くことは線形であっても困難である。しかし，線形偏微分方程式であれば，境界条件についての吟味を要するが，ほとんどの場合，物理的に有意な解が変数分離解法を適用して得られる。ここでは，時空(t,x)における物質保存則を表す連続の方程式とも称される拡散方程式について具体的に変数分離解法を用いて以下で解析する。

　拡散方程式

$$\frac{\partial C(t,x)}{\partial t} = D_0 \frac{\partial^2 C(t,x)}{\partial x^2} \tag{3-1}$$

を次の初期・境界条件

$$\begin{aligned} C(0,x) &= f(x), \ 0 < x < l \\ C(t,0) &= C(t,l) = 0, \ t \geq 0 \end{aligned} \tag{3-2}$$

のもとに解く。

　$C(t,x)$は一般にはt,xの関数に分離できないが，ここでは次式が成立することを要請する。

$$C(t,x) = T(t)S(x) \tag{3-3}$$

式(3-3)を式(3-1)に代入して

$$\frac{1}{T(t)}\frac{dT(t)}{dt} = D_0 \frac{1}{S(x)}\frac{d^2 S(x)}{dx^2}$$

に変数分離できる。ここでt,xが独立変数であることを考えると，上式はλを定数として

$$\frac{1}{T(t)}\frac{dT(t)}{dt} = \lambda = \frac{D_0}{S(x)}\frac{d^2 S(x)}{dx^2} \tag{3-4}$$

が成立しなければならないことを意味する。式(3-4)から

$$T(t) = A_1 e^{\lambda t} \qquad S(x) = A_2 \exp\left[\sqrt{\lambda/D_0}\,x\right] + A_3 \exp\left[-\sqrt{\lambda/D_0}\,x\right]$$

が得られる。式(3-4)は，$\alpha(=A_1A_2), \beta(=A_1A_3), \lambda$ を未知定数として，

$$C(t,x) = T(t)S(x) = e^{\lambda t}\left\{\alpha \exp\left[\sqrt{\lambda/D_0}\,x\right] + \beta \exp\left[-\sqrt{\lambda/D_0}\,x\right]\right\} \tag{3-5}$$

となるが，解を特定するためには未知定数 α, β, λ を決定しなければならない。

式(3-2)の境界条件を式(3-5)に用いて，

$$\begin{cases} C(t,0) = e^{\lambda t}(\alpha+\beta) = 0 \\ C(t,l) = e^{\lambda t}\left\{\alpha \exp\left[\sqrt{\lambda/D_0}\,l\right] + \beta \exp\left[-\sqrt{\lambda/D_0}\,l\right]\right\} = 0 \end{cases}$$

が成立する。したがって，次式が成立しなければならない。

$$\alpha + \beta = 0, \quad \alpha \exp\left[\sqrt{\lambda/D_0}\,l\right] + \beta \exp\left[-\sqrt{\lambda/D_0}\,l\right] = 0 \tag{3-6}$$

式(3-6)で $\alpha \neq 0$ のとき，有意な解が存在するためには

$$\alpha\left(e^{l\sqrt{\lambda/D_0}} - e^{-l\sqrt{\lambda/D_0}}\right) = 0 \rightarrow e^{l\sqrt{\lambda/D_0}} - e^{-l\sqrt{\lambda/D_0}} = 0$$

が成立しなければならない。ここで，物理的に $l \neq 0$ であるので関係式 $\lambda/D_0 < 0$ が成立することになる。

$\lambda/D_0 = -\omega^2 (\omega > 0)$ とおくと，$e^{i\omega l} - e^{-i\omega l} = 2i\sin(\omega l) = 0$ となるので，n を自然数として $\omega l = n\pi$ を満たせばよいことになる。n の値に応じて ω と λ の値は指定されるので添字 n を付けて改めて

$$\omega_n = n\frac{\pi}{l}, \quad \lambda_n = -D_0\omega_n^2 \tag{3-7}$$

とする。したがって，n に対応した解を $C_n(t,x)$ とすると，式(3-5)は

$$C_n(t,x) = H_n e^{\lambda_n t}\sin(\omega_n x) \tag{3-8}$$

となる。ここで，$H_n = 2i\alpha$ とした。

式(3-1)は線形であるので，様々な n の値に対する解の一次結合，

$$C(t,x) = \sum_{n=1}^{\infty} C_n(t,x) \tag{3-9}$$

は元の微分方程式(3-1)を満たす変数分離できない解となる。すなわち，変数分離できるとして式(3-3)を要請して解いた変数分離形の解である式(3-8)について，これらの一次結合をとることで，変数分離できない一般解として式(3-9)が得られたことになる。この場合，式(3-1)を厳密に解析した訳ではないので，最終的には物理的に有意な解であるか吟味する必要がある。一般には，ほとんどの場合，物理的に有意な解が得られる。

最後に解を特定するためには，式(3-8)に含まれる未知変数 H_n を求めなければならない。そこで，初期条件を次式

$$C(t,x) = \sum_{n=1}^{\infty} H_n e^{\lambda_n t}\sin(\omega_n x) \tag{3-10}$$

に用いて得られる

$$C(0,x) = \sum_{n=1}^{\infty} H_n \sin(\omega_n x) = f(x) \tag{3-11}$$

において三角関数の直交性に注目して H_n を求める．

式(3-11)において，

$$K = \int_0^l f(x) \sin(\omega_m x) dx$$

を求めると，$\omega_m = m\pi/l$ であるので，

$$K = \int_0^l f(x) \sin\left(\frac{m\pi x}{l}\right) dx = \int_0^l \sum_{n=1}^{\infty} H_n \sin\left(\frac{n\pi x}{l}\right) \sin\left(\frac{m\pi x}{l}\right) dx$$

$$= \int_0^l \sum_{n=1}^{\infty} H_n \frac{1}{2} \left\{ \cos\left(\frac{n-m}{l}\pi x\right) - \cos\left(\frac{n+m}{l}\pi x\right) \right\} dx$$

となる．$m \neq n$ のとき，m, n は自然数であるので

$$K = \sum_{n=1}^{\infty} \frac{H_n}{2} \left[\frac{l}{(n-m)\pi} \sin\left(\frac{n-m}{l}\pi x\right) - \frac{l}{(n+m)\pi} \sin\left(\frac{n+m}{l}\pi x\right) \right]_0^l = 0$$

となり，$m = n$ のときは

$$K = \frac{H_m}{2} [x]_0^l = \frac{l}{2} H_m$$

となる．したがって，改めて $m \to n$ として

$$H_n = \frac{2}{l} \int_0^l f(x) \sin\left(\frac{n\pi}{l} x\right) dx \tag{3-12}$$

が得られ，式(3-12)を式(3-10)に代入して式(3-1)の解が求められる．

一般に関数列

$$\left\{ 1, \cos\left(\frac{n\pi x}{l}\right), \sin\left(\frac{n\pi x}{l}\right) \right\}$$

は区間 $a \leq x \leq a+2l$ において直交関数系を構成する．具体的には，例えば

$$\int_a^{a+2l} \sin\left(\frac{m\pi x}{l}\right) \sin\left(\frac{n\pi x}{l}\right) dx = l\delta_{m,n}$$

となるが，$m \neq n$ のとき直交するという．任意の関数 $f(x)$ を区間 $a \leq x \leq a+2l$ で上記の関数列で級数展開した式

$$f(x) = \frac{a_0}{2} + \sum_{n=1}^{\infty} \left\{ a_n \cos\left(\frac{n\pi x}{l}\right) + b_n \sin\left(\frac{n\pi x}{l}\right) \right\}$$

を Fourier 級数という．

§3-2　Fourier 変換による線形拡散方程式の解析

濃度 $C(t,x)$，拡散係数 D_0 として1次元空間の拡散方程式

$$\frac{\partial C(t,x)}{\partial t} = D_0 \frac{\partial^2 C(t,x)}{\partial x^2} \tag{3-1}$$

にFourier変換を適用して，以下で代表的な初期・境界条件のもとで式(3-1)を解析する。

(1) 初期濃度一定の場合の初期・境界条件，
$$\begin{cases} t=0, x<0: C(0,x)=C_A \quad t=0, x>0: C(0,x)=C_B \\ t>0, x=-\infty: C(0,x)=C_A \quad t>0, x=\infty: C(0,x)=C_B \end{cases}$$
のもとで式(3-1)にFourier変換を施して解析する。

この場合，初期状態における$x=0$での境界値は$C(0,0)=(C_A+C_B)/2$とする。また，物理的に$x\to\pm\infty$で$\partial C(t,x)/\partial x=0$が成立する。独立変数$x$について，$C(t,x)$のFourier変換を

$$\hat{C}(t,\omega) = \int_{-\infty}^{\infty} C(t,x)e^{-i\omega x}dx = \Im[C(t,x)] \tag{3-13}$$

とする。式(3-13)のFourier逆変換は

$$C(t,x) = \frac{1}{2\pi}\int_{-\infty}^{\infty} \hat{C}(t,\omega)e^{i\omega x}d\omega \tag{3-14}$$

である。ここで，式(3-14)を式(3-1)の両辺に代入して，

$$\left(\frac{\partial}{\partial t} + D_0\omega^2\right)\hat{C}(t,\omega) = 0 \tag{3-15}$$

となる。これをtについて解いて

$$\hat{C}(t,\omega) = A(\omega)\exp[-D_0\omega^2 t] \tag{3-16}$$

が求められる。

$A(\omega)$は，式(3-16)で$t=0$として

$$A(\omega) = \hat{C}(0,\omega) = \int_{-\infty}^{\infty} C(0,x)e^{-i\omega x}dx \tag{3-17}$$

となる。したがって，式(3-17)を式(3-16)に用いて

$$\hat{C}(t,\omega) = \int_{-\infty}^{\infty} C(0,y)e^{-i\omega y}dy \exp[-D_0\omega^2 t] \tag{3-18}$$

が得られる。式(3-18)のFourier逆変換をすれば，

$$C(t,x) = \frac{1}{2\pi}\int_{-\infty}^{\infty}\int_{-\infty}^{\infty} C(0,y)e^{-i\omega y}dy \exp[-D_0\omega^2 t]e^{i\omega x}d\omega$$

となる。ここで，積分順序を考慮して$v=\sqrt{D_0 t}\omega$とすると，

$$C(t,x) = \frac{1}{2\pi}\int_{-\infty}^{\infty} C(0,y)\frac{1}{\sqrt{D_0 t}}\int_{-\infty}^{\infty}\exp\left[-v^2 + i\frac{x-y}{\sqrt{D_0 t}}v\right]dv\,dy$$

となる。

上式で，$z = v - i(x-y)/2\sqrt{D_0 t}$とすれば，Gauss積分の関係式

$$\int_{-\infty}^{\infty} e^{-z^2}dz = \sqrt{\pi}$$

を用いて，

$$C(t,x) = \frac{1}{2\sqrt{\pi D_0 t}} \int_{-\infty}^{\infty} C(0,y) \exp\left[-\frac{(x-y)^2}{4D_0 t}\right] dy$$

が得られる。さらに，$y = 2\sqrt{D_0 t}\mu$ とすると，

$$C(t,x) = \frac{1}{\sqrt{\pi}} \int_{-\infty}^{\infty} C(0, 2\sqrt{D_0 t}\mu) \exp\left[-\left(\frac{x}{2\sqrt{D_0 t}} - \mu\right)^2\right] d\mu \tag{3-19}$$

に変形できる。

式(3-19)において，$C(0, 2\sqrt{Dt}\mu)$ に初期条件を考慮して，

$$C(t,x) = \frac{C_A}{\sqrt{\pi}} \int_{-\infty}^{0} \exp\left[-\left(\frac{x}{2\sqrt{D_0 t}} - \mu\right)^2\right] d\mu + \frac{C_B}{\sqrt{\pi}} \int_{0}^{\infty} \exp\left[-\left(\frac{x}{2\sqrt{D_0 t}} - \mu\right)^2\right] d\mu$$

が得られる。積分変数を $z = \mu - x/2\sqrt{D_0 t}$ として，積分範囲を考慮すれば，上式は

$$C(t,x) = \frac{C_A}{\sqrt{\pi}} \int_{-\infty}^{0} e^{-z^2} dz - \frac{C_A}{\sqrt{\pi}} \int_{-x/2\sqrt{D_0 t}}^{0} e^{-z^2} dz + \frac{C_B}{\sqrt{\pi}} \int_{-x/2\sqrt{D_0 t}}^{0} e^{-z^2} dz + \frac{C_B}{\sqrt{\pi}} \int_{0}^{\infty} e^{-z^2} dz$$

に書き換えられる。

さらに，誤差関数の定義

$$\mathrm{erf}(x) = \frac{2}{\sqrt{\pi}} \int_{0}^{x} \exp\left[-z^2\right] dz$$

を用いて，式(3-1)の解析解

$$C(t,x) = \frac{C_A + C_B}{2} - \frac{C_A - C_B}{2} \mathrm{erf}\left[\frac{x}{2\sqrt{D_0 t}}\right] \tag{3-20}$$

が得られる。

(2) 初期濃度分布が $t=0$ で $-\infty < x < \infty$ において，濃度が $C(0,x) = f(x)$ で与えられている場合について式(3-1)を解析する。$C(t,x)$ に Fourier 変換 $\mathfrak{F}$ を施して

$$\hat{C}(t,\omega) = \int_{-\infty}^{\infty} C(t,x) e^{-i\omega x} dx = \mathfrak{F}[C(t,x)] \tag{3-13}$$

が得られる。(1)の場合と同様に，次式が成立する。

$$(\partial_t + D_0 \omega^2) \hat{C}(t,\omega) = 0 \tag{3-15}$$

式(3-15)を t について積分して

$$\hat{C}(t,\omega) = A(\omega) \exp\left[-D_0 \omega^2 t\right] \tag{3-16}$$

が得られる。式(3-13)，(3-16)において，初期条件を用いると

$$\hat{C}(0,\omega) = A(\omega) = \int_{-\infty}^{\infty} f(x) e^{-i\omega x} dx \tag{3-21}$$

が成立する。

次に，式(3-21)を用いて式(3-16)の Fourier 逆変換 $\mathfrak{F}^{-1}$ をすれば，

$$C(t,x) = \frac{1}{2\pi}\int_{-\infty}^{\infty}\int_{-\infty}^{\infty} f(v)e^{-i\omega v}dv \exp[-D_0\omega^2 t]e^{i\omega x}d\omega$$
$$= \frac{1}{2\pi}\int_{-\infty}^{\infty}\int_{-\infty}^{\infty} \exp[-D_0\omega^2 t - i\omega(v-x)]d\omega f(v)dv \tag{3-22}$$

となる。ここで，ω についての積分で $w = \sqrt{D_0 t}\left(\omega + i(v-x)/2D_0 t\right)$ とおけば，

$$\int_{-\infty}^{\infty}\exp[-D_0\omega^2 t - i\omega(v-x)]d\omega = \frac{1}{\sqrt{D_0 t}}\exp\left[-\frac{(v-x)^2}{4D_0 t}\right]\int_{-\infty}^{\infty}\exp[-w^2]dw$$
$$= \sqrt{\frac{\pi}{D_0 t}}\exp\left[-\frac{(v-x)^2}{4D_0 t}\right]$$

となる。したがって，これを式(3-22)に用いて式(3-1)の解

$$C(t,x) = \frac{1}{2\sqrt{\pi D_0 t}}\int_{-\infty}^{\infty} f(v)\exp\left[-\frac{(v-x)^2}{4D_0 t}\right]dv \tag{3-23}$$

が得られる。

§3-3 Laplace 変換による線形拡散方程式の解析

濃度 $C(t,x)$，拡散係数 D_0 として1次元空間の拡散方程式(3-1)に Laplace 変換を適用して，以下で代表的な初期・境界条件のもとで解析する。

(1) 初期・境界条件
$$t \geq 0, x = 0 : C(t,0) = C_0, \quad t = 0, x > 0 : C(0,x) = 0$$

のもとに Laplace 変換を $\mathcal{L}\{C(t,x)\} = U(s,x)$ として解析する。ただし，$s > 0$ とする。独立変数 t について式(3-1)の両辺に $\mathcal{L}$ を施して，Laplace 変換の定義から式(3-1)の左辺は

$$\mathcal{L}\partial_t C(t,x) = \int_0^{\infty}\partial_t C(t,x)e^{-st}dt = \left[C(t,x)e^{-st}\right]_0^{\infty} + s\int_0^{\infty}C(t,x)e^{-st}dt$$

となるので，

$$sU(s,x) - C(0,x) = D_0\frac{\partial^2 U(s,x)}{\partial x^2} \tag{3-24}$$

が成立する。

初期条件を式(3-24)に代入して

$$\left(\frac{\partial^2}{\partial x^2} - \frac{s}{D_0}\right)U(s,x) = 0 \tag{3-25}$$

が得られる。式(3-25)の一般解は A, B を任意定数として

$$U(s,x) = A\exp\left[\sqrt{s/D_0}\,x\right] + B\exp\left[-\sqrt{s/D_0}\,x\right]$$

となる。$x \to \infty$ において物理的に有意な解であるためには，$A = 0$ でなければならない。また，境界条件から

$$B = U(s,0) = \int_0^\infty C(t,0)e^{-st}dt = C_0/s$$

である。したがって，$U(s,x)$ は次式

$$U(s,x) = \frac{C_0}{s}\exp\left[-\sqrt{s/D_0}\,x\right] \tag{3-26}$$

に特定される。式(3-26)に逆変換 $\mathcal{L}^{-1}$ を施して

$$\mathcal{L}^{-1}U(s,x) = C(t,x) = C_0\,\mathcal{L}^{-1}\left\{\frac{1}{s}\exp\left[-\sqrt{s/D_0}\,x\right]\right\} \tag{3-27}$$

となる。

$\mathcal{L}\{f_1(t)\} = 1/s$, $\mathcal{L}\{f_2(t)\} = \exp\left[-\sqrt{s/D_0}\,x\right]$ とすると，合成積分の関係から

$$\mathcal{L}\{f_1(t)\}\mathcal{L}\{f_2(t)\} = \mathcal{L}\{f_1(t)\otimes f_2(t)\}$$

が成立するので，式(3-27)は合成積を用いて次式

$$C(t,x) = C_0\{f_1(t)\otimes f_2(t)\}$$

で表される。Laplace 変換の基本関係式から，$f_1(x) = 1$ であるが，$f_2(x)$ については $k = x/\sqrt{D_0}$ として，

$$f_2(x) = \mathcal{L}^{-1}\left\{e^{-k\sqrt{s}}\right\} = \frac{k}{2\sqrt{\pi t^3}}\exp\left[-\frac{k^2}{4t}\right]$$

となる。したがって，合成関数の定義から

$$f_1(t)\otimes f_2(t) = \frac{k}{2\sqrt{\pi}}\int_0^t \tau^{-3/2}\exp\left[-\frac{k^2}{4\tau}\right]d\tau$$

が得られる。ここで，$z = k/2\sqrt{\tau}$ とすれば，

$$f_1(t)\otimes f_2(t) = -\frac{2}{\sqrt{\pi}}\int_\infty^{k/2\sqrt{t}} e^{-z^2}dz = \frac{2}{\sqrt{\pi}}\left\{\int_0^\infty e^{-z^2}dz - \int_0^{k/2\sqrt{t}} e^{-z^2}dz\right\} = 1 - \mathrm{erf}\left[\frac{k}{2\sqrt{t}}\right]$$

に書き換えられる。以上から求める解が

$$C(t,x) = C_0\left(1 - \mathrm{erf}\left[\frac{x}{2\sqrt{D_0 t}}\right]\right) \tag{3-28}$$

として得られる。

(2) 初期濃度が時間的に変化する場合について式(3-1)を解析する。このような場合として，初期濃度が時間経過とともに減少する薄膜の拡散問題が考えられる。この問題の初期条件は，§3-2 の(2)において $t = 0$, $-\infty < x < \infty$ に対する初期濃度分布 $C(0,x) = f(x)$ を厚さ 2ε の薄膜と想定して

$$t = 0 \text{ で，} \quad f(x) = \begin{cases} C_0 & : -\varepsilon \leq x \leq \varepsilon \\ 0 & : |x| > \varepsilon \end{cases} \tag{3-29}$$

とする。さらに，単位断面積当たりの物質の質量を M とすれば，$C_0 = M/2\varepsilon$ である。以上から，Heaviside の単位関数 $\theta(x)$ を用いて，式(3-23)は

$$C(t,x) = \frac{M}{2\sqrt{\pi D_0 t}}\int_{-\infty}^\infty \frac{\theta(v+\varepsilon) - \theta(v-\varepsilon)}{2\varepsilon}\exp\left[-\frac{(v-x)^2}{4D_0 t}\right]dv$$

に書き換えられる。ここで，$\varepsilon \to 0$ とすれば，δ 関数との関係式

$$\frac{\theta(v+\varepsilon)-\theta(v-\varepsilon)}{2\varepsilon} = \left.\frac{d\theta(v)}{dv}\right|_{v=0} = \delta(v)$$

が成立する。したがって，薄膜が十分薄いものとして $\varepsilon \to 0$ について

$$C(t,x) = \frac{M}{2\sqrt{\pi D_0 t}} \int_{-\infty}^{\infty} \delta(v)\exp\left[-\frac{(v-x)^2}{4D_0 t}\right]dv = \frac{M}{2\sqrt{\pi D_0 t}}\exp\left[-\frac{x^2}{4D_0 t}\right] \quad (3\text{-}30)$$

が得られる。

§3-4　Green 関数を用いた非斉次線形拡散方程式の解析

拡散系において，拡散粒子の生成消滅源が存在する場合，拡散方程式は非斉次線形微分方程式となる。非斉次線形微分方程式の解は斉次方程式の一般解に非斉次微分方程式の特解を加えればよい。ここでは Green 関数を適用して特解を求める方法を述べる。

はじめに，1 変数の微分方程式に Green 関数を適用して，Green 関数の意味するところを明らかにする。線形微分作用素 L_s は Hermite 共役，$L_s = L_s^\dagger$ であるとして，非斉次微分方程式

$$L_s u(x) = f(x) \quad (3\text{-}31)$$

の特解を求める。ここで，Green 関数とは，次式

$$L_s G(x,\xi) = \delta(x-\xi) \quad (3\text{-}32)$$

を満たすものとして定義する。この場合，Green 関数 $G(x,\xi)$ についても $u(x)$ と同じ境界条件式を満たしているものとする。

関数空間での内積について，記号

$$\langle F_1(x)|L_s|F_2(x)\rangle = \langle F_1(x)|L_s F_2(x)\rangle, \quad \langle F_1(x)|L_s^\dagger|F_2(x)\rangle = \langle F_1(x)L_s^\dagger|F_2(x)\rangle$$

を用いて積分を

$$\langle F_1(x)|L_s F_2(x)\rangle = \int \overline{F_1}(x) L_s F_2(x) dx$$

として定義する。したがって，Hermite 演算子 $L_s = L_s^\dagger$ について次式

$$\langle G(x,\xi)|L_s|u(x)\rangle = \langle G(x,\xi)|f(x)\rangle, \quad \langle u(x)|L_s|G(x,\xi)\rangle = \langle u(x)|\delta(x-\xi)\rangle$$

が成立する。ここで，

$$\{\langle G(x,\xi)|L_s|u(x)\rangle\}^\dagger = \langle u(x)|L_s^\dagger|G(x,\xi)\rangle = \langle u(x)|L_s|G(x,\xi)\rangle$$

であるので，

$$u(\xi) = \int_a^b G(x,\xi)f(x)dx$$

が得られる。変数を $x \rightleftarrows \xi$ として Green 関数の対称性 $G(x,\xi) = G(\xi,x)$ を用いて微分方程式 (3-31) の特解

$$u(x) = \int_a^b G(x,\xi)f(\xi)d\xi \quad (3\text{-}33)$$

が得られる。したがって，微分方程式 (3-31) の特解を求めることは，Green 関数 $G(x,\xi)$ を求めて式 (3-33) の積分計算をすることに帰着した。

以下で Green 関数 $G(x,x')$ を用いて，1 次元空間 x での Helmholtz の非斉次方程式

$$\left(\frac{d^2}{dx^2}+k^2\right)\phi(x)=-\rho(x) \qquad (k>0) \tag{3-34}$$

の解を具体的に求める。

式(3-34)の斉次方程式（Laplace 方程式）

$$\left(\frac{d^2}{dx^2}+k^2\right)\phi(x)=0 \tag{3-35}$$

の一般解は

$$\phi_N(x)=A_1 e^{ikx}+A_2 e^{-ikx} \tag{3-36}$$

である。ここで，線形演算子

$$L=\frac{d^2}{dx^2}+k^2$$

とすると，式(3-34)の特解が形式解

$$\phi_S(x)=-L^{-1}\rho(x) \tag{3-37}$$

として得られる。このとき，式(3-34)の一般解は

$$\phi(x)=\phi_N(x)+\phi_S(x) \tag{3-38}$$

となる。

Green 関数 $G(x,x')$ は次式

$$LG(x,x')=-\delta(x-x') \tag{3-39}$$

で定義される。式(3-39)の両辺に右から $\rho(x')$ を掛けて x' で積分すると，

$$\int LG(x,x')\rho(x')dx'=-\int\delta(x-x')\rho(x')dx'$$

$$L\int G(x,x')\rho(x')dx'=-\rho(x) \tag{3-40}$$

が成立する。式(3-37)，(3-40)を比較すれば，特解 $\phi_S(x)$ が

$$\phi_S(x)=\int G(x,x')\rho(x')dx' \tag{3-41}$$

として得られる。

以下で Green 関数を具体的に求める。Green 関数 $G(x,x')$ の Fourier 変換 $\hat{G}(\omega,x')$ は

$$\hat{G}(\omega,x')=\int G(x,x')e^{-i\omega x}dx \tag{3-42}$$

である。$\delta(x-x')$ の Fourier 変換 $\hat{\delta}(\omega-x')$ は

$$\hat{\delta}(\omega-x')=\int\delta(x-x')e^{-i\omega x}dx=e^{-i\omega x'} \tag{3-43}$$

である。Fourier 逆変換を用いて，式(3-39)の左辺は

$$LG(x,x')=\frac{1}{2\pi}L\int\hat{G}(\omega,x')e^{i\omega x}d\omega=\left(-\omega^2+k^2\right)G(x,x')$$

となるので，式(3-39)の両辺に Fourier 変換を施して，式(3-43)を用いて

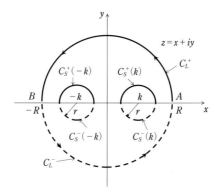

図[3-1]　Green 関数の複素積分

$$\hat{G}(\omega,x') = \frac{e^{-i\omega x'}}{\omega^2 - k^2} \tag{3-44}$$

が成立する．式(3-44)に Fourier 逆変換をして

$$G(x,x') = \frac{1}{2\pi}\int_{-\infty}^{\infty}\frac{e^{i\omega(x-x')}}{\omega^2 - k^2}d\omega \tag{3-45}$$

が得られる．

式(3-45)の積分について，$\omega \to z$ として図[3-1]に示されているように複素平面上の周回積分の実軸上の積分値を求める．この場合，図に示されているように，$z=0$ を中心に直径 AB 半径 R の大円 C_L および $z=\pm k$ を中心に半径 r の小円 C_S について，$x \geq x'$ のときの上半円を C_L^+，C_S^+ とし，$x \leq x'$ のときの下半円を C_L^-，C_S^- とする．この場合，実軸上 BA 向きの積分を含む周回積分は，反時計回りを正として

反時計回りに　　$\displaystyle\oint_{AC_L^+BA}f(z)dz = \int_{AC_L^+B}f(z)dz + \int_{BA}f(z)dz$

時計回りに　　$\displaystyle\oint_{AC_L^-BA}f(z)dz = \int_{AC_L^-B}f(z)dz + \int_{BA}f(z)dz$

の 2 通りがある．ここで，$f(z) = e^{i(x-x')z}/(z^2-k^2)$ とした．

以上から，反時計回りを正として求める実積分は

$$I^+ = \int_{BA}f(z)dz = \oint_{AC_L^+BA}f(z)dz - \int_{AC_L^+B}f(z)dz \tag{3-46}$$

$$I^- = \int_{BA}f(z)dz = -\oint_{BC_L^-AB}f(z)dz + \int_{BC_L^-A}f(z)dz \tag{3-47}$$

となる．式(3-46), (3-47)の右辺第 2 項は Jordan の補助定理からゼロである．また，実軸上の積分経路には次の 4 通りが考えられ，各場合について Cauchy の積分公式

$$\oint_C \frac{f(z)}{z-a}dz = 2\pi i f(a)$$

を式(3-46), (3-47)に適用して I^+, I^- が得られる．

(1) $BA = BC_S^+(-k)C_S^+(k)A$ のとき，

$$I^+ = 0, \quad I^- = -\frac{2\pi}{k}\sin\{k(x-x')\}$$

(2) $BA = BC_S^+(-k)C_S^-(k)A$

$$I^+ = \frac{i\pi}{k}e^{ik(x-x')}, \quad I^- = \frac{i\pi}{k}e^{-ik(x-x')}$$

(3) $BA = BC_S^-(-k)C_S^+(k)A$

$$I^+ = -\frac{i\pi}{k}e^{-ik(x-x')}, \quad I^- = -\frac{i\pi}{k}e^{ik(x-x')}$$

(4) $BA = BC_S^-(-k)C_S^-(k)A$

$$I^+ = \frac{2\pi}{k}\sin\{k(x-x')\}, \quad I^- = 0$$

上記(1)～(4)の結果を式(3-45)に代入して，求める Green 関数は

(1)の積分経路について

$$G(x,x') = \begin{cases} -\dfrac{1}{k}\sin\{k(x-x')\} & : x < x' \\ 0 & : x > x' \end{cases}$$

(2)の積分経路について

$$G(x,x') = \frac{i}{2k}e^{ik|x-x'|}$$

(3)の積分経路について

$$G(x,x') = -\frac{i}{2k}e^{-ik|x-x'|}$$

(4)の積分経路について

$$G(x,x') = \begin{cases} 0 & : x < x' \\ \dfrac{1}{k}\sin\{k(x-x')\} & : x > x' \end{cases}$$

となる。以上に示したように，Green 関数は積分経路に依存する。どの積分経路にするかは境界条件から物理的に判断することになる。

時空(t,x)について Fourier 変換した関数を F およびその逆変換した関数を f として座標 x について，

$$F(k) = \int_{-\infty}^{\infty} f(x)e^{-ikx}dx \qquad f(x) = \frac{1}{2\pi}\int_{-\infty}^{\infty} F(k)e^{ikx}dk$$

時間 t については，通常の記法にしたがって指数部分の符号を反転して

$$F(\omega) = \int_{-\infty}^{\infty} f(t)e^{i\omega t}dt \qquad f(t) = \frac{1}{2\pi}\int_{-\infty}^{\infty} F(\omega)e^{-i\omega t}d\omega$$

と定義する。ここでの Fourier 変換の定義にしたがって以下で拡散方程式を解析する。

拡散系に生成消滅源 $\sigma(t,x)$ が存在するとき，拡散方程式(3-1)は

$$\left\{D_0 \frac{\partial^2}{\partial x^2} - \frac{\partial}{\partial t}\right\} C(t,x) = -\sigma(t,x) \tag{3-48}$$

となる。式(3-48)の2次元の Green 関数を $G(t,x,t',x')$ とすると，

$$\left\{D_0 \frac{\partial^2}{\partial x^2} - \frac{\partial}{\partial t}\right\} G(t,x,t',x') = -\delta(t-t')\delta(x-x') \tag{3-49}$$

が成立する。$G(t,x,t',x')$ の Fourier 変換 $\Im$ を $\hat{G}(\omega,k,t',x')$ とすると，

$$\hat{G}(\omega,k,t',x') = \int_{-\infty}^{\infty}\left\{\int_{-\infty}^{\infty} G(t,x,t',x')e^{-i(kx-\omega t)}dx\right\}dt \tag{3-50}$$

となる。Fourier 逆変換 $\Im^{-1}$ は

$$G(t,x,t',x') = \frac{1}{(2\pi)^2}\int_{-\infty}^{\infty}\left\{\int_{-\infty}^{\infty} \hat{G}(\omega,k,t',x')e^{i(kx-\omega t)}d\omega\right\}dk \tag{3-51}$$

であるから

$$\left\{D_0 \frac{\partial^2}{\partial x^2} - \frac{\partial}{\partial t}\right\} G(t,x,t',x') = \Im^{-1}\left\{(-D_0 k^2 + i\omega)\hat{G}(\omega,k,t',x')\right\}$$

となり，式(3-49)の左辺の Fourier 変換は

$$\int_{-\infty}^{\infty}\left\{\int_{-\infty}^{\infty}(D_0 \partial_x^2 - \partial_t)G(t,x,t',x')e^{-i(kx-\omega t)}dx\right\}dt = (-D_0 k^2 + i\omega)\hat{G}(\omega,k,t',x')$$

となる。ここで，式(3-49)の右辺の Fourier 変換は

$$-\int_{-\infty}^{\infty}\left\{\delta(t-t')\delta(x-x')e^{-i(kx-\omega t)}dx\right\}dt = -e^{-i(kx'-\omega t')}$$

となるので，

$$\hat{G}(\omega,k,t',x') = \frac{1}{D_0 k^2 - i\omega}e^{-i(kx'-\omega t')} \tag{3-52}$$

が成立する。式(3-52)を式(3-51)に代入して

$$G(t,x,t',x') = \frac{i}{4\pi^2}\int_{-\infty}^{\infty}\left\{\int_{-\infty}^{\infty}\frac{1}{\omega + iD_0 k^2}e^{ik(x-x')-i\omega(t-t')}d\omega\right\}dk \tag{3-53}$$

が得られる。式(3-53)の ω についての積分計算で $t>t'$ のとき

$$I_\omega = \lim_{R\to\infty}\int_{-R}^{R}\frac{e^{-i\omega(t-t')}}{\omega + iD_0 k^2}d\omega \tag{3-54}$$

として，異常点 $\omega = -iD_0 k^2$ と複素平面上で実軸上の積分方向を考慮して，Cauchy の積分公式を時計周りに計算することで，

$$I_\omega = -2\pi i \exp\left[-D_0 k^2 (t-t')\right] \tag{3-55}$$

が得られる。$t<t'$ のときは特異点がないので，$I_\omega = 0$ である。

式(3-55)を式(3-53)に代入して

$$G(t,x,t',x') = \frac{1}{2\pi}\int_{-\infty}^{\infty}\exp\left[-D_0 k^2 (t-t') + ik(x-x')\right]dk \tag{3-56}$$

が得られる。式(3-56)で

$$-D_0 k^2(t-t') + ik(x-x') = -\left(\sqrt{D_0(t-t')}k - \frac{i(x-x')}{2\sqrt{D_0(t-t')}}\right)^2 - \frac{(x-x')^2}{4D_0(t-t')}$$

について

$$z = \sqrt{D_0(t-t')}k - \frac{i(x-x')}{2\sqrt{D_0(t-t')}} \qquad dz = \sqrt{D_0(t-t')}dk$$

とする。これを式(3-56)に用いて,

$$G(t,x,t',x') = \frac{1}{2\pi\sqrt{D_0(t-t')}}\exp\left[-\frac{(x-x')^2}{4D_0(t-t')}\right]\int_{-\infty}^{\infty}e^{-z^2}dz$$

となる。Gauss積分の結果を用いて

$$G(t,x,t',x') = \frac{1}{2\sqrt{\pi D_0(t-t')}}\exp\left[-\frac{(x-x')^2}{4D_0(t-t')}\right]$$

が得られる。ただし,$t > t'$ である。

したがって,式(3-48)の初期条件が $C(0,x) = C_0(x)$ である場合,斉次微分方程式

$$\left\{D_0\frac{\partial^2}{\partial x^2} - \frac{\partial}{\partial t}\right\}C_N(t,x) = 0$$

の解 $C_N(t,x)$ が初期値 $C_0(x)$ となるように δ 関数に Gauss 型極限関数を用いて

$$C_N(0,x) = \int_{-\infty}^{\infty}\delta(x-x')C_0(x')dx' = \lim_{t\to 0}\frac{1}{2\sqrt{\pi t}}\int_{-\infty}^{\infty}\exp\left[-\frac{(x-x')^2}{4t}\right]C_0(x')dx'$$

とする。この場合,式(3-38), (3-41)から式(3-48)の解

$$C(t,x) = C_N(t,x) + \frac{1}{\sqrt{\pi}}\int_0^t\left\{\int_{-\infty}^{\infty}\frac{\sigma(t',x')}{2\sqrt{D_0(t-t')}}\exp\left[-\frac{(x-x')^2}{4D_0(t-t')}\right]dx'\right\}dt' \qquad (3\text{-}57)$$

が得られる。

以下で,式(3-48)の非斉項が α を定数として

$$\sigma(t,x) = \alpha t e^{-t^2-x}$$

で与えられているとき,具体的に解を求める。斉次微分方程式の一般解

$$C_N(t,x) = A_1 + A_2\,\text{erf}\left[\frac{x}{2\sqrt{D_0 t}}\right]$$

に初期条件として

$$C(0,0) = C_0,\ C(t,\infty) = 0$$

を代入して,余関数

$$C_N(t,x) = C_0\left(1 - \text{erf}\left[\frac{x}{2\sqrt{D_0 t}}\right]\right) \qquad (3\text{-}58)$$

が特定される。

特解 $C_S(t,x)$ は式(3-57)を用いて,

$$C_S(t,x) = \frac{1}{\sqrt{\pi}}\int_0^t\left\{\int_{-\infty}^{\infty}\frac{\alpha t' e^{-t'^2-x'}}{2\sqrt{D_0(t-t')}}\exp\left[-\frac{(x-x')^2}{4D_0(t-t')}\right]dx'\right\}dt'$$

となる。ここで,$\varepsilon = 2\sqrt{D_0(t-t')}$ として上式を書き換えると,

$$C_S(t,x) = \frac{\alpha}{\sqrt{\pi}} \int_0^t t'e^{-t'^2} \left\{ \int_{-\infty}^{\infty} \frac{1}{\varepsilon} \exp\left[-\frac{(x-x')^2 + \varepsilon^2 x'}{\varepsilon^2}\right] dx' \right\} dt'$$

となる。さらに，$y = (x' - x + \varepsilon^2/2)/\varepsilon$ とすると，

$$C_S(t,x) = \frac{\alpha e^{-x+D_0 t}}{\sqrt{\pi}} \int_0^t t'e^{-t'^2 - D_0 t'} \left\{ \int_{-\infty}^{\infty} e^{-y^2} dy \right\} dt'$$

$$= \alpha e^{-x+D_0 t} \int_0^t t'e^{-t'^2 - D_0 t'} dt'$$

に書き換えられる。

上式の t' に関する積分を $z = t' + D_0/2$ として書き換えると，

$$\int_0^t t'e^{-t'^2 - D_0 t'} dt' = e^{D_0^2/4} \int_{D_0/2}^{t+D_0/2} (z - D_0/2)e^{-z^2} dz$$

$$= e^{D_0^2/4} \left\{ \left[-\frac{e^{-z^2}}{2}\right]_{D_0/2}^{t+D_0/2} - \frac{D_0}{\sqrt{\pi}} [\mathrm{erf}(z)]_{D_0/2}^{t+D_0/2} \right\}$$

となる。したがって，特解は

$$C_S(t,x) = \frac{-\alpha e^{-x}}{2} \left\{ e^{-t^2} - e^{D_0 t} + \frac{2D_0 e^{D_0 t + D_0^2/4}}{\sqrt{\pi}} [\mathrm{erf}(z)]_{D_0/2}^{t+D_0/2} \right\} \tag{3-59}$$

として求められる。

式(3-58)，(3-59)から，非斉次微分方程式(3-48)の解 $C(t,x)$ が

$$C(t,x) = \begin{cases} C_0 \left(1 - \mathrm{erf}\left[\frac{x}{2\sqrt{D_0 t}}\right]\right) \\ -\frac{\alpha e^{-x}}{2} \left\{ e^{-t^2} - e^{D_0 t} + \frac{2D_0 e^{D_0 t + D_0^2/4}}{\sqrt{\pi}} [\mathrm{erf}(z)]_{D_0/2}^{t+D_0/2} \right\} \end{cases} \tag{3-60}$$

として得られる。

§3-5 拡散場における生成消滅源

拡散系内に拡散粒子の生成消滅源が存在するとき，拡散方程式に生成消滅項を取り入れなければならない。その場合，拡散粒子の生成消滅反応が局所平衡になることに注目して非線形拡散方程式を導出することになる。以下では，拡散方程式に対する生成消滅源の効果の事例として，シリコン結晶中の固有点欠陥としての空孔と自己格子間シリコン原子の生成消滅源を検討する。

空孔 Va と格子間シリコン原子 Is の生成消滅源として，シリコン結晶中の転位が考えられる。これらに関する化学反応は

$$\mathrm{Va} \underset{r_V}{\overset{k_V}{\rightleftarrows}} \text{sink and source}$$

$$\mathrm{Is} \underset{r_I}{\overset{k_I}{\rightleftarrows}} \text{sink and source}$$

として考えられる。ここで，k_V, r_V, k_I, r_I は化学反応定数である。

また，Frenkel 欠陥生成消滅反応は

$$\text{Va} + \text{I}_\text{S} \underset{r_{\text{VI}}}{\overset{k_{\text{VI}}}{\rightleftarrows}} 0$$

として考えられる。Frenkel 欠陥生成消滅反応は拡散進行の比較的初期段階 $t \geq t_\text{F}$ において熱的に化学平衡状態になることが知られている。したがって，$t = t_\text{F}$ での空孔濃度 C_V および格子間シリコン濃度 C_I の値を $C_\text{V}^\text{F}, C_\text{I}^\text{F}$ として，化学反応定数 $k_{\text{VI}}, r_{\text{VI}}$ とすれば，質量作用の法則から化学平衡の関係式

$$k_{\text{VI}} C_\text{V} C_\text{I} = r_{\text{VI}} C_\text{V}^\text{F} C_\text{I}^\text{F} \tag{3-61}$$

が成立する。化学平衡は系全体の熱平衡とは異なり，局所平衡と言われる。

生成消滅に関する空孔濃度の化学反応方程式は

$$\frac{dC_\text{V}}{dt} = -k_{\text{VI}} C_\text{V} C_\text{I} + r_{\text{VI}} C_\text{V}^\text{F} C_\text{I}^\text{F} - k_\text{V} C_\text{V} + r_\text{V} C_\text{V}^D \tag{3-62}$$

で表される。ここで，C_V^D は上述の転位による空孔の生成消滅反応における化学平衡濃度を意味する。空孔の拡散係数 D_V として Fick の第 2 法則

$$\frac{\partial C_\text{V}}{\partial t} = D_\text{V} \frac{\partial^2 C_\text{V}}{\partial x^2}$$

に式(3-62)を取り入れて，空孔の生成消滅効果を考慮した拡散方程式

$$\frac{\partial C_\text{V}}{\partial t} = D_\text{V} \frac{\partial^2 C_\text{V}}{\partial x^2} - k_{\text{VI}} C_\text{V} C_\text{I} + r_{\text{VI}} C_\text{V}^\text{F} C_\text{I}^\text{F} - k_\text{V} C_\text{V} + r_\text{V}^D C_\text{V}^D \tag{3-63}$$

が得られる。式(3-63)において熱平衡のときは，$\partial C_\text{V}/\partial t = \partial^2 C_\text{V}/\partial x^2 = 0$ が成立する。そこで，熱平衡値 $C_\text{V} = C_\text{V}^0, C_\text{I} = C_\text{I}^0$ を代入して

$$k_{\text{VI}} C_\text{V}^0 C_\text{I}^0 = r_{\text{VI}} C_\text{V}^\text{F} C_\text{I}^\text{F}, \qquad k_\text{V} C_\text{V}^0 = r_\text{V}^D C_\text{V}^D \tag{3-64}$$

が得られる。式(3-64)を式(3-61)に代入して，よく知られた局所平衡の関係式

$$C_\text{V} C_\text{I} = C_\text{V}^0 C_\text{I}^0 \tag{3-65}$$

が導出される。さらに，式(3-64)から式(3-63)は

$$\frac{\partial C_\text{V}}{\partial t} = D_\text{V} \frac{\partial^2 C_\text{V}}{\partial x^2} - k_{\text{VI}} \left(C_\text{V} C_\text{I} - C_\text{V}^0 C_\text{I}^0 \right) - k_\text{V} \left(C_\text{V} - C_\text{V}^0 \right) \tag{3-66}$$

となる。

全く同様の方法から，格子間シリコン原子について拡散方程式

$$\frac{\partial C_\text{I}}{\partial t} = D_\text{I} \frac{\partial^2 C_\text{I}}{\partial x^2} - k_{\text{VI}} \left(C_\text{V} C_\text{I} - C_\text{V}^0 C_\text{I}^0 \right) - k_\text{I} \left(C_\text{I} - C_\text{I}^0 \right) \tag{3-67}$$

が得られる。最近生成されるシリコン単結晶はほとんど無転位であるので，式(3-66), (3-67)の右辺第 3 項は無視できる。

高融点のシリコン結晶は工業的に石英ルツボの中で製造されるが，石英(SiO_2)から酸素原子がシリコン結晶中に混入することになる。シリコン中の酸素原子は，電気特性に影響することはないけれども，ボイドやスワール欠陥のような結晶成長時導入欠陥や積層欠陥の核形成など多くの問題を提起している。シリコン結晶の空格子点近傍の格子間酸素原子 O_I と空格子点酸素 O_V は相互に位置交換していると考えることが自然である。この場合の化学反応は，反応定

数を k_{VX}, r_{VX} として

$$V_a + O_I \underset{r_{VX}}{\overset{k_{VX}}{\rightleftarrows}} O_V$$

となる。したがって，格子間酸素原子 O_I の濃度を C_X，拡散係数 D_X としてシリコン中の固有点欠陥と酸素原子についての生成消滅源を考慮した3元系の拡散方程式は

$$\begin{cases} \dfrac{\partial C_V}{\partial t} = D_V \dfrac{\partial^2 C_V}{\partial x^2} - k_{VI}\left(C_V C_I - C_V^0 C_I^0\right) - k_{VX}\left(C_V C_X - C_V^0 C_X^0\right) \\ \dfrac{\partial C_I}{\partial t} = D_I \dfrac{\partial^2 C_I}{\partial x^2} - k_{VI}\left(C_V C_I - C_V^0 C_I^0\right) \\ \dfrac{\partial C_X}{\partial t} = D_X \dfrac{\partial^2 C_X}{\partial x^2} - k_{VX}\left(C_V C_X - C_V^0 C_X^0\right) \end{cases} \quad (3\text{-}68)$$

となる。

　以上にシリコン結晶に関連して，拡散粒子の生成消滅源の効果を考慮した拡散方程式を導出した。しかしながら，連立偏微分方程式を解析することは数値解析であっても相当難しい問題である。なお，金属結晶中では，転位や結晶粒界で空孔が生成消滅することが知られている。さらには，相互拡散問題のように拡散領域の境界面から拡散粒子が生成され，拡散領域に拡散粒子を供給している生成源だけが存在する場合もある。当然のことながら，拡散粒子の消滅源だけが存在する場合も考えられる。

§3-6　共通拡散場における2元系拡散方程式の解析

　複数種類の拡散粒子が共通の拡散場において相互作用をしながら拡散進行している拡散系が考えられる。例えば，生態系の捕食・被食問題やシリコン結晶中の空孔と自己格子間シリコン原子の問題などが考えられる。この種の問題は非線形偏微分方程式を連立して解析することになり，一般には数値解析することになる。しかしながら，拡散現象の物理的な挙動を把握する上で解析的な近似解を得ることは極めて有意義である。ここでは，共通拡散場における2元系の拡散問題としてシリコン中の固有点欠陥の挙動について以下で考察する。

　シリコン結晶は半導体材料として工学的に重要な物質であり，その物性について精力的に研究が行われてきた。その結果，現在では転位密度がほとんどゼロの単結晶が製造されている。半導体素子を製造するためには，シリコン単結晶中に置換型不純物原子としてIII族原子またはV族原子を最適分布に導入しなければならない。この不純物導入過程は熱拡散処理過程として半導体素子製造において極めて重要なプロセスである。

　シリコン結晶は，単体として融液密度よりも固体密度が小さい極めて稀少な物質であり，格子位置のシリコン原子が微小変位することで固有点欠陥としての空孔 Va と格子間シリコン原子 Is を対生成する。逆に，空孔と格子間シリコンが結合して対消滅する。これら固有点欠陥の生成消滅源として§3-5に示した Frenkel 欠陥の生成消滅反応が熱的に成立している。

　シリコン中の置換型不純物原子は固有点欠陥を介して拡散進行すると一般に受け入れられている。換言すれば，シリコン中の置換型不純物原子の拡散は空孔型拡散機構と準格子間型機構

の両機構に依存している．したがって，シリコン物性研究にとって固有点欠陥の挙動を把握することは極めて重要である．シリコン中の空孔濃度を C_V，準格子間シリコン原子の濃度を C_I とし，それらの熱平衡濃度 C_V^0, C_I^0 および拡散係数 D_V, D_I として，固有点欠陥の生成消滅源としての転位の存在は無視できるので，固有点欠陥に関する拡散方程式は次の連立偏微分方程式で表される．

$$\begin{cases} \partial_t C_V = D_V \partial_x^2 C_V + k_{VI}\left(C_V^0 C_I^0 - C_V C_I\right) \\ \partial_t C_I = D_I \partial_x^2 C_I + k_{VI}\left(C_V^0 C_I^0 - C_V C_I\right) \end{cases} \quad (3\text{-}69)$$

ここで，$k_{VI}(C_V^0 C_I^0 - C_V C_I)$ は，Frenkel 欠陥の生成消滅反応を表しており，$C_V^0 C_I^0 - C_V C_I = 0$ のとき固有点欠陥が局所平衡状態に到達することを意味する．ただし，局所平衡状態とは化学反応式(3-61)が化学平衡状態にあることで，熱平衡状態の $C_V = C_V^0, C_I = C_I^0$ を意味する訳ではない．

連立偏微分方程式(3-69)に含まれる固有点欠陥の拡散係数，熱平衡濃度，化学反応定数が既知で，初期条件が与えられれば，原理的には解を得ることは可能である．しかしながら，これら非線形の偏微分方程式を連立して解析的に解くことは，ほとんど不可能であり，数値解析をすることになる．

実験結果から判断して拡散初期の段階で式(3-61)の化学反応が熱的に平衡状態に到達していることが一般に知られている．この局所平衡に到達するまでの時間 t_F として，$t \geq t_F$ において局所平衡の関係式

$$C_V^0 C_I^0 - C_V C_I = 0 \quad (3\text{-}65)$$

が受け入れられている．連立偏微分方程式(3-69)の解 $C_V = C_V(t,x)$，$C_I = C_I(t,x)$ において，独立変数 t, x を消去したときに得られる関係式は，数学的には解空間 (C_V, C_I) における唯一の軌跡であるが，局所平衡の関係式(3-65)はこの軌跡に相当する．

一般論として，n 元系の連立方程式を解析する場合，純粋数学としては，連立させる方程式の組み合わせの順序は問題にならないが，応用数学の視点からは，連立させる方程式の組み合わせの順序について問題が生じることになる．何故ならば，ある現象のモデルとして数式を用いるとき，数学的に厳密な意味で数式と現象が一致しているとは言えず，時として近似式として受け入れる必要が生じるからである．n 元系の近似方程式を連立して解析する場合，第一段階として n 個の式から 1 つの式を選ぶのに n 通りあり，その式に含まれる n 個の未知数から消去する未知数を選ぶのに n 通りある．第一段階として解析方法に n^2 通りの場合が存在することになる．したがって，n 元系の近似方程式を連立して解析する場合，近似解は $\prod_{k=1}^{n} k^2$ 通りの解析手順に依存する．さらに，近似解はそれぞれの近似過程の精度にも依存する．そのように，応用数学の視点から連立方程式を近似解析する場合，解析方法について物理的な考察が極めて重要となる．

局所平衡到達後，$t \geq t_F$ の問題として連立方程式(3-69)を解析する場合，物理的に式(3-65)を式(3-69)と連立させてはいけない．何故ならば，式(3-65)を式(3-69)に代入すれば，式(3-69)の

2式はC_VとC_Iについて独立な微分方程式となり，本来の物理的な意味を失うからである．したがって，式(3-69)の2式から得られる関係式

$$\partial_t \left(C_V - C_I\right) = \partial_x^2 \left(D_V C_V - D_I C_I\right) \tag{3-70}$$

に式(3-65)を代入して解析することになる．式(3-70)に式(3-65)を代入して，空孔濃度C_Vに関する微分方程式

$$\partial_t C_V = \frac{D_V C_V^2}{C_V^2 + C_V^0 C_I^0} \partial_x^2 \left\{\frac{D_V C_V^2 - D_I C_V^0 C_I^0}{D_V C_V}\right\} \tag{3-71}$$

が得られる．この非線形偏微分方程式の解が解析的に得られるとは考えられない．したがって，解を得るためには数値解析することになる．

以上，式(3-69), (3-71)は数値解析をして解くことになるが，以下で近似的な解析をして数値解析の結果と比較検討する．解析的に近似解析することで，物理的意味が明らかになるからである．ここで，偏微分方程式(3-69)に関する初期・境界条件を

$$t = 0,\ 0 < x < l\ \text{のとき},\quad C_V = C_I = 0$$

$$t \geq 0,\ x = 0,\ x = l\ \text{のとき},\quad C_V = C_V^0,\ C_I = C_I^0$$

とする．

偏微分方程式(3-69)において，拡散の初期段階$0 \leq t \leq t_F$では主として右辺の固有点欠陥の生成が左辺の濃度変化に効いて

$$C_V = C_I = k_{VI} C_V^0 C_I^0 t \tag{3-72}$$

が成立していると考えられる．したがって，$t = t_F$のときの濃度を$C_V = C_V^F$, $C_I = C_I^F$とすれば，式(3-72)を式(3-65)に代入して

$$t_F = 1/k_{VI}\sqrt{C_V^0 C_I^0},\quad C_V^F = C_I^F = \sqrt{C_V^0 C_I^0} \tag{3-73}$$

が得られる．

局所平衡到達後，$t \geq t_F$において，x依存性を無視してxについて平均的な時間変化に注目するとき，式(3-69)の拡散項は化学反応項に

$$D\partial_x^2 C = D(\pi/l)^2 \left(C^0 - C\right) \tag{3-74}$$

として近似的に置き換えられる．式(3-74)を式(3-70)に用いて

$$\partial_t \left(C_V - C_I\right) = (\pi/l)^2 \left\{D_V \left(C_V^0 - C_V\right) - D_I \left(C_I^0 - C_I\right)\right\} \tag{3-75}$$

が成立する．式(3-65)を式(3-75)に代入して微分方程式を解くと，C_Vの超越方程式

$$\left[\frac{C_V - C_V^0}{C_V^F - C_V^0}\right]^\alpha \left[\frac{D_V C_V + D_I C_I^0}{D_V C_V^F + D_I C_I^0}\right]^\beta \frac{C_V^F}{C_V} = \exp\left[-\frac{D_I \pi^2 (t - t_F)}{l^2}\right] \tag{3-76}$$

が得られる．ただし，

$$\alpha = D_I \left(C_I^0 + C_V^0\right) / \left(D_I C_I^0 + D_V C_V^0\right),\ \beta = \left(D_I^2 C_I^0 + D_V^2 C_V^0\right) / D_V \left(D_I C_I^0 + D_V C_V^0\right)$$

である．

図[3-2]には，1373 Kでの実験から得られた$D_I = 3 \times 10^{-8}\ cm^2 s^{-1}$に対して$D_V = D_I/5$として，$C_I^0 = 1.6 \times 10^{14}\ cm^{-3}$, $C_V^0 = 8 \times 10^{15}\ cm^{-3}$, $k_{VI} = 1.52 \times 10^{-18}\ cm^3 s^{-1}$を用いて，式(3-69)の$x = l/2$に

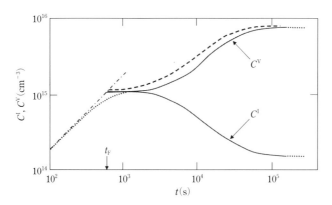

図[3-2]　厳密な数値解と解析的な近似解の関係(6)

おける数値解析結果の t に対する挙動が点線で示されている。式(3-69)の連立微分方程式の数値解析結果と比較して，近似解(3-71)の結果を実線で，式(6-72)の結果を一点斜線で示している。図から分かるように，点線で示した式(3-69)の厳密な数値解とこれらの近似解は当該領域で一致している。また，斜線で示した式(3-76)の近似解は厳密な数値解に対して左に Shift しているが，これは式(3-73)の t_F が近似値であることによる。

解析的な近似解を厳密な数値解と比較検討することで，解析結果の物理的な意味が把握できることが判明した。したがって，物理的な現象を把握する上で解析的な近似解を求めることは極めて重要である。

第4章　放物空間における拡散方程式

§4-1　放物空間の定義

§4-2　放物空間における拡散方程式と拡散流速

§4-3　放物空間における線形拡散方程式の解析

§4-4　放物空間における非線形拡散方程式の解析

§4-5　放物空間における解析問題の検討

§4-6　解析解の相互拡散問題への適用

付録 4-A　拡散係数と濃度に関する近似解析

付録 4-B　解析解における物理定数の導出

> 拡散現象の本質は，拡散粒子が放物線則にしたがってランダム運動することにある。以下では，放物線則に基づいて $\xi_1 = x/\sqrt{t}$, $\xi_2 = y/\sqrt{t}$, $\xi_3 = z/\sqrt{t}$ として，時空 (t, x, y, z) における放物型の拡散方程式を放物空間 (ξ_1, ξ_2, ξ_3) で記述し，楕円型の Poisson 方程式として解析する。拡散係数が物理定数である場合，この Poisson 方程式は初期・境界条件の特異性により，誤差関数の線形1次結合として簡潔な解析解が求められる。さらに，拡散粒子と拡散場の相互作用を意味する拡散係数が物理定数として受け入れられない場合でも，近似解ではあるが，物理的に有意な解が解析的に得られる。ここでの解析方法は前例のないものであり，以下にその詳細を述べる。

§4-1　放物空間の定義

時空 (t, x, y, z) における放物型の拡散方程式

$$\partial_t C(t,x,y,z) = D_0 \langle \tilde{\nabla} | \nabla C(t,x,y,z) \rangle \tag{1-49}$$

を放物空間 $\langle \theta | = (\xi_1, \xi_2, \xi_3)$ における Poisson 方程式に変換するため，微分演算子の関係を調べる。座標系間の関係

$$\tau = t, \quad \xi_1 = x/\sqrt{t}, \quad \xi_2 = y/\sqrt{t}, \quad \xi_3 = z/\sqrt{t}$$

において，微分演算子の関係

$$\frac{\partial}{\partial t} = \frac{\partial \tau}{\partial t}\frac{\partial}{\partial \tau} + \frac{\partial \xi_1}{\partial t}\frac{\partial}{\partial \xi_1} + \frac{\partial \xi_2}{\partial t}\frac{\partial}{\partial \xi_2} + \frac{\partial \xi_3}{\partial t}\frac{\partial}{\partial \xi_3} = \frac{\partial}{\partial \tau} - \frac{1}{2t}\left(\xi_1 \frac{\partial}{\partial \xi_1} + \xi_2 \frac{\partial}{\partial \xi_2} + \xi_3 \frac{\partial}{\partial \xi_3}\right)$$

$$\frac{\partial}{\partial x} = \frac{\partial \tau}{\partial x}\frac{\partial}{\partial \tau} + \frac{\partial \xi_1}{\partial x}\frac{\partial}{\partial \xi_1} + \frac{\partial \xi_2}{\partial x}\frac{\partial}{\partial \xi_2} + \frac{\partial \xi_3}{\partial x}\frac{\partial}{\partial \xi_3} = \frac{1}{\sqrt{\tau}}\frac{\partial}{\partial \xi_1}$$

が成立する。y, z に関する偏微分演算子についても同様に計算して，時空 (t, x, y, z) と放物空間 $\langle \theta | = (\xi_1, \xi_2, \xi_3)$ において微分演算子について次の関係式

$$\langle \tilde{\nabla} | = \frac{1}{\sqrt{\tau}}(\partial_1, \partial_2, \partial_3) = \frac{1}{\sqrt{\tau}}\langle \tilde{\nabla}_\sigma |, \quad \frac{\partial}{\partial t} = \frac{\partial}{\partial \tau} - \frac{1}{2\tau}\langle \theta | \nabla_\sigma \rangle$$

が成立する。ここでの記号は，$\partial_i = \partial/\partial \xi_i$ である。

拡散粒子の濃度について考察すれば，濃度の時間変化は放物線則を満たした独立変数 $\xi_i (i=1,2,3)$ に取り込まれており，初期・境界条件を考えれば $\partial_\tau C = 0$ が成立する。したがって，時空 (t, x, y, z) における斉次線形拡散方程式に関する微分演算子

$$L_s = D_0 \langle \tilde{\nabla} | \nabla \rangle - \partial_t$$

は放物空間 (ξ_1, ξ_2, ξ_3) では，

$$L_s = D_0 \langle \tilde{\nabla}_\sigma | \nabla_\sigma \rangle + \frac{1}{2}\langle \theta | \nabla_\sigma \rangle$$

となる。ここで，以下で用いる記号の説明をしておく。n 次元ベクトル空間 $\langle \theta(\xi_n) |$ における

ナブラ・ベクトル ∇_σ, 濃度 C, 拡散係数 D, 拡散流束 J を

$$\langle \tilde{\nabla}_\sigma(\partial_n) |, C(\xi_n), D, \langle J(\xi_n) |$$

で表す。例えば，$n=1$ のとき $\langle \theta(\xi_n) | = \xi_1$ であり，$n=2$ のとき $C(\xi_n) = C(\xi_1, \xi_2)$ を意味し，$n=3$ では $\langle \theta(\xi_n) | = (\xi_1, \xi_2, \xi_3)$ や $\langle \tilde{\nabla}_\sigma(\partial_n) | = (\partial_1, \partial_2, \partial_3)$ とする。また，拡散係数 D については $|\nabla_\sigma D \rangle = 0$ のとき $D = D_0$ とし，$|\nabla_\sigma D \rangle \neq 0$ のとき $D = D(\xi_n)$ とする。

放物空間 $\langle \theta(\xi_n) |$ において，拡散係数が物理定数ではない場合，濃度 $C(\xi_n)$ と拡散係数 D に関して，数学の一般論から関係式

$$\frac{dC}{d\xi_i} = \partial_i C + \frac{\partial C}{\partial D} \partial_i D, \quad i = 1, 2, 3 \tag{4-1}$$

が成立する。拡散係数が物理定数ではない場合，濃度と拡散係数の新たな関係式がない限り，一般に拡散方程式の解を求めることは原理的に不可能である。そこで，拡散係数が物理定数ではない場合，式(4-1)を拡散方程式に連立させて用いることで数学的に解析可能となる。その意味において，式(4-1)は非線形拡散方程式の解析に必要不可欠な関係式である。

以上で示したように，4次元の時空 (t, x, y, z) の問題は初期条件 $\partial_t C = 0$ のために3次元放物空間 (ξ_1, ξ_2, ξ_3) の問題にすることができる。換言すれば，放物型の発展方程式としての拡散方程式の問題が楕円型の Poisson 方程式の問題となる。

§4-2　放物空間における拡散方程式と拡散流束

前節の結果を拡散方程式

$$\partial_t C(t, x, y, z) = \langle \tilde{\nabla} | D \nabla C(t, x, y, z) \rangle \tag{1-48}$$

に適用して，放物空間での物質保存則を意味する拡散方程式

$$-\frac{1}{2} \langle \theta(\xi_n) | \nabla_\sigma(\partial_n) C(\xi_n) \rangle = \langle \tilde{\nabla}_\sigma(\partial_n) | D \nabla_\sigma(\partial_n) C(\xi_n) \rangle \tag{4-2}$$

が成立する。

式(4-2)において $n=1$ とすると，非線形常微分方程式

$$-\frac{\xi_1}{2} \frac{dC(\xi_1)}{d\xi_1} = \frac{d}{d\xi_1} \left(D(\xi_1) \frac{dC(\xi_1)}{d\xi_1} \right) \tag{4-3}$$

が得られる。式(4-3)は Boltzmann によって導出されたものである。しかしながら，式(4-3)の物理的意味は明確ではない。そこで，Boltzmann 変換式(4-3)の両辺に左から

$$\left\{ D(\xi_1) \frac{dC(\xi_1)}{d\xi_1} \right\}^{-1}$$

をかけて

$$-\frac{\xi_1}{2 D(\xi_1)} = \frac{1}{D(\xi_1)} \frac{dD(\xi_1)}{d\xi_1} + \frac{d^2 C(\xi_1)}{d\xi_1^2} \bigg/ \frac{dC(\xi_1)}{d\xi_1} \tag{4-4}$$

が得られるが，式(4-4)の両辺を積分すれば，

$$-\int_0^{\xi_1} \frac{\xi_1}{2D(\xi_1)} d\xi_1 = \ln[D(\xi_1)] + \ln\left[\frac{dC(\xi_1)}{d\xi_1}\right]$$

となる。ここで，次式

$$J_{\xi_1}^0 = D(\xi_1)\frac{dC(\xi_1)}{d\xi_1}\bigg|_{\xi_1=0} = D(0)C_1^{(1)}(0)$$

を定義すれば，これを用いて積分微分方程式

$$D(\xi_1)\frac{dC(\xi_1)}{d\xi_1} = J_{\xi_1}^0 \exp\left[-\int_0^{\xi_1}\left[\frac{\eta}{2D(\eta)}\right]d\eta\right] \tag{4-5}$$

が成立する。式(4-5)において，

$$J_{\xi_1} = -J_{\xi_1}^0 \exp\left[-\int_0^{\xi_1}\left[\frac{\eta}{2D(\eta)}\right]d\eta\right]$$

とすれば，

$$J_{\xi_1} = -D(\xi_1)\frac{dC(\xi_1)}{d\xi_1} \tag{4-6}$$

が成立する。式(4-3)から導出された式(4-6)は，式(1-47)に対応する1次元放物空間における拡散流束として受け入れられる。

物理的な意味が明確でない式(4-3)に比して，式(4-6)の物理的意味は明らかである。さらに，式(4-3)を積分微分方程式(4-5)に変換したことで，例えば有効拡散係数 D_{eff} とすれば，関係式

$$\int_0^{\xi_1}\left[\frac{\eta}{2D(\eta)}\right]d\eta = \frac{\xi_1^2}{4D_{\text{eff}}}$$

が積分の一般論として成立し，近似解析に適用できる。

本書では，式(4-6)を3次元放物空間(ξ_1,ξ_2,ξ_3)に拡張して，

$$|J(\xi_n)\rangle = -|D(\xi_n)\nabla_\sigma C(\xi_n)\rangle \tag{4-7}$$

を放物空間における拡散流束として定義する。記号は $\langle J(\xi_1,\xi_2,\xi_3)| = (J_{\xi_1}, J_{\xi_2}, J_{\xi_3})$ であり，

$$J_{\xi_i}^0 = D(\xi_n)\frac{\partial}{\partial \xi_i}C(\xi_n)\bigg|_{\xi_i=0}$$

として，拡散流束の各成分は

$$J_{\xi_i} = -J_{\xi_i}^0 \exp\left[-\int_0^{\xi_i}\frac{\eta}{2D(\xi_n)|_{\eta=\xi_i}}d\eta\right] \tag{4-8}$$

を意味する。

時空(t,x,y,z)における拡散問題の基本方程式(1-47), (1-48)には，放物空間(ξ_1,ξ_2,ξ_3)での基本式(4-7), (4-2)が対応している。拡散問題を具体的に解析して，従来の時空(t,x,y,z)での解析に比して放物空間(ξ_1,ξ_2,ξ_3)の解析が優位であるだけでなく，従来解析不可能であった問題を解析できることが以下で判明するだろう。なお，非斉次拡散方程式の場合については§4-5で議論されている。

§4-3　放物空間における線形拡散方程式の解析

第3章では式(3-1)に Fourier 変換を適用して解析したが，ここでは式(3-1)に対応する放物空間の拡散流束に関する方程式(4-6)で $D(\xi_i) = D_0$ として

$$J_{\xi_1} = -D_0 \frac{dC(\xi_1)}{d\xi_1} \tag{4-9}$$

を用いて，第3章での場合と同一の初期・境界条件

$$t = 0, x < 0 : C(0,x) = C_A \quad t = 0, x > 0 : C(0,x) = C_B$$
$$t > 0, x = -\infty : C(t,-\infty) = C_A \quad t > 0, x = \infty : C(t,\infty) = C_B$$

で解析する．この場合，初期状態における $x=0$ での境界値は $C(0,0) = (C_A + C_B)/2$ とする．放物空間での初期条件は

$$C(-\infty) = C_A, \; C(\infty) = C_B, \; C(0) = (C_A + C_B)/2$$

となる．

式(4-5)において $D(\xi_1) = D_0$ とすれば，$J_{\xi_1}^0$ の定義から式(4-9)は

$$\frac{dC(\xi_1)}{d\xi_1} = C_1^{(1)}(0) \exp\left[-\frac{\xi_1^2}{4D_0}\right] \tag{4-10}$$

となる．記号は $C_i^{(1)}(0) = \partial_i C(\xi_n)\big|_{\xi_i=0}$ である．式(4-10)を積分すれば，誤差関数の定義から

$$C(\xi_1) = \sqrt{\pi D_0}\, C_1^{(1)}(0) \mathrm{erf}\left[\frac{\xi_1}{2\sqrt{D_0}}\right] + \mathrm{const}. \tag{4-11}$$

となる．式(4-11)に上記の初期・境界条件を適用すれば

$$C(\xi_1) = \frac{C_A + C_B}{2} - \frac{C_A - C_B}{2} \mathrm{erf}\left[\frac{\xi_1}{2\sqrt{D_0}}\right] \tag{4-12}$$

が得られる．式(4-12)が式(3-20)と同一であることは自明である．式(3-1)の Fourier 変換による解析に比して極めて簡単に初等積分にて解析できることが判明した．

$n=3$ のとき，式(4-10)から $|\nabla_\sigma C(\xi_n)\rangle$ は

$$|\nabla_\sigma(\partial_n) C(\xi_n)\rangle = \begin{pmatrix} C_1^{(1)}(0)\exp\left[-\xi_1^2/4D_0\right] \\ C_2^{(1)}(0)\exp\left[-\xi_2^2/4D_0\right] \\ C_3^{(1)}(0)\exp\left[-\xi_3^2/4D_0\right] \end{pmatrix} \tag{4-13}$$

を意味する．式(4-13)を式(4-2)に代入して，$n=1,2,3$ についての Poisson 方程式

$$\sum_{i=1}^{n} \partial_i^2 C(\xi_n) = -\frac{1}{2D_0} \sum_{i=1}^{n} C_i^{(1)}(0) \xi_i \exp\left[-\xi_i^2/4D_0\right] \tag{4-14}$$

が得られる．

楕円型の微分方程式(4-14)を以下の初期・境界条件を用いて解析する．時空 (t,x,y,z) についての初期・境界条件

$$C(t,x,y,z) = C_1^0 \quad \text{for } t \geq 0,\ y > 0,\ z > 0 \text{ and } x = 0$$
$$C(t,x,y,z) = C_2^0 \quad \text{for } t \geq 0,\ x > 0,\ z > 0 \text{ and } y = 0$$
$$C(t,x,y,z) = C_3^0 \quad \text{for } t \geq 0,\ x > 0,\ y > 0 \text{ and } z = 0$$
$$C(t,x,y,z) = 0 \quad \text{for } t = 0,\ x > 0,\ y > 0 \text{ and } z > 0$$

は放物空間 (ξ_1, ξ_2, ξ_3) では

$$C(0,\infty,\infty) = C_1^0,\ C(\infty,0,\infty) = C_2^0,\ C(\infty,\infty,0) = C_3^0,\ C(\infty,\infty,\infty) = 0$$

となる。同様に，2次元放物空間 (ξ_1, ξ_2) および 1 次元放物空間 (ξ_1) については，初期・境界条件は

$$C(\infty,0) = C_1^0,\ C(0,\infty) = C_2^0,\ C(\infty,\infty) = 0\ \text{および}\ C(0) = C_1^0,\ C(\infty) = 0$$

となる。

式(4-14)の右辺を ξ_i について直接 2 回積分すれば分かるように，

$$C_S(\xi_n) = \sqrt{\pi D_0} \sum_{i=1}^{n} C_i^{(1)}(0)\,\mathrm{erf}\left[\xi_i/2\sqrt{D_0}\right] \tag{4-15}$$

は式(4-14)の特解である。

Laplace 方程式

$$\sum_{i=1}^{n} \partial_i^2 C(\xi_n) = 0 \tag{4-16}$$

の一般解を $C(\xi_n) = C_L(\xi_n)$ とすると，数学理論にしたがって式(4-14)の一般解は

$$C(\xi_n) = C_L(\xi_n) + C_S(\xi_n) \tag{4-17}$$

である。したがって，以下で Laplace の方程式(4-16)の一般解を変数分離法にて解析する。

式(4-16)の解 $C(\xi_n) = C_L(\xi_n)$ が

$$C_L(\xi_n) = \prod_{i=1}^{n} F_i(\xi_i) \tag{4-18}$$

に変数分離できることを要請する。式(4-18)を式(4-16)に代入して，整理すれば次式

$$\sum_{i=1}^{n} \frac{1}{F_i(\xi_i)} \frac{d^2 F_i(\xi_i)}{d\xi_i^2} = 0 \tag{4-19}$$

が成立する。任意の ξ_i について，式(4-19)が成立するためには，λ_i を任意定数として

$$\left(\frac{d^2}{d\xi_i^2} - \lambda_i^2\right) F_i(\xi_i) = 0 \tag{4-20}$$

が成立することが必要である。ここでの付加条件は

$$\sum_{i=1}^{n} \lambda_i^2 = 0 \tag{4-21}$$

が成立していることである。

(1) $n=1$ の場合

式(4-21)から $\lambda_1 = 0$ となり，A_{1+}, A_{1-} を任意定数として

$$C_L(\xi_1) = A_{1+}\xi_1 + A_{1-}$$

が得られる．このとき，式(4-17)にしたがって求める解は

$$C_L(\xi_1) = A_{1+}\xi_1 + A_{1-} + \sqrt{\pi D_0}\, C_1^{(1)}(0)\, \mathrm{erf}\left[\xi_1/2\sqrt{D_0}\right]$$

となるが，初期・境界条件から $A_{1+} = 0$, $A_{1-} = C_1^0 \left(= -\sqrt{\pi D_0}\, C_1^{(1)}(0)\right)$ となり，

$$C_L(\xi_1) = C_1^0 \left(1 - \mathrm{erf}\left[\xi_1/2\sqrt{D_0}\right]\right) \tag{4-22}$$

として解が特定される．これは第3章で Laplace 変換を用いて得られた式(3-28)と一致している．

(2) $n=2,3$ に対して $\prod_{i=1}^{n} \lambda_i \neq 0$ の場合

式(4-20)の解は

$$F_i(\xi_i) = A_{i+} e^{\lambda_i \xi_i} + A_{i-} e^{-\lambda_i \xi_i}$$

で与えられる．したがって，これを式(4-18)に代入し，λ_i について和をとることで，A_{i+}, A_{i-} を任意定数として Laplace 方程式の一般解

$$C_L(\xi_n) = \sum_{\lambda_i} \left\{ \prod_{i=1}^{n} \left(A_{i+} e^{\lambda_i \xi_i} + A_{i-} e^{-\lambda_i \xi_i} \right) \right\} \tag{4-23}$$

が得られる．しかしながら，式(4-23)に初期・境界条件を適用すると，初期・境界条件を満足するものが存在しないことが分かる．結果として，式(4-21)から $\lambda_1 = \lambda_2 = \lambda_3 = 0$ となる．このような状況になったのは，放物空間における初期条件 $t=0$ での特異性によるものである．

以上の結果から，式(4-16)の解は式(4-20)で $\lambda_i = 0$ として

$$C_L(\xi_n) = \prod_{i=1}^{n} \left(A_{i+}\xi_i + A_{i-} \right) \tag{4-24}$$

となる．式(4-24)に初期・境界条件を適用して，$A_{i+} = 0$ となる．したがって，Laplace 方程式(4-16)の解は $C_i^0 = -\sqrt{\pi D_0}\, C_i^{(1)}(0)$ として

$$C_L(\xi_n) = \sum_{i=1}^{n} C_i^0 \tag{4-25}$$

となる．換言すれば，Laplace 方程式(4-16)は初期・境界条件を満たす定数を求めることになり，拡散現象の本質は Poisson 方程式の非斉次項に取り込まれていることになる．

Poisson 方程式(4-14)の解は，式(4-15),(4-25)の結果を式(4-17)に用いて，誤差関数の1次結合として

$$C(\xi_n) = \sum_{i=1}^{n} C_i^0 \left(1 - \mathrm{erf}\left[\xi_i/2\sqrt{D_0}\right]\right) \tag{4-26}$$

として得られる．補誤差関数 $\mathrm{erfc}(\eta) = 1 - \mathrm{erf}(\eta)$ を用いて時空 (t, x, y, z) では

$$C(t,x,y,z) = C_1^0 \operatorname{erfc}\left[x/2\sqrt{D_0 t}\right] + C_2^0 \operatorname{erfc}\left[y/2\sqrt{D_0 t}\right] + C_3^0 \operatorname{erfc}\left[z/2\sqrt{D_0 t}\right]$$

として表される.

　放物型発展方程式としての線形拡散方程式を時空 (t,x,y,z) において変数分離法で解析すると,解は $\mu = \sum_{i=1}^{3} k_i^2$ として

$$C(t,x,y,z) = \sum_\mu \left\{ e^{-\mu t} \prod_{i=1}^{3} \left(A_{i+} e^{k_i x_i} + A_{i-} e^{-k_i x_i}\right) \right\} \tag{4-27}$$

として与えられる.ここで, $x_1 = x, x_2 = y, x_3 = z$ とした.式(4-27)は級数表示の解であり,最終的には数値計算が必要となる.一方,放物空間 (ξ_1, ξ_2, ξ_3) では式(4-26)で与えられ,式(4-26)は放物空間における1次元問題の解析解の1次結合であり,数学的に放物空間での解析が優位であることは明らかである.拡散現象は,ミクロな世界でBrown粒子が放物線則にしたがって運動していることをマクロな世界で把握したものである.したがって,放物線則を取り入れた放物空間での議論は妥当なものである.以上の結果から,放物空間での新しい解析法は応用解析学的にも極めて有意なものと考えられる.

§4-4　放物空間における非線形拡散方程式の解析

　拡散粒子と拡散場の相互作用が一定でなく,拡散係数が物理定数として受け入れられない場合,拡散方程式は非線形となり,それを解析的に解く一般的な解法は報告されていない.以下では,拡散係数を前節で定義した放物空間の未知関数として相互拡散問題について応用数学上の近似手法を用いて,物理的に有意な解析解を求める.以下では,時空 (t,x) の拡散系について解析する.

　第5章に示されている図[5-2]の拡散系において,放物空間における濃度 $C(\xi_1)$ および相互拡散係数 $\tilde{D}(\xi_1)$ に関する初期・境界条件を

$$C(-\infty) = C_A, C(\infty) = C_B, \quad \tilde{D}(-\infty) = \tilde{D}_A, \tilde{D}(\infty) = \tilde{D}_B \tag{4-28}$$

とする.式(4-28)の条件下で,式(4-7),(4-8)から得られる1次元放物空間での積分微分方程式

$$\tilde{D} \frac{dC(\xi_1)}{d\xi_1} = J_{\xi_1}^0 \exp\left[-\int_0^{\xi_1} \frac{\eta}{2\tilde{D}(\eta)} d\eta\right] \tag{4-29}$$

を解析する.

　図[5-2]の拡散系では, $\tilde{D}_A > \tilde{D}_B$ として解析した.しかし,この節の議論では便宜上 $\tilde{D}_A < \tilde{D}(\xi_1) < \tilde{D}_B$ として以下で解析する.したがって,

$$\exp\left[-\frac{\xi_1^2}{4\tilde{D}_A}\right] < \exp\left[-\int_0^{\xi_1} \frac{\eta}{2\tilde{D}(\eta)} d\eta\right] < \exp\left[-\frac{\xi_1^2}{4\tilde{D}_B}\right]$$

が成立する.

　以下の解析において,次の関係式

$$\exp\left[-\int_0^{\xi_1} \frac{\eta}{2\tilde{D}(\eta)}\, d\eta\right] = \exp\left[-\frac{\xi_1^{\,2}}{4D_{\text{int}}} - \alpha(\xi_1)\right] \tag{4-30}$$

を定義する。ここで，D_{int} は $\tilde{D}_A < D_{\text{int}} < \tilde{D}_B$ を満たす物理定数であり，$\alpha(\xi_1)$ は近似の補正を意味する。式(4-29)，(4-30)を式(4-1)に代入して，

$$\tilde{D}(\xi_1)\frac{\partial C}{\partial \xi_1} + \tilde{D}(\xi_1)\frac{\partial C}{\partial \tilde{D}}\frac{d\tilde{D}}{d\xi_1} = J_{\xi_1}^0 e^{-\alpha(\xi_1)} \exp\left[-\frac{\xi_1^{\,2}}{4D_{\text{int}}}\right] \tag{4-31}$$

が得られる。物理的な考察によって $\lim_{\xi_1 \to \pm\infty} \beta(\xi_1) = 0$ を満たす関数 $\beta(\xi_1)$ を用いて関係式

$$\tilde{D}(\xi_1)\frac{\partial C}{\partial \xi_1} = J_{\xi_1}^0 \beta(\xi_1) \tag{4-32}$$

を定義する。

式(4-31)，(4-32)から

$$\tilde{D}(\xi_1)\frac{\partial C}{\partial \tilde{D}}\frac{d\tilde{D}}{d\xi_1} = J_{\xi_1}^0 e^{-\alpha(\xi_1)}\left\{\exp\left[-\frac{\xi_1^{\,2}}{4D_{\text{int}}}\right] - e^{\alpha(\xi_1)}\beta(\xi_1)\right\} \tag{4-33}$$

が得られる。式(4-33)を次の2式に分割する。

$$\frac{d\tilde{D}}{d\xi_1} = \gamma_1\left\{\exp\left[-\frac{(\xi_1-\varepsilon)^2}{4D_{\text{int}}}\right] - S(\xi_1)\right\} \tag{4-34}$$

$$\tilde{D}(\xi_1)\frac{\partial C}{\partial \tilde{D}} = \gamma_2 \exp\left[-\alpha(\xi_1) - \frac{2\varepsilon\xi_1 - \varepsilon^2}{4D_{\text{int}}}\right] \tag{4-35}$$

式(4-34)，(4-35)において，

$$S(\xi_1) = \exp\left[\alpha(\xi_1) + \frac{2\varepsilon\xi_1 - \varepsilon^2}{4D_{\text{int}}}\right]\beta(\xi_1), \quad J_{\xi_1}^0 = \gamma_1 \gamma_2$$

であり，ε は分割に伴うシフト・パラメータである。

以下で，上述の分割について，その妥当性を調べる。式(4-35)において，

$$\left|\alpha(\xi_1) + \frac{2\varepsilon\xi_1 - \varepsilon^2}{4D_{\text{int}}}\right| \ll 1$$

が成立するとき，$\tilde{D}(\xi_1)dC = \gamma_2 d\tilde{D}$ となる。初期条件を考慮して，これを積分すれば，

$$C(\xi) = \frac{C_A + C_B}{2} + \frac{C_A - C_B}{\ln \tilde{D}_A - \ln \tilde{D}_B}\ln\left(\frac{\tilde{D}(\xi)}{\sqrt{\tilde{D}_A \tilde{D}_B}}\right) \tag{4-36}$$

が得られる。式(4-36)は全率固溶体を形成する金属結晶における相互拡散実験のよく知られた結果に一致する。したがって，この結果は式(4-33)を式(4-34)，(4-35)に分割したことに妥当性を与えるものである。

関係 $\xi_1 \rightleftarrows \tilde{D}(\xi_1) \rightleftarrows \ln \tilde{D}(\xi_1)$ は1対1の対応関係にあるので，$z = \ln \tilde{D}(\xi_1)$ として数学的な軌跡 $C(z) = f(z)$ を定義する。関係式

$$\frac{dC(\xi_1)}{d\xi_1} = \frac{1}{\tilde{D}(\xi_1)}\frac{d\tilde{D}(\xi_1)}{d\xi_1}\frac{df(z)}{dz}$$

を用いて，

$$\frac{d^2 \tilde{D}(\xi_1)}{d\xi_1^{\,2}} = -\frac{1}{2\tilde{D}(\xi_1)}\frac{d\tilde{D}(\xi_1)}{d\xi_1}\left\{\xi_1 + 2\frac{d\tilde{D}(\xi_1)}{d\xi_1}\frac{d^2 f(z)}{dz^2}\left(\frac{df(z)}{dz}\right)^{-1}\right\} \tag{4-37}$$

が成立する．式(4-37)から関係式

$$\xi_1 + 2\frac{d\tilde{D}(\xi_1)}{d\xi_1}\frac{d^2f(z)}{dz^2}\left(\frac{df(z)}{dz}\right)^{-1} = 0 \tag{4-38}$$

が成立するとき，曲線 $\tilde{D} = \tilde{D}(\xi_1)$ は変曲点を有する．

式(4-38)の解を求めるために，

$$k = -2\frac{d^2f(z)}{dz^2}\left(\frac{df(z)}{dz}\right)^{-1}$$

として式(4-38)を2つの方程式

$$w = \xi_1, \quad w = k\frac{d\tilde{D}}{d\xi_1}$$

に分割してその交点を調べる．物理的に次のことが考えられる．

(1) $d\tilde{D}/d\xi_1$ は Gauss 型のような挙動を示す関数と考えられるが，$\tilde{D}(\xi_1)$ の初期値は Heaviside 型であるので拡散初期では $\xi_1 = 0$ で異常点となる．

(2) 拡散初期の異常点効果は拡散領域で $|d\tilde{D}/d\xi_1|$ が最大値となることを示唆している．このことは，$t > 0, \xi_1 = 0$ で $d^2\tilde{D}/d\xi_1^2 = 0$ が成立することを意味する．このとき，式(4-38)において $\xi_1 = 0$ であるので $d^2f(z)/dz^2 = 0$ となり，$k = 0$ となる．

(3) $\xi_1 = 0$ で $d^2f(z)/dz^2 = 0$ が成立することは，$\xi_1 = 0$ 近傍で $\xi_1 d^2f(z)/dz^2 < 0$ または $\xi_1 d^2f(z)/dz^2 > 0$ が成立することを意味する．前提条件 $\tilde{D}_A < \tilde{D}(\xi_1) < \tilde{D}_B$ にしたがって，$\xi_1 d^2\tilde{D}(\xi_1)/d\xi_1^2 < 0$ が成立する．

(4) $\xi_1 = 0$ で $d^2\tilde{D}/d\xi_1^2 = 0$ が成立し，また近似式(4-36)が平面 $(C(\xi_1), \ln\tilde{D}(\xi_1))$ 上で直線であることを勘案すれば，$\xi_1 = 0$ 近傍での曲率の大きさ，$|d^2f(z)/dz^2|$ または $|k|$ の値は，極めて小さいと考えられる．

以上(1)～(4)の考察に基づいて関数 $w = kd\tilde{D}/d\xi_1$ は

$$w \begin{cases} = -|k|\dfrac{d\tilde{D}}{d\xi_1} & : \xi_1 < 0 \\ = 0 & : \xi_1 = 0 \\ = |k|\dfrac{d\tilde{D}}{d\xi_1} & : \xi_1 > 0 \end{cases}$$

として表され，$\xi_1 = 0$ 近傍における挙動が $w = \xi_1$ と共に図[**4-1**]に示されている．$\xi_1 = 0$ 近傍の3点で $d^2\tilde{D}(\xi_1)/d\xi_1^2 = 0$ が成立し，曲線 $\tilde{D} = \tilde{D}(\xi_1)$ は3つの変曲点をもつことが判明した．

そこで，曲線 $\tilde{D} = \tilde{D}(\xi_1)$ の極めて近傍の3変曲点 $\xi_1 = \xi_-(<0), \xi_1 = 0, \xi_1 = \xi_+(>0)$ を，近似的に極めて $\xi_1 = 0$ 近傍の1点 $\xi_1 = \xi_{IF}$ における $\tilde{D} = \tilde{D}(\xi_1)$ の停留変曲点と考える．その根拠は，通常の尺度では図[**4-2**]に示したように，$\xi_1 = \xi_{IF}$ で停留変曲点を有する場合の $\tilde{D} = \tilde{D}(\xi_1)$ の挙動と3変曲点をもつ場合の挙動との間に有意差がないからである．

一方，数学的には停留変曲点は特別な性質をもっており，応用解析上有利である．換言すれば，図[4-2]の拡大図Aに示されているように，$\xi_1 = \xi_{IF}$ で決して $d\tilde{D}(\xi_1)/d\xi_1 = 0$ とはならないが，ここでは応用解析上の近似として拡大図Bに示されているように $\xi_1 = \xi_{IF}$ で $d\tilde{D}(\xi_1)/d\xi_1 = 0$ が成立すると想定する．結果として，拡大図Bに示されているように $\tilde{D} = \tilde{D}(\xi_1)$ について

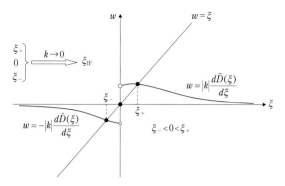

図[4-1]

$|k| \to 0$ に応じて，原点 $\xi=0$ とその極めて近傍 $\xi=\xi_-, \xi=\xi_+$ で式(4-38)は解をもつことになる。近似的に3重解として採用する[1]。

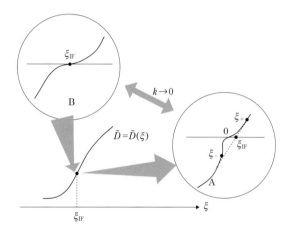

図[4-2]

$|k| \to 0$ にのとき，原点 $\xi=0$ とその極めて近傍 $\xi=\xi_-, \xi=\xi_+$ の $\tilde{D}(\xi)$ の拡大図 A と3重解近似の拡大図 B が示されている。通常の尺度ではAとBの有意差は認められない[1]。

$\xi_1 \geq \xi_{\mathrm{IF}}$ における拡散係数 $D_{\mathrm{int}+}$ の誤差関数と $\xi_1 < \xi_{\mathrm{IF}}$ における拡散係数 $D_{\mathrm{int}-}$ の誤差関数を想定し，これらが $\xi_1 = \xi_{\mathrm{IF}}$ で滑らかに接続されていると近似する。このように近似解析して得られた解析結果は通常の尺度で見れば $d\tilde{D}(\xi_1)/d\xi_1 \neq 0$ として見える。

平面 $(\xi_1, \tilde{D}(\xi_1))$ 上の停留変曲点 $(\xi_{\mathrm{IF}}, \tilde{D}(\xi_{\mathrm{IF}}))$ における $\tilde{D} = \tilde{D}(\xi_1)$ の性質から式(4-34)の $S(\xi_1)$ について次の関係式

$$\lim_{\xi_1 \to \pm\infty} S(\xi_1) = 0, \quad S(\xi_{\mathrm{IF}}) = \exp\left[-\frac{(\xi_{\mathrm{IF}} - \varepsilon)^2}{4 D_{\mathrm{int}}}\right], \quad \frac{dS(\xi_{\mathrm{IF}})}{d\xi} = -\frac{\xi_{\mathrm{IF}} - \varepsilon}{2 D_{\mathrm{int}}} \exp\left[-\frac{(\xi_{\mathrm{IF}} - \varepsilon)^2}{4 D_{\mathrm{int}}}\right]$$

が成立することになる。以上の近似解法にしたがって式(4-34)の解析解

$$\tilde{D}(\xi_1) = D_m - D_\Delta \operatorname{erf}\left(\frac{\xi_1}{2\sqrt{D_{\mathrm{int}-}}} - \frac{\xi_{\mathrm{IF}}}{2\sqrt{D_{\mathrm{int}+}}} + \operatorname{erf}^{-1}\left(\frac{D_m - D_{\mathrm{IF}}}{D_\Delta}\right)\right) \qquad (4\text{-}39)$$

が得られる。ここでの記号は，ξ の正負に応じて $D_{\mathrm{int}} = D_{\mathrm{int}\pm}$ であり，また $D_m = (\tilde{D}_A + \tilde{D}_B)/2$，$D_\Delta = (\tilde{D}_A - \tilde{D}_B)/2$ である。また，具体的な計算過程は[付録4-A]に示されている。

$\tilde{D} = \tilde{D}(\xi_1)$ の変曲点に注目して近似解析したのと全く同様に，式(4-39)を式(4-35)に代入して，$C = C(\xi_1)$ の変曲点 $(\xi_{IN}, C(\xi_{IN}))$ の数学的な性質を適用して解析解

$$C(\xi_1) = C_m - C_\Delta \, \text{erf}\left(\frac{\xi_1}{2\sqrt{D_{int}}} - \frac{\xi_{IN}}{2\sqrt{D_{int-}}} + \text{erf}^{-1}\left(\frac{C_m - C_{IN}}{C_\Delta} \right) \right) \quad (4\text{-}40)$$

が得られる．ここでの記号は $C_m = (C_A + C_B)/2$，$C_\Delta = (C_A - C_B)/2$ である．また，具体的な計算過程は[付録4-A]に示されている．

時空 (t, x) における拡散方程式(1-48)を変数変換した1次元放物空間 (ξ_1) の方程式(4-3)から導出した放物空間での拡散流束に相当する式(4-6)を近似解析して，一般解が式(4-39)，(4-40)として解析的に求められた．拡散系内において，物質保存則が成立する限り，ここで求めた一般解である式(4-39)，(4-40)は物理的に有意なものである．

一般解を特定するためには，式(4-39)，(4-40)に含まれる6個の物理定数 $\xi_{IF}, D_{IF}, \xi_{IN}, C_{IN}, D_{int+}, D_{int-}$ を決定しなければならない．数学的な変曲点の性質を利用して近似式を近似解析することになるが，この計算は煩雑なものである．具体的な計算過程は[付録4-B]に示されているが，次の簡単な数式結果が得られた．

$$\xi_{IF} = 0, \quad \xi_{IN} = 2\sqrt{\tilde{D}_A \tilde{D}_B}\left(\sqrt{\tilde{D}_A} - \sqrt{\tilde{D}_B} \right)/\left(\sqrt{\tilde{D}_A} + \sqrt{\tilde{D}_B} \right), \quad D_{IF} = \frac{\tilde{D}_A - \tilde{D}_B}{\ln \tilde{D}_A - \ln \tilde{D}_B}$$

$$C_{IN} = C_m - C_\Delta \frac{D_m - D_{IF}}{D_\Delta}, \quad D_{int+} = \frac{\tilde{D}_A + \tilde{D}_B}{2}, \quad D_{int-} = \sqrt{\tilde{D}_A \tilde{D}_B}$$

ここで，D_{int+}, D_{int-} は境界値の相加平均，相乗平均である．また，$\tilde{D}_A = \tilde{D}_B = D_0$ とすれば，式(4-40)は式(4-12)に一致する．したがって，式(4-40)は線形拡散方程式の解をも含む一般化された解である．

解析解，式(4-39)，(4-40)が妥当であるか評価するために，初期値 $(\tilde{D}_A, \tilde{D}_B)$，$(C_A, C_B)$ に具体的な数値を用いてBoltzmann Matano法の結果と比較検討した．図[4-3]は，式(4-39)に初期値 $(\tilde{D}_A, \tilde{D}_B)$ として Case 1 $(10^{-12}, 5 \times 10^{-12})$，Case 2 $(10^{-12}, 10^{-10})$，Case 3 $(10^{-12}, 10^{-11})$ の3通りの場合を適用した結果である．図[4-4]は，$(\tilde{D}_A, \tilde{D}_B)$ の各場合に対応させて初期値 (C_A, C_B) として，Case 1 $(0.5, 1)$，Case 2 $(0, 1)$，Case 3 $(0, 0.5)$ の3通りの場合を適用した結果である．

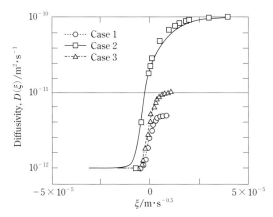

図[4-3] 拡散係数の解析解とBoltzmann Matano法の結果の関係
記号○，△，□はBoltzmann Matano法の結果である[1]．

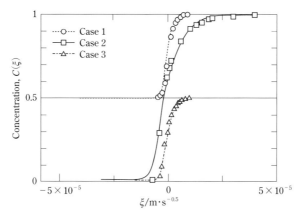

図[4-4] 濃度の解析解とBoltzmann Matano法の結果の関係
記号○, △, □はBoltzmann Matano法の結果である[1]。

　図[4-3], [4-4]に示されている結果から判断して，式(4-39), (4-40)の解析解は物理的に有意であることが判明した。拡散粒子の濃度プロファイルは実験で得られるが，拡散係数のプロファイルは実験によって直接求められない。したがって，拡散係数の挙動を把握するためには拡散方程式を解析して求めるか，または§2-4で議論したように，量子力学での少数多体系の問題として解析することになる。

§4-5　放物空間における解析問題の検討

　本章で，拡散係数が物理定数として受け入れられる拡散方程式(1-49)が適用できる限り，放物空間での解析方法は第3章に示した従来の解析方法に比して極めて優位であることが確認された。さらに，拡散係数が濃度依存性から時空(t,x)に依存する場合でも，非線形斉次拡散方程式を放物空間で解析することで，当該分野で初めて物理的に有意な解析解を得ることができた。以下では，拡散係数が濃度依存性を有して時空(t,x,y,z)に依存する場合，また線形拡散方程式が非斉次項を有する場合について放物空間での解析方法を検討する。

　一般に，2, 3次元の非線形問題を厳密に解析することはほとんど不可能である。そこで，式(4-2)を次式

$$\sum_{i=1}^{n} \partial_i^2 C(\xi_n) = W(\xi_n) \tag{4-41}$$

に書き換える。ここで，式(4-41)の右辺は

$$W(\xi_n) = -\sum_{i=1}^{n} \frac{1}{\tilde{D}} \left\{ \partial_i \tilde{D} \partial_i C(\xi_n) + \frac{1}{2} \xi_i \partial_i C(\xi_n) \right\} \tag{4-42}$$

である。1次元問題で用いた有効拡散係数D_{int}を式(4-42)に用いて近似式

$$\sum_{i=1}^{n} \left\{ \partial_i^2 C(\xi_n) + \frac{1}{2 D_{\mathrm{int}}^i} \xi_i \partial_i C(\xi_n) \right\} = 0 \tag{4-43}$$

が成立する。

　放物空間の初期状態における特性から線形拡散方程式の場合，3次元放物空間の解析解は式

(4-26)に見られるように1次元放物空間の誤差関数の1次結合で表された.非線形拡散方程式の場合でも,放物空間の初期状態における特性は保持されると想定される.したがって,楕円型偏微分方程式(4-43)について,式(4-14)における線形問題の解析手法を適用して,$n=2,3$ の場合の解

$$C(\xi_n) = \sum_{i=1}^{n}\left\{A_i + B_i\,\mathrm{erf}\left(\frac{\xi_i}{2\sqrt{D_{\mathrm{int}-}^i}} - \frac{\xi_{\mathrm{IN}}^i}{2\sqrt{D_{\mathrm{int}-}^i}} + \mathrm{erf}^{-1}\left(\frac{C_{\mathrm{m}}^i - C_{\mathrm{IN}}^i}{C_{\Delta}^i}\right)\right)\right\} \quad (4\text{-}44)$$

が A_i, B_i を積分定数として得られる.同様に,拡散係数についても

$$\tilde{D}(\xi_n) = \sum_{i=1}^{n}\left\{A_i + B_i\,\mathrm{erf}\left(\frac{\xi_i}{2\sqrt{D_{\mathrm{int}}^i}} - \frac{\xi_{\mathrm{IF}}^i}{2\sqrt{D_{\mathrm{int}+}^i}} + \mathrm{erf}^{-1}\left(\frac{D_{\mathrm{m}}^i - D_{\mathrm{IF}}^i}{D_{\Delta}^i}\right)\right)\right\} \quad (4\text{-}45)$$

が成立することになる.

拡散方程式が非斉次項を有するとき,非斉次項が時間だけに依存する場合や空間座標だけに依存する場合を勘案すれば,一般には放物空間での解析方法は適用できないことになる.したがって,拡散方程式に非斉次項が含まれる場合は,余関数は放物空間の解析方法で求められるが,特解は§3-4で議論したGreen関数を用いて求めることになる.しかしながら,生成消滅源を非斉次項として有する式(3-69)について,局所平衡後に成立する関係式(3-71)は

$$-\frac{\xi_1}{2}\frac{d}{d\xi_1}C_{\mathrm{V}} = \frac{D_{\mathrm{V}}C_{\mathrm{V}}^2}{C_{\mathrm{V}}^2 + C_{\mathrm{V}}^0 C_{\mathrm{I}}^0}\frac{d^2}{d\xi_1^2}\left\{\frac{D_{\mathrm{V}}C_{\mathrm{V}}^2 - D_{\mathrm{I}}C_{\mathrm{V}}^0 C_{\mathrm{I}}^0}{D_{\mathrm{V}}C_{\mathrm{V}}}\right\} \quad (4\text{-}46)$$

として放物空間での常微分方程式に書き換えられる.

§4-6 解析解の相互拡散問題への適用

2元系の相互拡散問題では,拡散対A, Bに純金属を用いた研究が極めて重要となる.それは,放物空間 $\xi_1 = x/\sqrt{t}$ で解析的に求めた2元系相互拡散問題の相互拡散係数 $\tilde{D}(\xi_1)$ と濃度 $C(\xi_1)$ の一般解が式(4-39), (4-40)として得られているからである.

2元系の相互拡散問題を解析するためには,相互拡散係数の境界値が必要であるが,従来この境界値を求める一般的な方法は存在していなかった.以下で,成分Iの純金属板と成分IIの純金属板からなる拡散対の相互拡散から任意の成分比からなる成分I, IIの相互拡散問題の相互拡散係数の境界値を求める.

金属原子Iからなる純金属板Aと金属原子IIからなる純金属板Bを拡散対とした拡散系の拡散領域境界面での相互拡散係数 $\tilde{D}_{\mathrm{A}}, \tilde{D}_{\mathrm{B}}$ には,成分Iについて拡散対板A中の成分Iの自己拡散係数 $\tilde{D}_{\mathrm{A}} = D_{\mathrm{A}}^{\mathrm{I}} = D_{\mathrm{self}}^{\mathrm{I}}$ および成分IIの拡散対板B中における成分Iの不純物拡散係数 $\tilde{D}_{\mathrm{B}} = D_{\mathrm{B}}^{\mathrm{I}} = D_{\mathrm{imp}}^{\mathrm{I}}$ が適用できることが物理的に理解できる.同様に,成分IIの相互拡散係数の境界値には, $\tilde{D}_{\mathrm{A}} = D_{\mathrm{A}}^{\mathrm{II}} = D_{\mathrm{imp}}^{\mathrm{II}}, \tilde{D}_{\mathrm{B}} = D_{\mathrm{B}}^{\mathrm{II}} = D_{\mathrm{self}}^{\mathrm{II}}$ が適用できる.

ここで,成分Iに注目すると,拡散領域界面 $x = x_{\mathrm{A}}, x = x_{\mathrm{B}}$ での相互拡散係数の値として $\tilde{D}_{\mathrm{A}} = D_{\mathrm{self}}^{\mathrm{I}}, \tilde{D}_{\mathrm{B}} = D_{\mathrm{imp}}^{\mathrm{I}}$ および濃度に $C_{\mathrm{A}} = C_{\mathrm{A}}^{\mathrm{I}} = 1, C_{\mathrm{B}} = C_{\mathrm{B}}^{\mathrm{I}} = 0$ を用いれば,式(4-40)の濃度距離曲線が特定できる.

式(4-40)の濃度曲線が特定されると,任意の濃度 $\alpha = C(\xi_{\alpha}), \beta = C(\xi_{\beta})$ に対応する座標 $\xi_1 = \xi_{\alpha}, \xi_1 = \xi_{\beta}$ が

$$\xi_\alpha = 2\sqrt{D_{\text{int}}}\left\{\text{erf}^{-1}(1-2C_{\text{IN}}) - \text{erf}^{-1}(1-2\alpha)\right\} + \xi_{\text{IN}}\sqrt{\frac{D_{\text{int}}}{D_{\text{int}-}}} \tag{4-47}$$

$$\xi_\beta = 2\sqrt{D_{\text{int}}}\left\{\text{erf}^{-1}(1-2C_{\text{IN}}) - \text{erf}^{-1}(1-2\beta)\right\} + \xi_{\text{IN}}\sqrt{\frac{D_{\text{int}}}{D_{\text{int}-}}} \tag{4-48}$$

として求められる。

次に，$\xi_1 = \xi_\alpha, \xi_1 = \xi_\beta$ を式(4-39)に代入すれば，成分 I, II が混在する拡散領域で成分濃度 $C_A^I = \alpha, C_A^I = \beta$ に対応する 2 元系相互拡散係数値 D_α, D_β が求められる。したがって，成分 II の中で $C_A^I = \alpha, C_A^I = \beta$ に対する相互拡散係数の値として $\tilde{D}_A = D_\alpha, \tilde{D}_B = D_\beta$ が求められる。関係式 $C^I + C^{II} = 1$ から成分比 $C_A^I = \alpha, C_A^{II} = 1-\alpha$ の合金板 A と $C_B^I = \beta, C_B^{II} = 1-\beta$ の合金板 B からなる拡散対での 2 元系相互拡散問題の相互拡散係数の境界値として $\tilde{D}_A = D_A^I = D_\alpha, \tilde{D}_B = D_B^I = D_\beta$ を式(4-39)，(4-40)に適用できる。

以上の議論から，全率固溶体を形成するような理想的な任意の成分比における 2 元系の拡散問題の解析は純金属を拡散対とした拡散現象の解析に帰着した。現実的な拡散問題の各論では，ここでの基礎理論にしたがってさらなる検討が求められる。

式(4-39)を変形して

$$\tilde{D}(\xi_1) = D_m\left\{1 - \frac{D_\Delta}{D_m}\text{erf}\left(\frac{\xi_1}{2\sqrt{D_{\text{int}}}} + \text{erf}^{-1}\left(\frac{D_m - D_{\text{IF}}}{D_\Delta}\right)\right)\right\} \tag{4-49}$$

が得られる。ただし，$\xi_{\text{IF}} = 0$ とした。式(2-36)で $D_T = D_m$ とおくと，

$$\frac{S_F}{k_B} = \frac{D_\Delta}{D_m}\text{erf}\left(\frac{x}{2\sqrt{D_{\text{int}}t}} + \text{erf}^{-1}\left(\frac{D_m - D_{\text{IF}}}{D_\Delta}\right)\right) \tag{4-50}$$

が成立する。ただし，$\xi_1 = x/\sqrt{t}, S_F = U_F/T$ とした。ここで，S_F は外力 F によって生じたエントロピーである。式(4-50)に拡散系の初期・境界値を代入すれば，2 元系相互拡散におけるエントロピーの挙動を把握できることが判明した。

以上に議論したように，拡散の基本方程式(1-48)の解析解を得たことは，拡散現象を把握する上で極めて有意義であることが判明した。さらに，§6-5 で論じる N 元系の相互拡散問題についても，$j=k$ の成分についての解析について $j \neq k$ の $(N-1)$ 成分を拡散場として，当該拡散場における成分 j の自己拡散係数と不純物拡散係数を用いて，ここでの解析理論は N 元系の相互拡散問題に適用できる。

付録 4-A 拡散係数と濃度に関する近似解析

式(4-34)から式(4-39),(4-40)の解を近似解析して求める。解 $\tilde{D}(\xi_1)$ は物理的に誤差関数の重ね合わせと考えられる。図[4-2]に関する近似手法から，停留変曲点 $\xi_1=\xi_{IF}$ で関係式

$$d^2\tilde{D}(\xi_1)/d\xi_1^2 = d\tilde{D}(\xi_1)/d\xi_1 = 0$$

が成立しなければならない。したがって，式(4-34)の $S(\xi_1)$ は

$$S(\xi_1) = \frac{1}{N^2+2N-n^2+1} \times \\ \sum_{i=n}^{N}\left\{(i+1)\exp\left[-\frac{((i+1)\xi_1-i\xi_{IF}-\varepsilon)^2}{4D_{int}}\right] + i\exp\left[-\frac{(i\xi_1-(i+1)\xi_{IF}+\varepsilon)^2}{4D_{int}}\right]\right\} \quad (A\text{-}1)$$

を満たすと考えられる。ここで，D_{int} は $\xi_1 \geq \xi_{IF}$ のとき D_{int+} であり，$\xi_1 < \xi_{IF}$ のとき D_{int-} を意味し，n, N ($N \geq n \geq 2$) は任意の正整数である。式(A-1)に初期条件として式(4-28)を用いて

$$\tilde{D}(\xi_1) = D_m - D_\Delta G_D(n,N)\left\{\mathrm{erf}\left(\frac{\xi_1-\xi_{IF}}{2\sqrt{D_{int}}} + \mathrm{erf}^{-1}\left(\frac{D_m-D_{IF}}{D_\Delta}\right)\right) \\ -\frac{1}{N^2+2N-n^2+1}\sum_{i=n}^{N}\left[\mathrm{erf}\left(\frac{(i+1)(\xi_1-\xi_{IF})}{2\sqrt{D_{int}}} + \mathrm{erf}^{-1}\left(\frac{D_m-D_{IF}}{D_\Delta}\right)\right) \\ + \mathrm{erf}\left(\frac{i(\xi_1-\xi_{IF})}{2\sqrt{D_{int}}} - \mathrm{erf}^{-1}\left(\frac{D_m-D_{IF}}{D_\Delta}\right)\right)\right]\right\} \quad (A\text{-}2)$$

が得られる。ここで，次式

$$G_D(n,N) = \frac{N^2+2N-n^2+1}{N^2-n^2+2n-1}, \quad \varepsilon = \xi_{IF} - 2\sqrt{D_{int}}\,\mathrm{erf}^{-1}\left(\frac{D_m-D_{IF}}{D_\Delta G_D(n,N)}\right)$$

を用いた。

簡単化のため $N=n$ の条件下で式(A-2)は

$$\tilde{D}(\xi_1) = D_m - D_\Delta \frac{2n+1}{2n-1}\left\{\mathrm{erf}\left(\frac{\xi_1-\xi_{IF}}{2\sqrt{D_{int}}} + \mathrm{erf}^{-1}\left(\frac{D_m-D_{IF}}{D_\Delta}\right)\right) \\ -\frac{1}{2n+1}\left[\mathrm{erf}\left(\frac{(n+1)(\xi_1-\xi_{IF})}{2\sqrt{D_{int}}} + \mathrm{erf}^{-1}\left(\frac{D_m-D_{IF}}{D_\Delta}\right)\right) \\ + \mathrm{erf}\left(\frac{n(\xi_1-\xi_{IF})}{2\sqrt{D_{int}}} - \mathrm{erf}^{-1}\left(\frac{D_m-D_{IF}}{D_\Delta}\right)\right)\right]\right\} \quad (A\text{-}3)$$

に書き換えられる。物理的に十分大きい n に対して，式(A-3)の{ }中の最初の誤差関数が主として左辺に効いている。この場合，式(A-3)は式(4-39)の解に一致する。

式(4-30),(4-39)を式(4-29)に代入して，

$$C(\xi_1) = \frac{D_\Delta C_1^{(1)}(0)}{D_m}\int_{-\infty}^{\xi_1}(1-f(\eta))^{-1}\exp\left[-\frac{\eta^2}{4D_{int}}-\alpha(\eta)\right]d\eta + C_A$$

が得られる。ここで，次式

$$f(\eta) = \frac{D_\Delta}{D_\mathrm{m}} \mathrm{erf}\left(\frac{\eta}{2\sqrt{D_\mathrm{int}}} - \frac{\xi_\mathrm{IF}}{2\sqrt{D_\mathrm{int+}}} + \mathrm{erf}^{-1}\left(\frac{D_\mathrm{m} - D_\mathrm{IF}}{D_\Delta} \right) \right)$$

を用いた。

　積分の平均値の定理を用いて，$f(\eta) < 1$ であることから，

$$C(\xi_1) = \frac{D_\Delta C_0^{(1)}}{D_\mathrm{m}}(1 + f(\lambda)) \int_{-\infty}^{\xi_1} \exp\left[-\frac{\eta^2}{4D_\mathrm{int}} - \alpha(\eta) \right] d\eta + C_\mathrm{A} \tag{A-4}$$

が近似的に区間 $-\infty < \lambda < \xi_1$ において成立する。積分の近似計算におけるシフト・パラメータ σ を考慮して，被積分関数 $\exp[-\eta^2/4D_\mathrm{int} - \alpha(\eta)]$ は

$$\exp\left[-\frac{\eta^2}{4D_\mathrm{int}} - \alpha(\eta) \right] = \exp\left[-\frac{(\eta - \sigma)^2}{4D_\mathrm{int}} \right] - T(\eta) \tag{A-5}$$

に書き換えられる。ここで，$T(\eta)$ は近似計算において生じた誤差を補正するための関数である。式(A-5)を式(A-4)に代入したとき，$\xi_1 = \xi_\mathrm{IF}$ で $d^2C/d\xi_1^2 = 0$ が成立するためには，$T(\eta)$ は次式

$$T(\eta) = \frac{-6}{2M^3 + 3M^2 + M - 2m^3 + 3m^2 - m} \sum_{i=m}^{M} \left\{ i \exp\left[-\frac{(i(\eta - \xi_\mathrm{IN}) - \xi_\mathrm{IN} + \sigma)^2}{4D_\mathrm{int}} \right] \right\}$$

$$\frac{dT(\xi_\mathrm{IN})}{d\xi} = -\frac{\xi_\mathrm{IN} - \sigma}{2D_\mathrm{int}} \exp\left[-\frac{(\xi_\mathrm{IN} - \sigma)^2}{4D_\mathrm{int}} \right]$$

を満たさなければならない。ここで，$m, M(M \geq m \geq 1)$ は任意の正整数である。$T(\eta)$，式(4-28)，(A-5)を用いて，式(A-4)は

$$C(\xi_1) = C_\mathrm{m} - C_\Delta G_\mathrm{C}(m, M) \left\{ \mathrm{erf}\left(\frac{\xi_1 - \sigma}{2\sqrt{D_\mathrm{int}}} \right) + F_\mathrm{C}(\xi_1) \right\} \tag{A-6}$$

に書き換えられる。ここで，次式

$$G_\mathrm{C}(m, M) = \frac{2M^3 + 3M^2 + M - 2m^3 + 3m^2 - m}{2M^3 + 3M^2 + 7M - 2m^3 + 3m^2 - 7m + 6},$$

$$F_\mathrm{C}(\xi_1) = \frac{6}{2M^3 + 3M^2 + M - 2m^3 + 3m^2 - m} \sum_{i=m}^{M} \left\{ \mathrm{erf}\left(\frac{i(\xi_1 - \xi_\mathrm{IN}) - \xi_\mathrm{IN} + \sigma}{2\sqrt{D_\mathrm{int}}} \right) \right\},$$

$$\sigma = \xi_\mathrm{IN} - 2\sqrt{D_\mathrm{int}} \, \mathrm{erf}^{-1}\left(\frac{C_\mathrm{m} - C_\mathrm{IN}}{C_\Delta H_\mathrm{C}(m, M)} \right)$$

$$H_\mathrm{C}(m, M) = \frac{2M^3 + 3M^2 - 5M - 2m^3 + 3m^2 + 5m - 6}{2M^3 + 3M^2 + 7M - 2m^3 + 3m^2 - 7m + 6}$$

を用いた。$M = n$ の条件下で物理的に十分大きい m に対して，式(A-6)は式(4-40)の解に一致する。

付録 4-B 解析解における物理定数の導出

$\tilde{D} = \tilde{D}(\xi_1), C = C(\xi_1)$ の停留変曲点の性質を利用して物理定数 $\xi_{IF}, D_{IF}, \xi_{IN}, C_{IN}, D_{int+}, D_{int-}$ を近似的に求める。この場合,近似方程式を近似解析することになり,解析手順は極めて複雑である。停留変曲点として近似するとき,原点 $\xi_1 = 0$ の極めて近傍の 3 つの変曲点を $\xi_1 = \xi_{IF}$ としたので,$\xi_{IF} = 0$ として近似する。式(4-39),(4-40)において,$a_0 = 1$ として成立する関係式

$$\mathrm{erf}(x) = \frac{2}{\sqrt{\pi}} \sum_{n=0}^{\infty} \frac{(-1)^n x^{2n+1}}{n!(2n+1)}, \quad \mathrm{erf}^{-1}(x) = \sum_{k=0}^{\infty} \left(\sum_{m=0}^{k-1} \frac{a_m a_{k-1-m}}{(m+1)(2m+1)} \right) \frac{1}{2k+1} \left(\frac{\sqrt{\pi}}{2} x \right)^{2k+1}$$

を用いて,次の近似式

$$C(\xi_{IF}) = C_{IN} + \frac{2s}{\sqrt{\pi}} C_\Delta, \quad \tilde{D}(\xi_{IN}) = D_{IF} - \frac{2s}{\sqrt{\pi}} D_\Delta \tag{B-1}$$

が得られる。ここで,$s = \xi_{IN}/2\sqrt{D_{int-}}$ である。近似式(4-36)に $\xi = \xi_{IF}$ と $\xi = \xi_{IN}$ を代入して

$$(C_{IF} - C_{IN})/(C_A - C_B) = (\ln D_{IF} - \ln D_{IN})/(\ln \tilde{D}_A - \ln \tilde{D}_B) \tag{B-2}$$

が成立する。式(B-1),(B-2)から

$$D_{IF} = (\tilde{D}_A - \tilde{D}_B)/(\ln \tilde{D}_A - \ln \tilde{D}_B)$$

が得られる。ここで得られた D_{IF} と式(B-1)を式(B-2)に適用して,近似式

$$\frac{D_\Delta}{D_{IF}} \frac{2s}{\sqrt{\pi}} = \ln \left(\frac{D_{IF}}{\sqrt{D_m^2 - D_\Delta^2}} \right) + \frac{D_\Delta}{D_{IF}} \frac{C_m - C_{IN}}{C_\Delta} \tag{B-3}$$

が成立する。式(4-39),(4-40)を式(4-36)に代入し,それを微分して $\xi_1 = \xi_{IF}$ で

$$\frac{D_{IF}}{D_{IN}} = \exp\left[\left\{ s + \mathrm{erf}^{-1}\left(\frac{D_m - D_{IF}}{D_\Delta} \right) \right\}^2 - \left\{ \mathrm{erf}^{-1}\left(\frac{C_m - C_{IN}}{C_\Delta} \right) \right\}^2 \right]$$

が得られる。これをさらに近似して

$$\frac{D_\Delta}{D_{IF}} \frac{2s}{\sqrt{\pi}} = \frac{\pi}{4} \left\{ \frac{2}{\sqrt{\pi}} s \left(\frac{2}{\sqrt{\pi}} s + 2 \frac{D_m - D_{IF}}{D_\Delta} \right) + \left(\frac{D_m - D_{IF}}{D_\Delta} \right)^2 - \left(\frac{C_m - C_{IN}}{C_\Delta} \right)^2 \right\} \tag{B-4}$$

となる。ここで,式(B-4)の{ }中の $(D_m - D_{IF})^2/D_\Delta^2 - (C_m - C_{IN})^2/C_\Delta^2$ が無視できるとき,

$$C_{IN} = C_m - C_\Delta (D_m - D_{IF})/D_\Delta$$

が得られる。同時に

$$\frac{D_\Delta}{D_{IF}} = \frac{\pi}{4} \left(\frac{2}{\sqrt{\pi}} s + 2 \frac{D_m - D_{IF}}{D_\Delta} \right) \tag{B-5}$$

が成立する。式(4-3)において $\xi_1 = \xi_{IN}$ とすれば,$\xi_1/2 + d\tilde{D}(\xi_1)/d\xi_1 = 0$ となる。この式に式(4-39)を代入して

$$s = -\frac{1}{\sqrt{D_{int-}}} \frac{d\tilde{D}(\xi_{IN})}{d\xi_1} = \frac{1}{\sqrt{\pi}} \frac{D_\Delta}{D_{int-}} \exp\left[-\left\{ s + \mathrm{erf}^{-1}\left(\frac{D_m - D_{IF}}{D_\Delta} \right) \right\}^2 \right] \tag{B-6}$$

が得られる。式(B-3),(B-5),(B-6)を近似解析して

$$D_{\text{int}-} = \sqrt{\tilde{D}_A \tilde{D}_B}, \quad \xi_{\text{IN}} = 2\sqrt{\tilde{D}_A \tilde{D}_B}\left(\sqrt{\tilde{D}_A} - \sqrt{\tilde{D}_B}\right)/\left(\sqrt{\tilde{D}_A} + \sqrt{\tilde{D}_B}\right)$$

が得られる。式(4-3)は $\xi_1 = 0$ で次式

$$\frac{dD}{d\xi_1}\frac{dC}{d\xi_1} + D_{\text{IF}}\frac{d^2 C}{d\xi_1^2} = 0 \tag{B-7}$$

となる。式(4-39)の $\xi_1 = +0$ における微分係数値と式(4-40)の $\xi_1 = -0$ における微分係数値を式(B-7)に代入して

$$D_{\text{int}+} = \left(\tilde{D}_A + \tilde{D}_B\right)/2$$

が得られる。

以上にかなり大胆な近似計算を行ったが、ここで得られた結果は図[4-3]、[4-4]に見られるように物理学的に有意であるだけでなく、数学的に $D = D_0$ の場合をも含む極めて妥当なものである。

■[余談]

科学現象に対してそのモデルとして方程式で記述する場合、当該現象と方程式は厳密に対応している訳ではない。そこで、近似解析を実際に遂行した者として、科学現象を解析する上で、近似解析の現実問題を報告しておくことにしたい。

上記の[付録4-A]に関しては、近似解析とはいっても1つの微分方程式の解析であり、解析について近似方程式の組み合わせを検討する必要はなく、近似の精度に留意すればよい。事実、[付録4-A]の結果を導出するのに要した時間は1週間足らずであったと記憶している。

一方、[付録4-B]の結果を導出するのに2年近くの月日を要した。その根拠は以下の通りである。

式(3-69)の解析についても述べたように、近似方程式の近似解析をする場合、一般に最終的に得られる解は方程式の解析手順に依存する。[付録4-B]での近似解析は、物理的考察から $\xi_{\text{IF}} = 0$ を採用しても、残り5本の連立方程式を解析することになる。一般に5本の連立方程式から、最初にどの方程式を用いるか5通りあり、次に5コの未知数からどの未知数を消去するか5通りあり、近似解析であるが故に解析結果は各手順に依存するので、第一段階で25通りの解析手順が存在することになる。したがって、最終的には $\prod_{k=1}^{5} k^2 = 14400$ 通りの解析手順が存在することになる。

さらに、各計算過程における近似精度をも最終的な解析結果に影響することを勘案すれば、気の遠くなるような話である。

第5章　拡散方程式に関する座標系の議論

§5-1　静止座標系と運動座標系
§5-2　相互拡散現象に対応する筏の力学モデル
§5-3　束縛条件下での相互拡散方程式
§5-4　相互拡散における拡散流速の意味
§5-5　拡散粒子のジャンプ機構

物質中でのBrown粒子は，当該Brown粒子近傍の拡散場（溶媒粒子）と相互作用をして拡散領域でランダム運動をする。その根拠は，式(2-41)に示されているように質量mのBrown粒子は拡散係数$D_0 \geq \hbar/4m$を満たすジャンプ頻度を有しているからである。この場合，Brown粒子と拡散場の運動に伴って拡散系内の空間（拡散領域空間）も一般に移動することになる。拡散系が孤立系であれば，拡散系内の質量中心は物理的に不動であるが，拡散系に外力が作用していれば質量中心は初期状態から移動することになる。したがって，拡散系外から観測すれば，拡散場におけるBrown粒子の挙動は相当に複雑なものである。

　拡散の基本方程式は，拡散方程式に含まれる拡散係数の定義から拡散場に座標原点を設定したものであり，拡散系外の静止点に対して一般には運動座標系となる。一方，拡散系外で観測された実験結果である濃度プロファイルは静止座標系表示のものとなる。したがって，拡散理論には座標系間の議論が必要不可欠である。

　前章までは，与えられた拡散方程式について数学的な解析問題を議論してきた。しかしながら，現実に拡散実験を理論解析する場合は，上述したように拡散方程式の座標系設定に関する議論が必要不可欠であり，本章では以下で拡散方程式の座標系設定に関する議論をする。

§5-1　静止座標系と運動座標系

　式(1-48)で記述される拡散問題では，拡散機構をはじめ，拡散場に関する重要な物理的情報は拡散係数に組み込まれている。実験によって拡散係数を直接測定できる方法はないので，拡散方程式を解析して求めることになる。または，拡散係数は単一ミクロ粒子の挙動を意味しており，§2-4で議論されているように，量子力学での当該拡散場における少数多体系の問題として数理解析をして求めることになる。

　物理学的な状態量である熱量の移動に伴う温度分布の挙動を表したFourierの熱伝導方程式を物理学的な実体であるミクロ粒子の移動に伴う濃度分布の挙動に適用した拡散方程式には，物理学的な状態量と実体量の相異を勘案すれば，当該拡散場の座標系設定についての議論が必要である。

　拡散現象を理解する上で，拡散方程式の座標系設定の議論は必要不可欠である。したがって，座標系の設定に伴う静止座標系と運動座標系に関する座標変換の議論は本書で中核をなす議論の1つである。そこで，拡散方程式に比して視覚的に把握し易い波動方程式について，以下でよく知られた座標系間で生じる物理現象の事例を述べる。

(1) 波動方程式の座標変換

　静水に石を投げると，石の落下点を中心に水面に波紋が同心円状に広がる。このとき，波動の伝搬は水分子の上下運動の連鎖の結果として生じる。波動の挙動は落下点を座標原点とすれば，中心波として静止座標系で表される。また，流水の場合は，流水外の静止点から見ると，

その形状は中心波にはならないが，落下点を原点とした運動座標系で波動現象を記述すれば，運動座標系での中心波となる。

　一方，等方的な静止空間で静止している点音源から発せられた音波は音源を中心に球対称に広がる。このとき，音波の伝搬は，空間を構成している物質の伝搬方向への圧縮・膨張の連鎖の結果として生じる。このとき，音波の挙動は，点音源を座標原点とすれば，球面波として静止座標系で表される。点音源が運動しているときは，静止空間の1つの基準点を原点とした静止座標系では球面波にはならないが，点音源を座標原点とした運動座標系では球面波となる。このとき，波動方程式の静止座標系と運動座標系間のShiftはDoppler効果として認識されている。

　波動は物理学的な状態量であるが，水面波は物理学的な実体としての水分子が波動の進行方向に垂直に上下運動することで生じ，横波と言われる。一方，音波は物理学的な実体としての空間を構成している物質が波動の進行方向に圧縮・膨張運動することで生じ，縦波と言われる。

　物理学的な実体としての物質の運動が波動の進行方向に垂直であるか平行であるかには無関係に横波でも縦波でも数学的な表現は三角関数として表される。その根拠は，物質の運動状態が角速度 ω として共通の微分方程式

$$\frac{d^2x}{dt^2}=-\omega^2 x$$

で表される単振動をしているからである。

　以上に述べた事例で分かるように，物理学的な状態量の挙動は物理学的な実体の運動そのものとは必ずしも一致していないのである。

(2) 拡散方程式の座標変換

　上述したように，拡散の基本方程式(1-48)の座標系は当該拡散場（溶媒）の中に設定されていることになる。したがって，対流が存在する流体中での拡散問題や相互拡散問題のように拡散系外の静止座標系の原点に対して拡散領域空間や拡散場が運動しているときは，拡散場に設定した拡散方程式の座標系は運動座標系となる。一方，実験で得られる結果は一般に当該拡散系外の静止座標系によるものである。次章で明らかにされるように，拡散方程式に関する静止座標系表示と運動座標系表示とのShiftは波動方程式でのDoppler効果に対してKirkendall効果として理解される。

　拡散系外の静止座標系の原点に対して拡散場が運動している場合，運動座標系表示の拡散方程式を解析した結果は一般に実験結果に一致しないことになる。さらに，エネルギー最小の原理とエントロピー増大の法則が拮抗する熱平衡状態になるように，拡散領域空間が拡散系外の空間と相互作用していることを考慮すれば，一般には拡散系外の基準点に対して拡散領域空間も運動している。そこで，拡散場の拡散方程式を解析した結果を実験結果に対比するためには，基本的に座標系間の変換が必要不可欠となる。ここでの議論は複雑なものであるので，湖上に浮かぶ筏の運動を相互拡散現象に対応する力学モデルとして座標系の設定に関する問題を以下で議論する。

§5-2　相互拡散現象に対応する筏の力学モデル

筏が湖岸に対して湖面が静止している湖上に静止状態で浮かべられているとする。図[5-1]に示されているように，長さl，幅w，質量Mの長方形の形状をした筏の対角線の交点を点Qとする。このとき，点Qを原点$\tilde{x}=0$として，筏の長さl方向に平行に$\tilde{x}$軸を設定する。なお，点Qを通り$\tilde{x}$軸に垂直な直線と湖岸の交点を点Rとする。このとき，点Rを原点$\xi=0$として$\tilde{x}$軸に平行にξ軸を設定する。

初期状態の時刻$\tilde{t}=0$で静止している筏上で，$\tilde{x}=0$に静止していた質量m_Aの人Aと質量m_Bの人Bが$0<\tilde{t}\leq\tilde{t}_D$で湖岸に対して任意の速度$v_{RA}$と$v_{RB}$で互いに逆方向に筏上で運動している場合を想定する。ただし，両者は$\tilde{t}=\tilde{t}_D$で点Qに対して静止する。

人が相互に運動しているとき，筏と人を1つの物理系として考えれば，この物理系には座標軸方向に外力が作用していないので，この物理系全体の質量中心(重心)は不動である。人が運動することで物理系の質量中心はこの物理系内で移動するので，物理系全体が不動であるためには，物理系外に対して質量中心が初期状態の質量中心の位置から変動しないように筏は湖岸に対して移動する。換言すれば，物理系が運動量保存則を満たすように，筏は湖岸に対して速

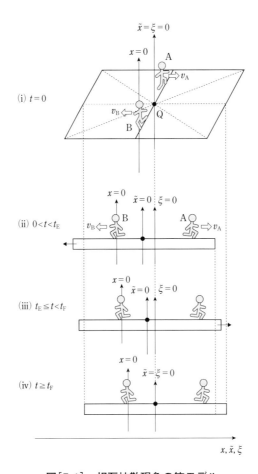

図[5-1]　相互拡散現象の筏モデル

度 V_R で移動する.この場合,筏に対する湖水の抵抗力が無視できれば,速度をベクトル表示として運動量保存の関係式

$$(M+m_A+m_B)V_R + m_A v_{RA} + m_B v_{RB} = 0 \qquad (5\text{-}1)$$

が成立する.このとき,質量 m_A と m_B の人の点 Q に対する速度を v_{QA}, v_{QB} とすれば,

$$\begin{cases} v_{QA} = v_{RA} - V_R = \dfrac{Mv_{RA} + 2m_A v_{RA} + m_B v_{RA} + m_B v_{RB}}{M + m_A + m_B} \\ v_{QB} = v_{RB} - V_R = \dfrac{Mv_{RB} + 2m_B v_{RB} + m_A v_{RB} + m_A v_{RA}}{M + m_A + m_B} \end{cases},$$

となる.

一方,質量 m_A の人と質量 m_B の人との相対運動に関して,初期状態の人 B の重心を点 P として,点 P を原点 $x=0$ とする x 軸を $\tilde{x}$ 軸および ξ 軸に平行に設定する.この場合,人 B に対する人 A の相対速度 v_{BA} とすれば,

$$v_{BA} = v_{QA} - v_{QB} = v_{RA} - v_{RB}$$

となり,どの座標系から見ても同じである.

上述の座標軸 $\tilde{x}, \xi, x$ について,初期状態 $\tilde{t} = \tau = t = 0$ のとき $\tilde{x} = \tau = x = 0$ として座標系 $(\tilde{t}, \tilde{x})$, (τ, ξ), (t, x) を設定する.人 A の $0 < \tilde{t} \leq \tilde{t}_D$ 間の点 Q, R, P からの移動距離 l_{QA}, l_{RA}, l_{PA} を求めると,この間における筏の移動距離

$$L_R = \int_0^{t_D} V_R d\tau = -\int_0^{t_D} \frac{m_A v_{RA} + m_B v_{RB}}{M + m_A + m_B} d\tau$$

として,

$$\begin{cases} l_{QA} = \displaystyle\int_0^{t_D} v_{QA} d\tau = \int_0^{t_D} v_{RA} d\tau - L_R \\ l_{RA} = \displaystyle\int_0^{t_D} v_{RA} d\tau = l_{QA} + L_R \\ l_{PA} = \displaystyle\int_0^{t_D} v_{PA} d\tau = \int_0^{t_D} (v_{RA} - v_{RB}) d\tau \end{cases} \qquad (5\text{-}2)$$

となる.式(5-2)の l_{PA} は人 A と B の相対運動の微分方程式を解析して得られる結果である.一方,l_{RA} は湖岸の静止点 R から直接人 A の運動を見たときの運動方程式を解析して得られる結果である.したがって,これらの結果について,その関係を把握するためには筏の運動を考慮することが必要不可欠である.

さて,$\tilde{t}_D \leq \tilde{t} \leq \tilde{t}_F$ に湖水がある流速 v で筏を初期状態の位置まで移動させ,$\tilde{t} > \tilde{t}_F$ においては湖水に流速はなく,筏は初期状態の位置に静止し続けている場合を想定する.この筏の移動に伴って,物理系の質量中心は

$$-L_R = \int_0^{t_D} \frac{m_A v_{RA} + m_B v_{RB}}{M + m_A + m_B} d\tau$$

だけ v 方向に移動することになる.

以上に述べた物理系の運動を相互拡散問題に対応させると，座標系設定の概念としては，筏モデルでの人AとBを拡散粒子と溶媒粒子に対応させて，筏は拡散領域空間に対応させることになる。換言すれば，拡散の基本方程式は点Pに対応した拡散場に座標原点を設定した座標系(t,x)で表されたものである。一方，拡散系外で観測する実験結果は点Rに対応した拡散系外に設定した座標系(τ,ξ)表示に相当する。したがって，相互拡散問題を把握するためには，拡散領域空間に設定した座標系$(\tilde{t},\tilde{x})$を介して，座標系(t,x)と座標系(τ,ξ)の関係を議論することが必要不可欠である。

　上述の議論を相互拡散問題に対応させると，拡散領域空間は質量を有しないので，式(5-1)で$M=0$として質量が無視できる筏を想定すれば，この筏の速度をV_Gに書き換えて，$0 \leq \tilde{t} \leq \tilde{t}_D$における筏の移動距離は

$$L_G = \int_0^{t_D} V_G d\tau = -\int_0^{t_D} \frac{m_A v_{RA} + m_B v_{RB}}{m_A + m_B} d\tau$$

となる。したがって，この物理系の質量中心は$\tilde{t}_D \leq \tilde{t} \leq \tilde{t}_F$に

$$-L_G = \int_0^{t_D} \frac{m_A v_{RA} + m_B v_{RB}}{m_A + m_B} d\tau \tag{5-3}$$

だけ初期状態から移動することになる。

　上述の$\tilde{t}_D \leq \tilde{t} \leq \tilde{t}_F$における筏と流水の挙動は，相互拡散問題では拡散領域空間と拡散系外の自由空間が相互作用して，拡散系が熱平衡になることに対応している。このことは，当該物理系が二律相反するエントロピー増大の法則とエネルギー最小の原理が拮抗する熱平衡状態になる自然の摂理によるものである。

§5-3　束縛条件下での相互拡散方程式

　高温で拡散処理をすると，拡散試料が形状変化することが考えられる。しかしながら，拡散方程式は，低温でも拡散時間を十分大きくすれば，中高温での拡散処理の結果と同一であることを示唆している。現実の拡散実験では，時間的な効率を考慮して拡散試料の形状変化が無視できる程度の温度範囲で拡散処理が行われている。

　図[5-2]は，成分原子I, IIからなる断面が一様な合金棒Aと形状が全く同一で成分原子I, IIの成分比だけが異なる合金棒Bを滑らかに接合した拡散対における2元系相互拡散現象を示したものである。この場合，初期状態における任意の試料断面上に存在する原子総数は一定値C_0であると想定されるので，C_0で規格化した試料Aの成分原子濃度を$C_A^I, C_A^{II}(=1-C_A^I)$，試料A中での各成分原子の拡散係数を$D_A^I, D_A^{II}$とする。同様に，試料B中での各成分原子濃度および拡散係数を$C_B^I, C_B^{II}(=1-C_B^I), D_B^I, D_B^{II}$とする。この場合，筏モデルに対応して，拡散方程式の座標系原点を以下のように設定する。

　拡散粒子または溶媒粒子集団の質量中心を想定すれば，試料AとBの接合界面上での成分原子$j(=\text{I or II})$の初期濃度C_K^jは

$$C_K^j = \left(C_A^j + C_B^j\right)/2 \tag{5-4}$$

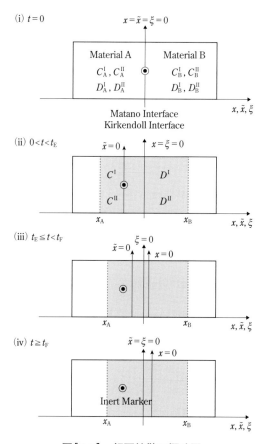

図[5-2] 相互拡散の概略図

と定義して物理的に問題がないと考える。この場合，初期接合界面上における溶媒粒子の質量中心である点 P に座標軸の原点 $x=0$ を設定して，初期接合界面に垂直に x 軸を設定する。また，初期接合界面の空間の 1 点 Q を座標軸の原点 $\tilde{x}=0$ として x 軸に平行な $\tilde{x}$ 軸を設定する。さらに，初期状態における直線 $x=0$ 上の拡散系外の 1 点 R を座標軸の原点 $\xi=0$ として x 軸に平行に ξ 軸を設定する。以下での議論では，時空 (t,x), $(\tilde{t},\tilde{x})$, (τ,ξ) について $t=\tilde{t}=\tau=0$ のとき，$x=\tilde{x}=\xi=0$ とする。

拡散対設定に当たり，$C_A^I > C_B^I$ を満たすようにしても解析学的な一般性を失うことはない。この場合，$0<t \leq t_D$ 間で試料 A(B) から試料 B(A) に向って成分原子 I(II) が互いに初期接合界面を通過して拡散進行することになる。このとき，図[5-2]に示されているように，任意の時刻 t における拡散領域を $x_A \leq x \leq x_B$ とする。領域 $x_A \leq x \leq x_B$ での各成分原子濃度および拡散係数は時空に依存することになり，それらを C^I, C^{II}, D^I, D^{II} とする。上述したように，拡散領域での拡散試料の形状変化が無視できるとき，関係式

$$C^I + C^{II} = 1 \tag{5-5}$$

が座標系に無関係に成立する。

領域 $x_A \leq x \leq x_B$ での拡散現象の基本方程式は，拡散係数が拡散場（溶質）との相互作用に直接

依存しているので，座標系(t,x)で記述したものである．したがって，各成分の拡散方程式は式(1-48)から

$$\begin{cases} \partial_t C^{\mathrm{I}}(t,x) = \partial_x \{D^{\mathrm{I}} \partial_x C^{\mathrm{I}}(t,x)\} \\ \partial_t C^{\mathrm{II}}(t,x) = \partial_x \{D^{\mathrm{II}} \partial_x C^{\mathrm{II}}(t,x)\} \end{cases} \tag{5-6}$$

となる．式(5-6)は独立な微分方程式ではなく，式(5-5)を束縛条件として解析しなければならないので，数学的には連立微分方程式を解析することになる．

式(5-6)から得られる

$$\partial_t \{C^{\mathrm{I}}(t,x) + C^{\mathrm{II}}(t,x)\} = \partial_x \{D^{\mathrm{I}} \partial_x C^{\mathrm{I}}(t,x) + D^{\mathrm{II}} \partial_x C^{\mathrm{II}}(t,x)\}$$

に式(5-5)を代入すると，

$$\partial_x \{(D^{\mathrm{I}} - D^{\mathrm{II}}) \partial_x C^{\mathrm{I}}(t,x)\} = 0 \tag{5-7}$$

が成立する．式(5-7)はt,xに関する偏微分方程式であるので，数学的にはtの関数を$f(t)$として次式

$$(D^{\mathrm{I}} - D^{\mathrm{II}}) \partial_x C^{\mathrm{I}}(t,x) = f(t) \tag{5-8}$$

が成立することを意味する．式(5-8)が恒等式として物理的に成立するためには，$D^{\mathrm{I}} = D^{\mathrm{II}}$が微分方程式の中で成立していることになる．相互拡散専門分野で相互拡散係数$\tilde{D}$と称されているように，微分方程式の中で相互拡散係数を

$$\tilde{D} = D^{\mathrm{I}} = D^{\mathrm{II}} \tag{5-9}$$

として定義する．

式(5-9)を式(5-6)に代入すれば，微分演算子

$$L = \partial_t - \partial_x \tilde{D} \partial_x \tag{5-10}$$

として，$j = \mathrm{I}$または$j = \mathrm{II}$とすれば，領域$x_{\mathrm{A}} \leq x \leq x_{\mathrm{B}}$での拡散方程式(5-6)は

$$LC^j = \{\partial_t - \partial_x \tilde{D} \partial_x\} C^j = 0 \tag{5-11}$$

となる．この場合，成分I, IIに関する拡散方程式は同一の微分演算子で表されることになり，式(5-11)の一般解は数学的に同一である．したがって，添字jの意味はなくなり，これを取り除いて拡散方程式

$$\partial_t C = \partial_x \{\tilde{D} \partial_x C\} \tag{5-12}$$

として表す．領域$x_{\mathrm{A}} \leq x \leq x_{\mathrm{B}}$における成分I, IIに共通な式(5-12)の一般解は，放物空間において式(4-39), (4-40)として，前章ですでに求められている．

なお，式(5-5), (5-9)を考慮して，式(5-12)を各成分について記述すると，

$$\partial_t C^j = \partial_x \{D^j \partial_x C^j\}$$

となる．ここで，拡散流束を$J^j = -D^j \partial_x C^j$とすれば，

$$J^{\mathrm{I}} + J^{\mathrm{II}} = -D^{\mathrm{I}}\partial_x C^{\mathrm{I}} - D^{\mathrm{II}}\partial_x C^{\mathrm{II}} = -\tilde{D}\partial_x\{C^{\mathrm{I}} + C^{\mathrm{II}}\} = 0 \qquad (5\text{-}13)$$

が微分方程式の中で成立する。

§5-4　相互拡散における拡散流束の意味

図[5-2]に示した拡散系において，拡散領域 $x_{\mathrm{A}} \leq x \leq x_{\mathrm{B}}$ での各成分の拡散係数は，極めて特殊な場合を除いて，当然，互いに異なり，

$$D^{\mathrm{I}} \neq D^{\mathrm{II}} \qquad (5\text{-}14)$$

が成立しなければならない。このことは，一見して式(5-9)と矛盾するように考えられるが，式(5-9)は微分方程式の中で成立すると明記している。換言すれば，式(5-12)の一般解として求めた拡散係数の表式(4-39)には，各成分共通の初期・境界値として，任意の物理定数値 $\tilde{D}_{\mathrm{A}}, \tilde{D}_{\mathrm{B}}$ が採用されている。当然，微分方程式の中では，積分定数としての物理定数値 $\tilde{D}_{\mathrm{A}}, \tilde{D}_{\mathrm{B}}$ は現実的な意味を有しない。事実，物理定数値 $\tilde{D}_{\mathrm{A}}, \tilde{D}_{\mathrm{B}}$ に具体的な初期・境界値として $D_{\mathrm{A}}^{\mathrm{I}}, D_{\mathrm{A}}^{\mathrm{II}}, D_{\mathrm{B}}^{\mathrm{I}}, D_{\mathrm{B}}^{\mathrm{II}}$ を適用して，図[4-3]に実験結果に一致して拡散係数が示されている。

以上の議論から，数学的な一般解に当該拡散系の初期・境界値を適用した物理解で表した拡散流束間には，

$$J^{\mathrm{I}} + J^{\mathrm{II}} = -D^{\mathrm{I}}\partial_x C^{\mathrm{I}} - D^{\mathrm{II}}\partial_x C^{\mathrm{II}} \neq 0 \qquad (5\text{-}15)$$

が成立する。拡散史において，数学的な一般解を用いた関係式(5-13)と物理解を用いた関係式(5-15)との相異に気付かなかったことに起因して，その当時，Kirkendall 効果を理解するために新たな概念として固有拡散係数を想定したのである。ここでの詳細については，[付録6-A]を参照されたい。

上述の式(5-13)，(5-15)に示した拡散流束については，便宜上 Fick の第1法則を適用したが，Gauss の発散定理にしたがえば，

$$J(t,x) = -D\frac{\partial}{\partial x}C(t,x) + J(t) \qquad (1\text{-}52)$$

が数学的には成立する。ここで，$J(t)$ は拡散系外から見た拡散領域空間の挙動を意味する。これは，筏モデルにおいて，湖岸から筏の運動を観察していることに対応している。したがって，拡散系内での座標系で表した拡散流束では $J(t)=0$ と考えられる。しかしながら，$J(t)$ には $J(t) \to J(t) + J_{\mathrm{eq}}$ としての物理定数 J_{eq} が含まれていると考えるべきである。その根拠は濃度勾配ゼロの熱平衡状態や純物質中でも Brown 粒子がランダム運動していることに疑いの余地はないからである。

以上の議論から，拡散の基本方程式に関する拡散流束は

$$J(t,x) = -D\frac{\partial}{\partial x}C(t,x) + J_{\mathrm{eq}} \qquad (5\text{-}16)$$

として，局所空間における Brown 粒子の固有拡散流束 J_{eq} を考慮して，Fick の第1法則を再定義する必要がある。

以上に座標系(t,x)における拡散の基本方程式について議論した．次章では，図[5-2]に示された拡散系について，座標系$(\tilde{t},\tilde{x})$, (τ,ξ)での拡散方程式を用いて具体的に相互拡散問題を議論する．

§5-5　拡散粒子のジャンプ機構

　数学的には，物質中の拡散粒子の物理的な挙動は拡散方程式の拡散係数に取り入れられている．拡散係数には，拡散粒子のジャンプ方向をも組み込まれている．したがって，拡散場としての物質が結晶構造を有するときは，拡散係数は結晶構造に影響されることになる．その場合，結晶構造に起因して拡散係数Dに方向依存性が生じることになり，拡散係数はベクトル$|D\rangle = (D_x, D_y, D_z)^\dagger$として拡散方程式に取り入れられることになる．したがって，拡散方程式の座標系設定には拡散場の結晶構造を考慮する必要がある．

　歴史的には，拡散係数に関連して，とりわけ固体結晶中における幾つかの拡散機構が想定されてきた．固体結晶には，固体を構成する原子の原子価や原子間の相互作用に応じて，シリコンのような共有結合結晶，鉄や銅のような金属結合結晶，食塩のようなイオン結合結晶などがあり，さらにそれぞれの原子配列には面心立方格子，体心立方格子や最密六方格子などの結晶構造がある．

　拡散粒子はこれらの結晶中を最近接位置へのジャンプ連鎖の結果として拡散進行することになる．この場合，拡散の進行過程は複雑なものとなり，様々なモデルが提唱されてきた．現実には，単一拡散機構ではなく，これら複数のモデルの混成された状況で拡散が進行していると考えられる．

　数学的には，拡散場からの拡散粒子への総合的な作用は拡散係数に組み込まれているが，拡散方程式を解析することで拡散機構の問題を直接議論することはできない．したがって，物理学的に拡散機構について考察することは有意であり，以下で代表的な拡散機構について述べる．

(1) 格子間型拡散機構

　拡散粒子が母結晶格子の間隙を移動する場合で，母結晶格子の最近接原子間を通過するためには，熱エネルギーのゆらぎによってエネルギー障壁を越えなければならない．この拡散機構は，鉄中の水素原子の拡散のように，拡散粒子の原子サイズが母結晶原子のサイズよりも小さい場合に考えられる．

(2) 空孔型拡散機構

　この拡散機構は，拡散粒子が母結晶の空格子点へのジャンプ移動の連鎖によって拡散進行するものであるが，この場合でも拡散粒子は空格子点へ移動して置換位置を占めるためにはエネルギー障壁を越えなければならない．また，拡散が進行するためには拡散粒子近傍に空孔が存在していることが必要となる．K効果として明らかにされたように，金属合金中の金属原子は空孔型機構で拡散する場合が多い．この場合，金属合金中の原子と空孔の位置交換によって原

子と空孔は相互に逆方向に拡散進行する．一般にこの拡散機構は，拡散粒子が母結晶原子のサイズと同等またはそれよりも大きい場合に考えられる．

(3) 準格子間型拡散機構

シリコン結晶は融液よりも固体の方が密度の小さい稀少な単体であるが，正規の格子位置にあるシリコン原子が微小変位することで，固有点欠陥としての自己格子間シリコン原子と空孔を対生成することが知られている．また，シリコン結晶中では対生成された自己格子間原子と空孔は熱的に対消滅をする．この対生成消滅欠陥を Frenkel 欠陥という．

拡散粒子は空孔を介して拡散進行するが，上述の空孔機構とは異なり，拡散粒子と空孔は Coulomb 力による相互作用によって同一方向に対拡散すると考えられている．自己格子間原子も空孔と同様に拡散粒子の拡散に関与することが知られている．この自己格子間原子の関与する拡散が準格子間型機構である．この拡散機構は，格子間位置に存在している拡散粒子が格子位置に存在している母結晶原子を格子間位置に押し出して格子位置を占める．その後，このとき点欠陥として生じた自己格子間原子が格子位置を占めている拡散粒子を再び格子間に押し出す．この位置交換の連鎖として，拡散粒子は拡散進行することが可能となる．したがって，シリコン中の拡散粒子は空孔機構と準格子間機構の 2 重機構によって拡散進行すると考えられている．

(4) 直接交換型拡散機構

この拡散機構は，単純に近接 2 原子が同時に移動して位置交換をするものであるが，同時に位置交換するためには物理学的にエネルギー障壁が大きく，実現する可能性は小さいと考えられる．

(5) 間接交換型拡散機構

この拡散機構は別名リング機構とも称され，複数の原子が同時にリング状に回転することで位置交換するものである．この機構も実現する可能性は小さいと考えられる．

以上に，代表的な拡散機構について述べたが，その他の機構も考えられてはいるが，本書では応用数学的な視点から拡散現象を考察することを目的としている．したがって，拡散機構の詳細については他書に譲ることにしたい．

第6章　典型的な相互拡散問題の解析

§6-1　2元系の相互拡散問題

§6-2　拡散方程式と座標系の問題

§6-3　Kirkendall 効果

§6-4　拡散問題の統一理論

§6-5　N元系の相互拡散

付録 6-A　2元系相互拡散におけるDarken 式の問題

付録 6-B　拡散流速とDriving Force

> 異なる成分のBrown粒子が相互作用をしながら共にランダム運動している場合，Brown粒子の集団挙動を相互拡散と言う．具体的には，実用的な目的から2成分系の合金に関する数多くの拡散実験が行われ，豊富な実験結果が集積されている．そこで，典型的な2元系金属合金の相互拡散について，拡散方程式の解析方法を論じる．前章の座標変換の議論にしたがってKirkendall効果(K効果)や拡散問題の統一理論が合理的に論述されている．さらに，N元系の相互拡散問題が合理的に議論されている．

§6-1 2元系の相互拡散問題

固体結晶中でのミクロ粒子間の相互作用は，拡散場の状況，拡散粒子と溶媒粒子の濃度差，濃度勾配や結晶欠陥の生成消滅，ケミカル・ポテンシャルなどに影響される．現実問題としては，転位，ボイドや結晶粒界の存在，また金属間化合物の形成などが拡散場に影響を与える．これらの問題の中には非線形効果として拡散方程式に取り入れなければならないものもある．ここでは，式(1-48)が適用できる拡散現象の基礎理論を論じているので，2元系合金の相互拡散系は理想的な全率固溶体を形成するものとする．したがって，以下の議論では，拡散の基礎問題として理想的な相互拡散問題を対象としており，現実的な拡散各論の問題は想定していない．

以下の解析において，拡散処理前後で拡散進行方向に垂直な任意の結晶断面上で原子の存在できる格子点数は任意の時刻において近似的に一定であり，拡散対の形状変化が無視できる条件下にあり，拡散領域において式(5-5)が成立するとする．

前章の図[5-2]に示した拡散系について，拡散領域 $x_A \leq x \leq x_B$ における拡散現象を議論する．金属材料系の分野では，座標系 $(\tilde{t}, \tilde{x})$ の原点 Q を含む断面を Kirkendall 界面(K界面)，座標系 (t, x) の原点 P を含む断面を Matano 界面(M界面)と称している．座標系 $(\tilde{t}, \tilde{x})$ の原点 Q に対する座標系 (t, x) の原点 P の速度を v_{QP} とする．また，拡散系外の静止座標系 (τ, ξ) の原点 R に対するM界面の速度を v_{RP} およびK界面の速度を v_{RQ} とする．この場合，相互拡散問題では座標系間に速度の関係式

$$v_{RP} = v_{RQ} + v_{QP} \tag{6-1}$$

が物理的に成立することになる．

拡散方程式に含まれる拡散係数は単一拡散粒子と溶媒粒子の相互作用に起因したものであるので，拡散方程式は座標系 (t, x) で記述したものが基本方程式である．したがって，座標系 $(\tilde{t}, \tilde{x}), (\tau, \xi)$ で記述する必要がある場合は座標変換をしなければならない．後述するK効果とは，拡散系外の静止座標系から見たK界面の移動が不活性マーカーによって可視化されたものであり，数理物理学的には，波動方程式に関する座標系間のShift効果であるDoppler効果に対応したものである．

拡散流束を意味するFickの第1法則は，静止座標系におけるマクロな観察では，濃度の大きい方から濃度の小さい方に拡散が進行して，濃度勾配ゼロの平衡状態に到達するように見える．しかしながら，拡散現象は濃度勾配によって生じるものではなく，拡散粒子のランダム運

動の結果として濃度差は緩和される。

§1-3で拡散方程式が拡散流束に無関係に確率微分方程式から導出されたように，ミクロな世界では，拡散粒子の微小有効距離(近接原子間隙位置)へのランダムなジャンプ連鎖の結果として濃度差は緩和されていく。この拡散粒子の微小有効距離ジャンプは，熱力学的なエネルギーのゆらぎに起因したもので，拡散粒子の熱運動の結果である。このように，式(1-48)にはミクロな世界での情報が放物線則として組み込まれている。

一方，Fickの拡散流束の関係式(1-47)はマクロな世界での濃度勾配に比例しているが，濃度勾配ゼロでもミクロ粒子の拡散現象は生じており，この意味で式(1-47)は不完全である。したがって，式(5-16)に関連して議論したように，式(1-47)にもミクロな世界の情報を取り入れなければならない。さらに，当該拡散系の状況に応じて，初期・境界条件から拡散流束について静止座標系表示または運動座標系表示にするか検討しなければならない。

式(1-48)が規格化濃度を用いて表されているとき，式(1-47)を数学的に検討すると，式(1-47)の$|J(t,x,y,z)\rangle$を

$$|J(t,x,y,z)\rangle = -D|\nabla C(t,x,y,z)\rangle + |J_0(t)\rangle + |J_{eq}\rangle \tag{6-2}$$

としても，$\langle\tilde{\nabla}|J_0(t)\rangle + \langle\tilde{\nabla}|J_{eq}\rangle = 0$であるので，物質保存則として式(1-48)は成立する。換言すれば，数学的には，拡散流束$|J_0(t)\rangle + |J_{eq}\rangle$は式(1-48)の右辺の空間積分に関する積分定数である。物理学的には，$|J_0(t)\rangle$は後述するように，拡散系外から見たミクロホールの移動に伴う拡散領域空間の拡散流束を意味し，前章で述べた湖岸に対する筏の移動に対応したものである。それは，相互拡散現象を理解する上で極めて重要な役割を演じるが，拡散粒子のランダム運動には直接関係しないので，拡散系内の座標系では$|J_0(t)\rangle = 0$である。また，$|J_{eq}\rangle$は拡散粒子固有の局所空間における時空に依存しない固有拡散流束であり，濃度勾配ゼロの熱平衡状態における拡散現象を理解する上で必要不可欠な概念である。

当然のことながら，$|J_0(t)\rangle$は，拡散場の運動に関係しており，拡散系外の座標系表示では当該拡散系の初期・境界条件に応じて決定されるべき物理量である。以上に，空間依存性のない拡散流束が拡散系に含まれていてもFickの第2法則は保存則として成立することが明らかにされた。

上述したように，拡散方程式に含まれる拡散係数は単一拡散粒子と拡散場との相互作用として定義されている。したがって，拡散場が静止していれば拡散方程式は静止座標系表示であり，拡散場が運動していれば運動座標系表示となる。一方，実験結果は拡散系外の静止座標系で測定されたものである。したがって，運動座標系表示の拡散方程式の解析結果を実験結果と比較するためには静止座標系への座標変換の措置が一般には必要である。基本的には，Fickの第2法則を静止座標系の微分方程式に座標変換して，物理的な意味を把握しておく必要がある。何故ならば，座標変換に関連して，式(6-2)で表された広義拡散流束は拡散の基礎問題を理解する上で極めて重要な役割を果たすからである。

§6-2　拡散方程式と座標系の問題

　以下の2元系相互拡散問題では，式(1-48)で表されたFickの第2法則に対応する拡散流束として式(6-2)を用いて，図[5-2]に示した金属結晶板からなる拡散対について相互拡散理論を展開する。その理由は，金属合金に関する豊富な実験事実が集積されているからである。換言すれば，数学的な解析結果を物理系として金属合金に関する実験結果に対比して議論しても，数学的な一般性を失うことはないからである。なお，物質の種類，構造やその熱力学的な状態を問わず，任意の物質におけるN元系の相互拡散に関する一般論を§6-5で論じることにする。

　§5-3で論じたように，相互拡散では拡散場が運動しており，拡散場に座標系を設定した座標系(t,x)の拡散の基本方程式を拡散領域空間に設定した座標系$(\tilde{t},\tilde{x})$および拡散系外に設定した座標系(τ,ξ)に座標変換して拡散現象を検討する。その場合，座標系(t,x), $(\tilde{t},\tilde{x})$, (τ,ξ)の原点P, Q, Rに対応して，拡散領域での当該座標に関係した物理量に対して，以下で添え字P, Q, Rを用いることにする。

(1) 濃度および相互拡散係数の境界値

　図[5-2]に示した拡散領域の境界面$x=x_A$および$x=x_B$は，拡散時間の経過とともに移動するが，拡散領域界面$x=x_A$および$x=x_B$では，拡散粒子jの濃度は物理的に

$$C^j(t,x_A)=C_A^j, \quad C^j(t,x_B)=C_B^j$$

として初期濃度C_A^j, C_B^jに一致していると考えられる。さらに，初期状態では座標系(t,x), $(\tilde{t},\tilde{x})$, (τ,ξ)の原点は一致しているので，座標系$(\tilde{t},\tilde{x})$, (τ,ξ)での濃度の境界値は

$$C^j(\tilde{t},\tilde{x}_A)=C^j(\tau,\xi_A)=C_A^j, \quad C^j(\tilde{t},\tilde{x}_B)=C^j(\tau,\xi_B)=C_B^j$$

として一定である。

　拡散領域界面が移動しても拡散領域界面は拡散粒子の生成源として，拡散領域内部に一定の割合で拡散粒子を供給している。数学的な一般解に適用する拡散領域界面$x=x_A$および$x=x_B$での相互拡散係数の境界値$\tilde{D}(t,x_A), \tilde{D}(t,x_B)$については，成分I, IIに共通して

$$\tilde{D}(t,x_A)=\tilde{D}_A, \quad \tilde{D}(t,x_B)=\tilde{D}_B$$

として表すことにする。また，初期状態$t=0$では座標系(t,x), $(\tilde{t},\tilde{x})$, (τ,ξ)の原点は一致しているので，相互拡散係数の境界値は

$$\tilde{D}(t,x_A)=\tilde{D}(\tilde{t},\tilde{x}_A)=\tilde{D}(\tau,\xi_A)=\tilde{D}_A, \quad \tilde{D}(t,x_B)=\tilde{D}(\tilde{t},\tilde{x}_B)=\tilde{D}(\tau,\xi_B)=\tilde{D}_B$$

を満たす一定値と考えられる。

　物理解を特定する場合，数学的に求められた一般解に拡散対の領域$x<x_A$および$x>x_B$での当該金属棒A, Bにおける熱平衡状態の自己拡散係数値を$\tilde{D}_A, \tilde{D}_B$に適用することになる。拡散対A, Bが純物質I, IIのときは，例えば，拡散対A中の成分Iの自己拡散係数D_{self}^I，また拡散対B

中の成分Iの不純物拡散係数 $D_{\text{imp}}^{\text{I}}$ として，数学的な一般解 $\tilde{D}$ に $\tilde{D}_{\text{A}} = D_{\text{self}}^{\text{I}}$, $\tilde{D}_{\text{B}} = D_{\text{imp}}^{\text{I}}$ を代入すれば物理解 $\tilde{D} = \tilde{D}^{\text{I}}$ が特定されることになる．

(2) 拡散場の拡散方程式

図[5-2]では，任意の拡散時間 t における拡散系の相互拡散領域 $x_{\text{A}} \leq x \leq x_{\text{B}}$ は拡散系外に設定した座標系 (τ, ξ) での拡散領域 $\xi_{\text{A}} \leq \xi \leq \xi_{\text{B}}$ に対応している．相互拡散領域で原子I, IIは全率固溶体を形成し，その濃度と拡散係数をそれぞれ $C^{\text{I}}, C^{\text{II}}, D^{\text{I}}, D^{\text{II}}$ とする．

拡散対の形状変化が無視できる条件下では，式(5-5)を偏微分して，

$$\partial_t C^{\text{I}} + \partial_t C^{\text{II}} = 0, \quad \partial_x C^{\text{I}} + \partial_x C^{\text{II}} = 0 \tag{6-3}$$

が成立する．

図[5-2]とは無関係に一般論として，ある任意の拡散場における原子I, IIに関するFickの第2法則は

$$\partial_t C^{\text{I}} = \partial_x (D^{\text{I}} \partial_x C^{\text{I}}) \cdots (\text{I}), \quad \partial_t C^{\text{II}} = \partial_x (D^{\text{II}} \partial_x C^{\text{II}}) \cdots (\text{II}) \tag{5-6}$$

として成立する．拡散方程式は，拡散粒子が拡散場との相互作用の結果としてランダム運動するときの濃度プロファイルに関する微分方程式であり，式中の拡散係数は拡散粒子近傍の場の状態に依存する拡散進行の駆動力である．なお，式(5-6)には拡散系に特別な条件が付与されておらず，成分I, IIについて互いに独立な拡散方程式として記述されている．

(i) 拡散粒子の濃度が小さいとき，拡散粒子の近傍はほとんど溶媒粒子で満たされており，拡散係数は拡散粒子近傍の溶媒粒子と拡散粒子との相互作用であり，そのとき拡散係数は平均して一定値に近似できる．

(ii) 拡散粒子の濃度が大きいときは，拡散粒子近傍に溶媒粒子に加えて拡散粒子と同種の原子が存在して拡散場に影響を与えるので，拡散係数は拡散粒子自身の濃度にも依存することになる．

拡散方程式を解くことは，拡散場との相互作用を介してランダム運動をしている拡散粒子の濃度プロファイルを求め，同時に拡散場との相互作用を表す拡散係数の挙動を把握することである．式(5-6)において，C^{I} と C^{II} の拡散方程式が互いに成分IとIIが混在している相互拡散場での挙動を表したものであるときは，拡散対の形状変化が無視できる限り，式(5-5)が成立するので，拡散方程式(5-6)の(I)と(II)は独立な微分方程式ではなくなる．この場合，相互拡散係数 $\tilde{D}$ の関係式

$$\tilde{D} = D^{\text{I}} = D^{\text{II}} \tag{5-9}$$

が成立して，式(5-12)に示したように成分I, IIに共通の微分方程式になる．なお，ここでの関係式(5-9)は連立微分方程式(5-6)の中でのことであり，微分方程式を解析して得られた一般解に成分I, IIの異なる初期・境界条件を代入すれば，当然物理的に特定された解としての相互拡散係数は同一とはならない．

拡散系内の座標系表示では $|J_0(t)| = 0$ であるので，式(6-2)を用いて成分 $j (j = \text{I}, \text{II})$ の1次元

空間における拡散流束 $J_P^j(t,x)$ を

$$J_P^j = J_F^j(t,x) + J_{eq}^j, \quad J_F^j(t,x) = -D^j \partial_x C^j \tag{6-4}$$

として新たな広義拡散流束を定義する。$J_F^j(t,x)$ は所謂 Fick の第1法則を意味する拡散流束であり，J_{eq}^j は式(6-2)に関連して議論した固有拡散流束である。

式(5-6)において I＝II とすれば，所謂純物質の自己拡散問題となる。この場合，濃度勾配がゼロでも，現実には熱力学的なゆらぎによって自己拡散現象は生じているが，既存の Fick の法則では自己拡散機構を説明できない。しかしながら，式(6-4)の広義拡散流束を用いれば，§6-4 で議論されているように，自己拡散機構を理解できる。

2元系の相互拡散の拡散流束の間には，

$$J_F^I + J_F^{II} = D^I \partial_x C^I + D^{II} \partial_x C^{II} = \tilde{D} \partial_x (C^I + C^{II}) = 0 \tag{5-13}$$

が微分方程式(5-6)の中で成立している。関係式(5-13)は拡散粒子 I と II の濃度勾配の和がゼロであることを示している。このことは，相互拡散では拡散領域で $C^I + C^{II} = 1$ を満たしている任意の結晶面において，当該結晶面を同一時間内にジャンプする原子 I と原子 II の数は等しいことを意味している。

§6-4 での自己拡散理論で明らかにされるように，固有拡散流束に関して

$$J_{eq}^I + J_{eq}^{II} = 0 \tag{6-5}$$

が成立する。したがって，座標系 (t,x) における拡散流束についての関係式

$$J_P = J_P^I(t,x) + J_P^{II}(t,x) = 0 \tag{6-6}$$

が物理的に成立しなければならない。

式(6-6)は，§5-3 で議論した筏上での人 A と人 B に関する物理系では，筏上での人 A と人 B の相対運動に課された運動条件である運動量保存の関係式に対応したものである。

図[5-2]に示した実験室系では，拡散現象は $\xi_A \leq \xi \leq \xi_B$ での拡散粒子 I と II の位置交換を意味する。Kirkendall の実験結果は，拡散粒子が空孔を介して拡散進行することを明らかにしたものである。空孔は拡散粒子と1対1に対応して拡散粒子と逆方向に移動することになる。後述される K 効果とは，拡散系内の粒子と相互作用をしない不活性マーカーの挙動のことであり，その不活性の特性から空孔の移動を可視化したものと考えられる。

以下で，運動座標系 (t,x) の拡散方程式(5-6)を拡散領域空間に固定した座標系 $(\tilde{t}, \tilde{x})$ および拡散系外の静止座標系 (τ, ξ) に座標変換することで，固定座標系表示の拡散流束 J_Q と拡散系外の静止座標系表示の拡散流束 J_R の関係を明らかにする。

(3) 拡散領域空間の座標系で見た拡散流束

拡散場の点 P に設定した運動座標系 (t,x) と拡散領域空間の点 Q に設定した固定座標系 $(\tilde{t}, \tilde{x})$ について，初期条件を $(t,x) = (0,0)$ と $(\tilde{t}, \tilde{x}) = (0,0)$ として一致させ，固定座標系の原点に対する拡散場の座標系原点の任意の時刻における速度を $v_{QP} = v_{QP}(\tilde{t})$ とすれば，座標系間に関係式

$$\tilde{t} = t, \quad \tilde{x} = x + \int_0^t v_{\mathrm{QP}} d\tilde{t}$$

が成立する。

具体的な適用例として，図[5-2]の初期状態における拡散対接合界面に一致させて拡散領域空間の点 Q に固定座標系 $(\tilde{t}, \tilde{x})$ の原点を設定する。初期接合界面を Matano 界面（M 界面）と定義し，拡散系内の M 界面の拡散場における溶媒粒子集団の質量中心の点 P に座標系 (t, x) の原点を設定する。初期状態では M 界面は固定座標系 $(\tilde{t}, \tilde{x})$ の原点に一致しているが，界面 $\tilde{x}=0$ を Kirkendall 界面（K 界面）と定義すれば，拡散領域空間の移動に伴って K 界面が M 界面に対して移動した結果，K 界面を通過する拡散原子 I と拡散原子 II の総数が異なることになる。以下で，拡散粒子の挙動を固定座標系 $(\tilde{t}, \tilde{x})$ で見た場合と運動座標系 (t, x) で見た場合を比較検討する。

座標系間の微分演算子の関係は

$$\frac{\partial}{\partial t} = \frac{\partial \tilde{t}}{\partial t}\frac{\partial}{\partial \tilde{t}} + \frac{\partial \tilde{x}}{\partial t}\frac{\partial}{\partial \tilde{x}} = \frac{\partial}{\partial \tilde{t}} + v_{\mathrm{QP}}\frac{\partial}{\partial \tilde{x}}, \quad \frac{\partial}{\partial x} = \frac{\partial \tilde{t}}{\partial x}\frac{\partial}{\partial \tilde{t}} + \frac{\partial \tilde{x}}{\partial x}\frac{\partial}{\partial \tilde{x}} = \frac{\partial}{\partial \tilde{x}}$$

である。したがって，拡散の基本方程式(5-6)は，固定座標系では

$$\partial_{\tilde{t}} C^{\mathrm{I}} = \partial_{\tilde{x}}\left(D^{\mathrm{I}}\partial_{\tilde{x}} C^{\mathrm{I}} - v_{\mathrm{QP}} C^{\mathrm{I}}\right) \cdots (\mathrm{I}), \quad \partial_{\tilde{t}} C^{\mathrm{II}} = \partial_{\tilde{x}}\left(D^{\mathrm{II}}\partial_{\tilde{x}} C^{\mathrm{II}} - v_{\mathrm{QP}} C^{\mathrm{II}}\right) \cdots (\mathrm{II}) \qquad (6\text{-}7)$$

となる。ここで，式(5-6)における濃度 $C(t,x)$ が式(6-7)では $C(\tilde{t}, \tilde{x})$ となるので，拡散係数は濃度を介して座標の関数となることから，式(5-6)における拡散係数 $D(t,x)$ は式(6-7)では $D(\tilde{t}, \tilde{x})$ となる。

なお，式(6-7)に式(5-5)を用いると

$$\partial_{\tilde{t}}\left(C^{\mathrm{I}} + C^{\mathrm{II}}\right) = \partial_{\tilde{x}}\left(\left(D^{\mathrm{I}} - D^{\mathrm{II}}\right)\partial_{\tilde{x}} C^{\mathrm{I}} - v_{\mathrm{QP}}\right) = 0$$

が成立するが，これは偏微分方程式の一般論から $\tilde{t}$ の任意関数 $f(\tilde{t})$ として

$$\left(D^{\mathrm{I}} - D^{\mathrm{II}}\right)\partial_{\tilde{x}} C^{\mathrm{I}} = v_{\mathrm{QP}} + f(\tilde{t})$$

が微分方程式の中で成立することを意味する。上式の右辺は $\tilde{t}$ の関数であり，一般に左辺 $(D^{\mathrm{I}} - D^{\mathrm{II}})\partial_{\tilde{x}} C^{\mathrm{I}}$ は $(\tilde{t}, \tilde{x})$ に依存する。したがって，上式が関数方程式として成立するためには，式(5-9)が微分方程式(6-7)の中で物理的に成立しなければならない。一般に，式(5-5)，(5-9)など物理学的に本質的な関係式が座標系によって変化することはない。

発散定理にしたがって式(6-7)の右辺で

$$J_{\mathrm{Q}}^j(\tilde{t}, \tilde{x}) = -D^j \partial_{\tilde{x}} C^j + v_{\mathrm{QP}} C^j \quad (j = \mathrm{I}, \mathrm{II})$$

とすれば，$J_{\mathrm{Q}}^j(\tilde{t}, \tilde{x})$ は点 Q での固定座標系における拡散流束を表している。広義拡散流束の関係式(6-2)から，固定座標系は拡散系内にあるので $f(\tilde{t}) = J_{\mathrm{eq}}$ として，固定座標系での拡散流束は

$$J_{\mathrm{Q}}^j(\tilde{t}, \tilde{x}) = J_{\mathrm{F}}^j(\tilde{t}, \tilde{x}) + v_{\mathrm{QP}} C^j + J_{\mathrm{eq}}^j, \quad J_{\mathrm{F}}^j(\tilde{t}, \tilde{x}) = -D^j \partial_{\tilde{x}} C^j \qquad (6\text{-}8)$$

となる。式(6-8)の右辺第2項は濃度距離曲線 C^j が速度 v_{QP} で平行移動していることを示している。式(6-8)について，式(5-5)，(5-9)，(6-5)の条件下で

$$J_Q = J_Q^I(\tilde{t}, \tilde{x}) + J_Q^{II}(\tilde{t}, \tilde{x}) = v_{QP} \tag{6-9}$$

が成立する。拡散系に外力が存在するとき，拡散の専門書にも式(6-8)で $J_{eq}^j = 0$ とした類似の拡散流束が定義されているが，拡散の基本方程式(5-6)の座標系 (t, x) で記述していることに問題がある[付録1-A, 6-B 参照]。

(4) 拡散系外の静止座標系で見た拡散流束

拡散系外に設定した座標系 (τ, ξ) の原点 R に対して，拡散場に設定した座標系 (t, x) の原点 P の速度を $v_{RP} = v_{RP}(\tau)$ とすると，初期状態に座標原点を $(t, x) = (0, 0)$, $(\tau, \xi) = (0, 0)$ として一致させておくと，座標系間の関係

$$\tau = t, \quad \xi = x + \int_0^t v_{RP} d\tau$$

が成立する。このとき，拡散の基本方程式(5-6)は，拡散系外の静止座標系では

$$\partial_\tau C^I = \partial_\xi \left(D^I \partial_\xi C^I - v_{RP} C^I\right) \cdots (I), \quad \partial_\tau C^{II} = \partial_\xi \left(D^{II} \partial_\xi C^{II} - v_{RP} C^{II}\right) \cdots (II) \tag{6-10}$$

となる。

発散定理にしたがえば，式(6-10)の右辺の拡散流束は

$$J_R^j = -D^j \partial_\xi C^j + v_{RP} C^j \quad (j = I, II)$$

となる。J_R^j が拡散系外の静止座標系であることを勘案すれば，上式は式(6-2)にしたがって広義拡散流束

$$J_R^j = J_F^j(\tau, \xi) + v_{RP} C^j + J_R^j(\tau) + J_{eq}^j, \quad J_F^j(\tau, \xi) = -D^j \partial_\xi C^j \tag{6-11}$$

に書き換えられる。ここで，$J_R^I(\tau)$ は拡散領域空間での拡散粒子IIの移動速度によって生じた空孔の拡散流束である。

拡散系外に設定した座標系 (τ, ξ) の原点 R に対して，拡散場に設定した座標系 $(\tilde{t}, \tilde{x})$ の原点の速度を $v_{RQ} = v_{RQ}(\tau)$ とすると，座標原点 $(\tilde{t}, \tilde{x}) = (0, 0)$ の移動に伴う拡散粒子全体の流束は，拡散系外から見ると $v_{RQ}(C^I + C^{II}) = v_{RQ}$ になるが，空孔の流束はこれに対して逆方向であるので，物理的に関係式

$$J_R(\tau) = J_R^I(\tau) + J_R^{II}(\tau) = -v_{RQ} \tag{6-12}$$

が成立することになる。

式(5-13)，(6-5)，(6-12)の条件下で，式(6-11)，(6-12)から次式

$$J_R = J_R^I(\tau, \xi) + J_R^{II}(\tau, \xi) = v_{RP} - v_{RQ} \tag{6-13}$$

が成立する。拡散流束を表す式(6-6)，(6-9)，(6-13)の間には，$t = \tilde{t} = \tau$ であるので物理的に拡散

系内外の関係式として

$$J_R = J_P + J_Q \tag{6-14}$$

が成立する．式(6-14)に式(6-6), (6-9), (6-13)を代入して，座標系(τ, ξ)に対する座標系(t, x)，$(\tilde{t}, \tilde{x})$の原点の速度間に物理的に妥当な関係式

$$v_{RP} = v_{RQ} + v_{QP} \tag{6-1}$$

が得られる．

(5) 拡散領域空間の流束

上述した図[5-2]の拡散系における濃度と相互拡散係数を用いて，$J_Q (= v_{QP})$を具体的に求める．相互拡散では，拡散粒子と溶媒粒子の運動に伴って拡散領域空間は運動することになる．これらの挙動を考慮して拡散領域空間の移動速度v_{QP}を以下で検討する．この場合，相互拡散方程式の一般解に初期・境界条件を代入して特定された物理解を拡散流束に適用することになる．

§1-4で示したように，座標系$(\tilde{t}, \tilde{x})$における拡散係数Dの拡散粒子の拡散長$\Delta \tilde{x}_{jun}$とは拡散進行の目安を与えるものであるが，ここでは$\mu = 2$として

$$\Delta \tilde{x}_{jun} = \mu \sqrt{D \tilde{t}} \tag{6-15}$$

と定義する．また，拡散領域界面$\tilde{x} = \tilde{x}_A$および$\tilde{x} = \tilde{x}_B$における拡散粒子 I, II の濃度差および拡散係数に初期・境界値を用いて，拡散領域$\tilde{x}_A \leq \tilde{x} \leq \tilde{x}_B$での拡散長を

$$\Delta C^I = C_B^I - C_A^I, \quad \Delta \tilde{x}_I = 2\sqrt{D_A^I \tilde{t}}, \quad \Delta C^{II} = C_B^{II} - C_A^{II}, \quad \Delta \tilde{x}_{II} = 2\sqrt{D_B^{II} \tilde{t}}$$

とする．

図[5-2]に示した2元系相互拡散問題では，式(6-8)に示した固定座標系での$J_Q^j(\tilde{t}, \tilde{x})$は座標変換に伴う拡散粒子$j$の流束であり，一般には座標系$(\tilde{t}, \tilde{x})$に依存している．しかしながら，$0 \leq t \leq t_D$に拡散移動する拡散粒子$j$の全量を見積もる場合は，数学理論から積分の平均値の定理が示しているように，$J_Q^j(\tilde{t}, \tilde{x})$について$0 \leq t \leq t_D$における平均流束を適用しても，その誤差は許容範囲にあると想定される．さらに，J_Qは，式(6-9)に示されているように，全流束として$J_Q = J_Q(\tilde{t})$が$\tilde{x}$に依存していないことをも勘案して，$J_Q^j(\tilde{t}, \tilde{x}) \to J_Q^j(\tilde{t})$として拡散流束の関係式

$$\begin{cases} J_Q^I(\tilde{t}) = -D_A^I \Delta C^I / \Delta \tilde{x}_I = \sqrt{D_A^I} \left(C_A^I - C_B^I \right) / 2\sqrt{\tilde{t}} \\ J_Q^{II}(\tilde{t}) = -D_B^{II} \Delta C^{II} / \Delta \tilde{x}_{II} = \sqrt{D_B^{II}} \left(C_A^{II} - C_B^{II} \right) / 2\sqrt{\tilde{t}} \end{cases} \tag{6-16}$$

が求められる．式(5-5), (6-16)を式(6-9)に代入して，拡散場における全流束

$$J_Q = v_{QP} = \left(\sqrt{D_A^I} - \sqrt{D_B^{II}} \right) \left(C_A^I - C_B^I \right) / 2\sqrt{\tilde{t}} \tag{6-17}$$

が得られる．

一方，拡散領域外から見ると，孤立系としての拡散領域の質量中心が不動であるように，式

(6-12)に示されている拡散領域空間の流束が式(6-17)に対応して逆向きに生じていることになる。換言すれば，式(6-12)，(6-17)から

$$v_{\mathrm{RQ}} = -\left(\sqrt{D_{\mathrm{A}}^{\mathrm{I}}} - \sqrt{D_{\mathrm{B}}^{\mathrm{II}}}\right)\left(C_{\mathrm{A}}^{\mathrm{I}} - C_{\mathrm{B}}^{\mathrm{I}}\right) \Big/ 2\sqrt{\tau} \tag{6-18}$$

が成立する。式(6-17)を近似的に求めたが，式(6-17)，(6-18)を式(6-1)に代入すると，§6-3で明らかにされる $v_{\mathrm{RP}} = 0$ が $0 \leq t \leq t_{\mathrm{D}}$ において成立することを示唆している。

§6-3　Kirkendall 効果

　Kirkendall の実験結果によって，初期状態の拡散対接合界面に不活性マーカーを設置した場合，拡散の進行に伴い不活性マーカーが拡散系外の静止座標系の原点に対して移動することが明らかにされた。そのマーカーの移動距離 $\Delta \xi_{\mathrm{eff}}$ が K 効果であり，その挙動は $m > 0$ として放物線則を満たした経験式

$$\Delta \xi_{\mathrm{eff}} = m\sqrt{\tilde{t}} \tag{6-19}$$

として知られている。また，Kirkendall の実験結果は，実験系から見て M 界面がほとんど不動であることを示している。

　図[5-2]に示した拡散系の初期状態における M 界面と K 界面は一致している。筏モデルにおいて，孤立系の質量中心が不動であるように，拡散領域内の物理系も拡散進行方向について孤立系にあるので，その質量中心は拡散進行中 $0 \leq t \leq t_{\mathrm{D}}$ には不動である。初期状態の質量中心は M 界面に存在しており，M 界面は拡散進行中には不動である。一方，K 界面は $0 \leq t \leq t_{\mathrm{D}}$ において拡散系外の静止点に対して M 界面が移動しないように移動していることになる。ここでの状況は，図[5-1]における $0 \leq t \leq t_{\mathrm{D}}$ での筏の運動に対応するものである。

　初期 K 界面に設定したマーカーは不活性である特性から拡散領域空間の挙動を可視化していると想定されるので，マーカーの移動は K 界面が式(6-18)にしたがって移動した痕跡を示唆していると考えられる。

　K 界面を通過する拡散粒子に注目すると，$v_{\mathrm{RQ}} < 0$ であれば，拡散粒子 I が拡散粒子 II よりも多く K 界面を通って拡散領域に拡散進行していることになる。空孔に注目すると，空孔は拡散粒子がジャンプした跡に形成されるので K 界面を境界として，拡散対の A 側の空孔濃度は過飽和状態になり，B 側では未飽和状態になる。このように空孔濃度は座標 $\tilde{x}$ に依存することになるので，初期拡散対界面ではなく，拡散対 A 側または B 側の位置にマーカーを設置してマーカーの挙動を調べると，その挙動は $(\tilde{t}, \tilde{x})$ に依存することになる。そのように，所謂マルチプル・マーカーの挙動を理解するためには，空孔に関する拡散方程式を解析して空孔の挙動を調べる必要がある。ここでの空孔に関する議論は座標変換に伴う拡散粒子の移動から生じた拡散領域空間の挙動を論じたものであり，空孔の拡散に関する議論は §6-5 において論じることにする。

　以下では，拡散方程式の座標変換論から K 効果の理論式を検討する。前節で求めた式(6-18)は，拡散領域空間に固定された座標系 $(\tilde{t}, \tilde{x})$ の原点が座標原点 R に対して加速度運動している

ことを示している。換言すれば，拡散系外から見て質量中心のM界面が不動となるように拡散領域空間が移動している。

上述したように，$v_{RP}=0$の場合，拡散の基本方程式(5-6)と座標系(τ,ξ)での拡散方程式(6-10)は同一になる。しかしながら，拡散流束については式(6-4)と式(6-11)に見られるように異なる。ここで，座標系間の関係式

$$\tau = \tilde{t}, \quad \xi = \tilde{x} + \int_0^\tau v_{RQ} d\tau$$

に式(6-18)を代入して，$0 \leq t \leq t_D$における拡散系外の点Rを座標原点とした座標系(τ,ξ)とK界面を座標原点とした座標系$(\tilde{t},\tilde{x})$間のShift効果を静止座標系から見て$\Delta\xi_{sft}$とすれば，

$$\Delta\xi_{sft} = \xi - \tilde{x} = \int_0^t v_{RQ} d\tau = -\left(\sqrt{\tilde{D}_A} - \sqrt{\tilde{D}_B}\right)\left(C_A^I - C_B^I\right)\sqrt{t} \qquad (6\text{-}20)$$

となる。

式(6-1)において$v_{RP}=0$の場合，$|\Delta\xi_{sft}|$はM界面とK界面との距離に等しいので，K効果$\Delta\xi_{eff}$は

$$\Delta\xi_{eff} = \int_0^t |v_{QP}| d\tilde{t} = \left|\left(\sqrt{\tilde{D}_A} - \sqrt{\tilde{D}_B}\right)\left(C_A^I - C_B^I\right)\right|\sqrt{t} \qquad (6\text{-}21)$$

となる。K効果は当該拡散系の拡散係数の境界値だけでなく初期濃度にも依存することが明らかにされた。

図[5-2]に示した$t_D \leq t \leq t_F$での拡散領域空間の挙動を考察すると，この間に拡散領域は熱平衡状態になる。換言すれば，拡散領域空間は$x_A \leq x \leq x_B$に存在する試料表面近傍の自由空間と相互作用することになる。これは，拡散系におけるエントロピー増大の法則と自由エネルギー最小の原理が拮抗する熱平衡状態に最終的に移行する自然現象によるものである。この拡散領域空間の移動によってマーカーがx軸方向に移動することはないので，マーカーは位置$\xi=\Delta\xi_{sft}$に存在することになる。

一方，筏モデルに対応して，質量中心のM界面は$t_D \leq t \leq t_F$間に移動することになる。しかしながら，拡散進行に伴う原子再配列による質量中心の変位は，通常の拡散実験では拡散領域が小さく，その有意差が認められない範囲にあると想定される。

以上の解析結果から，K効果は拡散方程式を座標系(t,x)と座標系$(\tilde{t},\tilde{x})$で記述した場合，これら座標系間のShift効果を拡散系外の静止座標系(τ,ξ)から見たものとして理解される。音源または観測点が運動しているとき，波動方程式の静止座標系表示と運動座標系表示における座標系間のShift効果として同様の現象がDoppler効果として知られている。

以上の理論式は，式(6-15)において便宜上$\mu=2$に仮定したものである。拡散長は拡散進行の目安を与えるものであり，理論式を実験解析に用いるときは式(6-15)のμの値について検討する必要がある。式(6-19)と(6-21)を$\mu \neq 2$として比較すると，

$$m = \frac{2}{\mu}\left|\left(\sqrt{D_A^I} - \sqrt{D_B^{II}}\right)\left(C_A^I - C_B^I\right)\right| \qquad (6\text{-}22)$$

が得られる。したがって，mの値は当該実験結果から得られるので，式(6-22)からμの値を実験結果に照らして再検討する必要がある。

本節では，基礎物理数学の一般論にしたがって，K効果を座標系間のShiftとして理解した。したがって，座標系間のShift効果である限り，K効果は金属結晶の拡散現象に特有なものではなく，拡散現象に普遍的なものである。なお，従来の相互拡散理論では座標系に関する議論はされず，K効果を把握するために固有拡散の概念が想定されている。既存のK効果についての議論は本章の[付録6-A]で論じることにする。

§6-4 拡散問題の統一理論

広義拡散流束として式(6-2)を用いて，K効果の理論式(6-21)を導出した。拡散対A, Bの形状変化が無視できる理想的な相互拡散問題では，拡散系外の静止座標系に対してM界面はほとんど不動であり，Kirkendallの実験結果は$v_{RP}=0$であることを示している。したがって，拡散系外の静止座標系で表示された拡散方程式(6-10)は

$$\partial_\tau C^j = \partial_\xi \left(D^j \partial_\xi C^j \right)$$

となり，拡散場に座標系を設定した拡散方程式(5-6)に一致する。しかしながら，式(6-11)の拡散流束は

$$J_R^j = J_F^j(\tau,\xi) + J_R^j(\tau) + J_{eq}^j, \quad J_F^j(\tau,\xi) = -D^j \partial_\xi C^j$$

として，拡散場の移動に伴う拡散領域空間の流束を依然として考慮しなければならない。

(1) 広義拡散流束の有意性

以下では，座標系$(\tilde{t},\tilde{x})$における広義拡散流束の関係式

$$\begin{cases} \text{(i) } J_Q^I(\tilde{t},\tilde{x}) = J_F^I(\tilde{t},\tilde{x}) + v_{QP} C^I(\tilde{t},\tilde{x}) + J_{eq}^I, & J_F^I(\tilde{t},\tilde{x}) = -D^I \partial_{\tilde{x}} C^I(\tilde{t},\tilde{x}), \\ \text{(ii) } J_Q^{II}(\tilde{t},\tilde{x}) = J_F^{II}(\tilde{t},\tilde{x}) + v_{QP} C^{II}(\tilde{t},\tilde{x}) + J_{eq}^{II}, & J_F^{II}(\tilde{t},\tilde{x}) = -D^{II} \partial_{\tilde{x}} C^{II}(\tilde{t},\tilde{x}). \end{cases} \quad (6\text{-}23)$$

に式(6-19)の

$$v_{QP} = \left(\sqrt{D_A^I} - \sqrt{D_B^{II}}\right)\left(C_A^I - C_B^I\right) \Big/ 2\sqrt{\tilde{t}}$$

を用いて拡散問題を統一して議論する。

(a) 相互拡散

式(6-23)において$\tilde{D} = D^I = D^{II}$の条件下で相互拡散の拡散流束は次式となる。

(i) $J_Q^I(\tilde{t},\tilde{x}) = -\tilde{D} \partial_{\tilde{x}} C^I(\tilde{t},\tilde{x}) + v_{QP} C^I(\tilde{t},\tilde{x}) + J_{eq}^I$, (ii) $J_Q^{II}(\tilde{t},\tilde{x}) = -\tilde{D} \partial_{\tilde{x}} C^{II}(\tilde{t},\tilde{x}) + v_{QP} C^{II}(\tilde{t},\tilde{x}) + J_{eq}^{II}$.

(b) 一方拡散

式(6-23)において$D^{II} = 0$の条件下で一方拡散の拡散流束は次式となる。

(i) $J_Q^I(\tilde{t},\tilde{x}) = -D^I \partial_{\tilde{x}} C^I(\tilde{t},\tilde{x}) + v_{QP} C^I(\tilde{t},\tilde{x}) + J_{eq}^I$, (ii) $J_Q^{II}(\tilde{t},\tilde{x}) = v_{QP} C^{II}(\tilde{t},\tilde{x}) + J_{eq}^{II}$.

(c) 不純物拡散

式(6-23)において $D^{II}=0,\ C_A^{II}=C_B^{II}$ の条件下で不純物拡散の拡散流束は次式となる。

(i) $J_Q^I(\tilde{t},\tilde{x}) = -D^I\partial_{\tilde{x}}C^I(\tilde{t},\tilde{x}) + J_{eq}^I$, (ii) $J_Q^{II}(\tilde{t},\tilde{x}) = J_{eq}^{II}$.

(d) 自己拡散

式(6-23)において $C^I=C_A^I=C_B^I,\ C^{II}=C_A^{II}=C_B^{II}$ の条件下で自己拡散の拡散流束は次式となる。

(i) $J_Q^I(\tilde{t},\tilde{x}) = J_{eq}^I$, (ii) $J_Q^{II}(\tilde{t},\tilde{x}) = J_{eq}^{II}$.

以上に示したように，式(6-23)を拡散系の物理条件に適合させることで相互拡散，一方拡散，不純物拡散および自己拡散は統一して理解できることが判明した。このように，拡散現象を理解する上で，拡散領域空間の挙動を把握することが必要不可欠である。さらに，濃度勾配ゼロの自己拡散現象を理解するためには固有拡散流束の概念が必要不可欠であることを以下で論じる。

(2) Fick の第1法則

§1-4で示したように，拡散方程式は確率微分方程式から放物線則を満たして導出できる。拡散方程式を拡散進行方向について空間積分をすれば，式(1-52)が得られる。したがって，拡散流束は拡散方程式が定義されると，偏微分方程式の一般論にしたがって必然的に得られるので，独立な法則として受け入れられてきた Fick の第1法則は，その歴史的な意義は別として，上述したようにその普遍性の欠如から判断しても1つの法則としての役割を果たし終えたものと考えられる。

上述したように，一方拡散，不純物拡散および自己拡散は2元系相互拡散の特別な場合であることが判明した。ただし，自己拡散については，さらなる考察が要求される。花粉微粒子の Brown 運動は水分子の自己拡散現象を可視化したものである。しかしながら，Fick の法則では濃度勾配ゼロである水分子の自己拡散機構の理論的な解釈ができない。換言すれば，これは Fick の第1法則が不完全であることの証左である。

(3) 自己拡散

第1章で示したように，Einstein の Brown 運動論や Langevin の運動論では，純物質中における不純物としての Brown 粒子の挙動は純物質の自己拡散を可視化したものであると解釈されたのである。したがって，純物質の拡散機構を直接論じたものではない。また，実験的には，自己拡散の挙動は微量の放射性同位元素を用いて調べられてきた。その根拠は，質量数が異なるだけで放射性同位元素の化学的性質がもとの原子と類似していることにある。しかしながら，放射性同位元素の拡散は厳密には不純物拡散であり，上記拡散の統一理論での(c)，(d)の(i)の拡散流束が異なることから判断して，自己拡散と不純物拡散では拡散機構が明らかに異なる。したがって，以下で濃度勾配ゼロの熱平衡状態での2元系相互拡散または純物質の自己拡散機構について詳細に検討する。

図[5-2]で示した2元系相互拡散を濃度勾配ゼロの拡散問題に適用するために，濃度勾配ゼ

ロの物質中における任意の結晶面 S_0 を $x=0$ に設定し，$t=0$ のとき便宜上 2 つの領域 $x<0$ と $x>0$ に区分する。

この拡散系の任意の時刻 t における拡散領域を $x_A<x<x_B$ と想定する。また，熱平衡状態では濃度は均一であるので，境界条件は $x<x_A$ において $C^{\mathrm{I}}(t,x)=C_0^{\mathrm{I}}$ および $x>x_B$ において $C^{\mathrm{II}}(t,x)=C_0^{\mathrm{II}}$ とすると，式(5-5)から $C_0^{\mathrm{I}}+C_0^{\mathrm{II}}=1$ が成立する。

発散定理から，$J_\mathrm{P}=J_\mathrm{eq}$ として局所空間で発散定理から得られる関係式

$$-J_\mathrm{P}(t,x)=\int \partial_t C(t,x)dx$$

は，時空 (t_0, x_0) と時空 $(t_0+\Delta t, x_0-\Delta x), (t_0+\Delta t, x_0+\Delta x)$ における拡散流束を考慮して，次式

$$-J_\mathrm{eq}\Delta t=\int_{x_0-\Delta x}^{x_0+\Delta x}\{C(t_0+\Delta t,x)-C(t_0,x)\}dx$$

に書き換えられ，$\Delta C = C(t_0+\Delta t,x)-C(t_0,x)$ として次式

$$\Delta C = -2J_\mathrm{eq}\Delta t/\Delta x \tag{6-24}$$

が成立する。一方，$D=D_0$ として確率微分方程式から得られる関係式

$$D=(\Delta x)^2/2\Delta t \tag{1-21}$$

が成立する。

式(6-24), (1-21)から濃度勾配の関係式

$$\Delta C/\Delta x = -J_\mathrm{eq}/D \tag{6-25}$$

が得られる。式(6-25)は，拡散粒子が局所空間で微小時間 Δt に衝突による瞬間的な飛跳または熱ゆらぎによる瞬間的なジャンプ運動の結果として，拡散粒子の濃度勾配が一定であることを示している。したがって，局所空間での濃度の挙動は

$$C(t,x)=-\frac{J_\mathrm{eq}}{D}x+C(0,0) \tag{6-26}$$

として把握され，平衡状態の物質中や純物質中での Brown 粒子は式(6-26)にしたがって運動している。固有流束 J_eq がゼロであれば Brown 粒子は局所空間で静止していることになり，Einstein の Brown 運動論を説明できない。

式(6-26)を相互拡散問題に適用すれば，

$$C^{\mathrm{I}}(t,x)+C^{\mathrm{II}}(t,x)=-\frac{J_\mathrm{eq}^{\mathrm{I}}+J_\mathrm{eq}^{\mathrm{II}}}{\tilde{D}}x+C^{\mathrm{I}}(0,0)+C^{\mathrm{II}}(0,0)$$

が成立する。ここで，$C^{\mathrm{I}}(t,x)+C^{\mathrm{II}}(t,x)=C^{\mathrm{I}}(0,0)+C^{\mathrm{II}}(0,0)=1$ であるので，固有拡散流束間の関係式

$$J_\mathrm{eq}^{\mathrm{I}}+J_\mathrm{eq}^{\mathrm{II}}=0$$

が得られ，式(6-5)に示した関係式が成立することが明らかにされた。物理的には，拡散粒子の熱運動についてエネルギー等分配則を想定すれば，時間平均として $J_\mathrm{eq}^{\mathrm{I}}$ と $J_\mathrm{eq}^{\mathrm{II}}$ の大きさは等

しいと想定される。

　以下では，純物質の自己拡散について具体的に考察する。この場合1成分だけであるが，便宜上 I, II の添字を付けて論議する。ただし，式(6-26)において

$$C^{\mathrm{I}}(0,0) = C^{\mathrm{II}}(0,0) = C_0, \quad \kappa = -J_{\mathrm{eq}}^{\mathrm{I}}/\tilde{D} = J_{\mathrm{eq}}^{\mathrm{II}}/\tilde{D}$$

とする。ここでの記号を用いて式(6-26)は次式に書き換えられる。

$$C^{\mathrm{I}}(x) = \kappa x + C_0, \quad C^{\mathrm{II}}(x) = -\kappa x + C_0 \tag{6-27}$$

式(6-27)は，局所的には $x \neq 0$ で $C^{\mathrm{I}}(x)$ と $C^{\mathrm{II}}(x)$ が x に依存していることを示している。

　便宜上，純物質を I, II として識別したけれども，C^{I} または C^{II} の一方にだけに注目すれば，$x \neq 0$ で $C^{\mathrm{I}}(x) \neq C^{\mathrm{II}}(x)$ が成立しており，式(6-27)は巨視的な濃度勾配がゼロであっても，局所的にはランダム運動の結果として，分子または原子が移動していることを示している。しかしながら，C^{I} および C^{II} の双方に注目すると，局所空間に存在する分子または原子は本来純物質であるが故に C^{I} または C^{II} のいずれに属しているか識別できない。その場合，$C^{\mathrm{I}}(x) + C^{\mathrm{II}}(x) = 2C_0 = 1$ を満たしており，巨視的な濃度変化が観測されることはない。換言すれば，拡散粒子は局所的なランダム運動の結果として，式(1-21)に示した放物線則にしたがって拡散進行しているが，現実には純物質で濃度変化が観察されることはない。

　固有拡散流束 J_{eq} を取り入れた広義拡散流束を濃度勾配ゼロの純物質中の原子濃度の挙動に適用して自己拡散現象を議論した。その結果，数学的には局所空間での拡散粒子の濃度変化は式(6-27)で示された1次関数として表されることが判明した。物理的には，§2-6で議論したように物質中のミクロ粒子は，量子論での不確定性原理との関係で式(2-41)に示されている拡散係数を有してジャンプ移動をしている。

　したがって，局所空間での濃度変化の連鎖として，拡散粒子は正規分布になるように拡散進行している。Einstein の Brown 運動の理論は，水中の花粉微粒子の挙動が水分子の自己拡散を可視化したものであることを示しており，濃度勾配ゼロの純物質中でも拡散現象が生じていることに疑問の余地はない。その意味で固有拡散流束の概念は必要不可欠であると考えられる。

　拡散粒子の平均ジャンプ距離または平均衝突距離を l として，式(6-27)で

$$C^{\mathrm{I}}(-l) = C^{\mathrm{II}}(l) = 2C_0$$

となるので，

$$J_{\mathrm{eq}} = -D_{\mathrm{self}} C_0/l \tag{6-28}$$

が成立する。ここで，C_0/l は濃度勾配に対応しており，κ に含まれる拡散係数 $\tilde{D}$ は当該物質の自己拡散係数 D_{self} に書き換えられている。したがって，金属純結晶の場合は当該金属結晶の原子濃度 C_0，格子定数 l を用いて，Tracer 拡散実験から求められた拡散係数 D_{self}^* を式(6-28)の D_{self} に代入すれば，固有拡散流束 J_{eq} の値を見積もることができる。

　以上の2元系相互拡散についての議論を纏めると，Fick の第2法則は拡散粒子が拡散場と

の相互作用を介してランダム運動している挙動を拡散場に設定した座標系で表したものであり，基本的には運動座標系として記述されたものである。ただし，相互拡散場では，拡散領域空間が拡散系外の自由空間と相互作用することで，拡散場に設定した拡散方程式は通常の拡散実験では近似的に静止座標系表示として受け入れられる。

拡散領域空間に設定した固定座標系から見ると，広義拡散流束は，「相互拡散，一方拡散，不純物拡散，自己拡散などが物理的な特性のあるものではなく，偏微分方程式の当該拡散系の初期・境界条件が異なるだけである」ことを示唆している。さらに，K効果は拡散場に設定した座標系と固定座標系とのShiftであり，拡散現象における普遍的なものであることが判明した。

§6-5　N元系の相互拡散

自然界に存在する物質は，最終的にはエネルギー最小の原理とエントロピー増大の法則が拮抗した熱平衡状態になる。さらに，絶対温度ゼロの状態でない限り，濃度勾配ゼロの熱平衡状態の物質中でも物質を構成しているミクロ粒子は式(2-41)に示した有限のジャンプ頻度でBrown運動していると考えられる。したがって，単一閉曲面Sの内部領域空間Vに$N(j=1, 2, \cdots, k, \cdots, N)$種類のミクロ粒子の集団が混在しているとき，領域空間Vにミクロ粒子の生成消滅源が存在しない限り，発散定理は領域空間V内のミクロ粒子に物質保存則として拡散方程式(1-48)が成立することを示している。

具体的には，成分jのミクロ粒子集団の拡散方程式は成分jを除く$(N-1)$成分のミクロ粒子の集団を拡散場として拡散進行している。この場合，発散定理は，拡散方程式が拡散領域に存在するN種のミクロ粒子からなる物質が結晶であるか，非晶質であるかや，または固体，液体や気体であるかなどの熱力学的な状態に全く無関係に成立することを示している。これらの物理的な要因はすべて拡散機構の問題として拡散方程式の拡散係数に取り込まれていることになる。

本節では，図[5-2]に示した拡散領域にN種類の拡散粒子が存在して，拡散対Aにおける$j(j=1, 2, \cdots, m, \cdots, N)$種の拡散粒子の初期状態の規格化濃度を$C_A^j$とする。この場合，$j=m$のとき，$C_A^m=0$のときも想定されている。全く同様に，拡散対Bの規格化濃度をC_B^jとする。図[5-2]の拡散系に関連して設定した座標系の問題や拡散対の形状変化が無視できる理想的な条件は，前述した2元系の相互拡散の場合と同一として，N元系の相互拡散問題を以下で議論する。ただし，前節までの拡散領域空間は金属結晶における空孔からなるものと議論されてきたが，以下の議論では§1-6で定義されたように拡散領域空間はミクロホールからなるものとする。その根拠は，鉄中の水素原子の拡散のように拡散領域空間の移動を伴わないような不純物拡散も考えられるが，拡散の統一理論で示したように，不純物拡散は相互拡散の特別な場合として把握できるからである。

固体中の拡散機構には，拡散粒子と拡散場の粒子が直接位置交換する直接交換型や数個の拡散粒子または拡散場の粒子が同時にリング状に回転することで位置交換するリング交換型なども想定されている。これらの拡散機構では，拡散進行に拡散領域空間は関与しないことになる

が，拡散進行に必要な移動の活性化エネルギーの観点から現実的ではないと考えられている。したがって，固体中の拡散粒子近傍に局所的な熱ゆらぎによって生成された原子間隙に，結晶体の場合は空格子点(空孔)に相当するが，拡散粒子はジャンプ移動すると想定する。このように，局所的な熱ゆらぎや拡散粒子のジャンプ移動に伴って生成消滅する原子間隙を空孔をも含めてミクロホールと定義した。流体の場合も拡散粒子の衝突に起因して，ミクロ粒子の集団からなる物質中にミクロホールに相当する間隙空間の生成消滅が生じていると想定される。

上述したように，図[5-2]に示した拡散対 A, B の拡散領域には，物質の構造を問わず任意の熱力学的な状態における N 種類のミクロ粒子の集団が存在しているとして，相互拡散問題を検討する。図[5-2]に示したように拡散方向に垂直な断面が拡散進行中に一様であると想定しているので，気体または液体状態の拡散対の場合，ミクロ粒子の集団は拡散進行中に形状変化が無視できる容器に入れられているものとする。

さらに，拡散粒子のジャンプ移動に関連して，以下のことが想定されている。

(i) 結晶構造を有しない物質の場合

物質が固体の場合，拡散粒子の平均ジャンプ距離を拡散方向に垂直な最近接断面間の距離 l として想定する。物質が流体の場合は，拡散粒子が衝突するまでの平均自由行程を拡散方向に垂直な最近接断面間の距離 l として想定する。その場合，厳密には距離 l は N 元系における各拡散粒子の大きさに依存すると考えられる。N 元系における成分間の分子量または原子量が異なっていても，成分 j を除く $(N-1)$ 成分を拡散場と想定しているので，2元系相互拡散における式(2-31), (5-9)から判断して，N 元系相互拡散問題でも分子量または原子量の相異は考慮しなくてよいと考えられる。

(ii) 結晶構造を有する物質の場合

拡散進行方向に垂直な隣接結晶断面間の距離を l とする。

(1) 拡散方程式と拡散係数

各拡散粒子の平均移動距離が l であり，拡散対の形状変化が無視できると，拡散方向に垂直な各仮想断面における N 元系の拡散粒子の総数は近似的に一定と考えられる。したがって，拡散領域での成分 j の規格化濃度 C^j として任意の仮想断面において

$$\sum_{j=1}^{N} C^j = 1 \tag{6-29}$$

が成立する。また，拡散粒子 k に対して $j=k$ 以外の成分を拡散場(溶媒)と想定する。このとき，初期状態 $t=0$ での拡散対 A, B の接合界面における拡散場の質量中心を座標原点 $x=0$ として，拡散領域 $x_A \leq x \leq x_B$ における成分 j についての拡散方程式は

$$\partial_t C^j = \partial_x \left(D^j \partial_x C^j \right) \tag{6-30}$$

として式(6-29)の束縛条件下で表される。

式(6-29), (6-30)から

$$\partial_x \left(\sum_{j=1}^{N} D^j \partial_x C^j \right) = \partial_x \left(\sum_{j=1, j \neq k}^{N} \left(D^j - D^k \right) \partial_x C^j \right) = 0 \tag{6-31}$$

が成立する。式(6-31)は，$(D^j - D^k)\partial_x C^j$ が x に依存していないことを示している。したがって，関数方程式(6-31)が恒等的に成立するためには，任意の j について $D^j - D^k = 0$ が成立しなければならない。偏微分方程式の一般論にしたがって，式(5-9)に対応する相互拡散係数 $\tilde{D}$ として

$$\tilde{D} = D^1 = D^2 = \cdots = D^N \tag{6-32}$$

が成立する。

式(6-32)は，各拡散粒子が成分の種類に無関係に共通の拡散場 $\tilde{D}$ をランダム運動していることを意味する。このことは，気体分子が Boyle Charles の法則にしたがって気体の種類に無関係に Brown 運動していることに類似している。

式(6-29)，(6-32)から，式(6-6)に対応した拡散流束の和は

$$\sum_{j=1}^{N} J_P^j = \sum_{j=1}^{N} \left\{ -D^j \partial_x C^j + J_{eq}^j \right\} = -\tilde{D} \partial_x \sum_{j=1}^{N} C^j + \sum_{j=1}^{N} J_{eq}^j = 0 \tag{6-33}$$

となる。ここで，2元系の場合の関係式(5-13)に対応して

$$\sum_{k=1}^{N} J_F^k(\tilde{t}, \tilde{x}) = -\sum_{k=1}^{N} D^k \partial_x C^k = -\tilde{D} \partial_x \sum_{k=1}^{N} C^k = 0 \tag{6-34}$$

が成立すること，また自己拡散に関連して，2元系の場合の関係式(6-5)に対応して固有拡散流束間に成立する関係式

$$\sum_{j=1}^{N} J_{eq}^j = 0 \tag{6-35}$$

を用いた。したがって，時空 (t, x) における N 元系の成分 $j = k$ についての拡散方程式は

$$\partial_t C^k = \partial_x \left(\tilde{D} \partial_x C^k \right) \tag{6-36}$$

となり，各成分の濃度プロファイルは同一の相互拡散係数を有し，束縛条件として式(6-29)を有する初期・境界値だけが異なる偏微分方程式となる。ただし，偏微分方程式は同一でも，その一般解に初期・境界値を代入した物理解は異なる挙動を示すことになる。

(2) 拡散流束と K 効果

§6-3 で論じたように，2元系金属合金中の相互拡散問題で金属原子が空孔機構で拡散する根拠として示された K 効果は，不活性マーカーによって拡散方程式に関する座標系間の Shift が可視化されたものであることが明らかにされた。したがって，K 効果は拡散場が結晶構造を有するか否かや，拡散機構に無関係にすべての物質について座標系間の問題として一般に成立する現象である。この結果は，2元系相互拡散に特有のものではなく，物理的には相互拡散領域で拡散粒子が位置交換することによって拡散領域空間に生じる一般的な物理現象と考えられる。

式(6-8)に示した拡散領域空間の固定座標系 $(\tilde{t}, \tilde{x})$ における拡散流束 J_Q^j を N 元系 $j = 1, 2, \cdots, k, \cdots, N$ の成分 $j = k$ に適用して拡散流束

$$J_Q^k(\tilde{t}, \tilde{x}) = J_F^k(\tilde{t}, \tilde{x}) + v_{QP} C^k + J_{eq}^k, \quad J_F^k(\tilde{t}, \tilde{x}) = -D^k \partial_{\tilde{x}} C^k \tag{6-37}$$

が得られる。以下で，J_Q^k について具体的に N 元系の場合を検討する。

式(6-37)の J_Q^k について，式(6-16)を N 元系の問題に一般化して，拡散対 A, B での初期濃度を C_A^j, C_B^j とすれば，拡散粒子 k に対する拡散場の全流束は

$$J_Q^k(\tilde{t}) = \left\{ \sum_{j=1, j \neq k}^{N} \sqrt{\tilde{D}_\gamma} \left[C_A^j - C_B^j \right] \right\} \Big/ 2\sqrt{\tilde{t}} \tag{6-38}$$

で表される。式(6-38)の相互拡散係数 $\tilde{D}_\gamma$ の添字 γ は $C_A^j > C_B^j$ のとき $\gamma \to A$ であり，$C_A^j < C_B^j$ のときは $\gamma \to B$ を意味し，具体的には j 成分の当該拡散系における初期・境界値 $\tilde{D}_\gamma = D_A^j$ または $\tilde{D}_\gamma = D_B^j$ を適用する。

式(6-34), (6-35), (6-37), (6-38)から拡散流束間に関係式

$$J_Q(\tilde{t}) = \sum_{k=1}^{N} J_Q^k(\tilde{t}, \tilde{x}) = v_{QP} = \sum_{k=1}^{N} J_Q^k(\tilde{t}) = (N-1) \sum_{j=1}^{N} \sqrt{\tilde{D}_\gamma} \left[C_A^j - C_B^j \right] \Big/ 2\sqrt{\tilde{t}} \tag{6-39}$$

が成立する。式(6-39)は，N 元系における座標変換に伴って生じた全拡散流束を意味している。換言すれば，座標原点 $(\tilde{t}, \tilde{x}) = (0, 0)$ に対して座標原点 $(t, x) = (0, 0)$ が式(6-39)で示された速度で加速度運動していることに対応している。

一方，座標系間の速度の関係式(6-1)

$$v_{RP} = v_{RQ} + v_{QP}$$

は依然として物理的に成立しなければならない。したがって，図[5-2]の $0 \leq t \leq t_D$ では，$v_{RP} = 0$ として質量中心は不動であるように，拡散系外の空間から拡散領域空間にミクロホールが流出入していることを意味する。その結果，K界面は速度

$$v_{RQ} = -(N-1) \sum_{j=1}^{N} \sqrt{\tilde{D}_\gamma} \left[C_A^j - C_B^j \right] \Big/ 2\sqrt{\tilde{t}}$$

で加速度運動することになる。

図[5-2]の $t_D \leq t \leq t_F$ での拡散領域の状況は2元系の場合と同様であり，任意の物質中の $N(N \geq 2)$ 元系相互拡散におけるK効果 $\Delta \xi_{\text{eff}}$ は

$$\Delta \xi_{\text{eff}} = \int_0^t \sum_{k=1}^{N} |v_{QP}| d\tau = (N-1) \sum_{j=1}^{N} \left| \sqrt{\tilde{D}_\gamma} \left[C_A^j - C_B^j \right] \right| \sqrt{t} \tag{6-40}$$

で表される。当然のことながら，式(6-40)で $N=2$ とすれば，式(6-21)に一致する。

(3) ミクロホールの拡散方程式

以上に任意の物質中での多元系の相互拡散理論を検討した。拡散系に拡散粒子の生成消滅源がなければ，式(6-29)の束縛条件下で拡散方程式は N 成分に関する偏微分方程式(6-36)となり，第4章での放物空間での解析方法が適用できる。しかしながら，以上の議論には，初期状態の拡散対に用いる物質A, Bにおけるミクロホールの熱平衡濃度 C_A^H, C_B^H として，その濃度差

$$\Delta C^H = -\left(C_A^H - C_B^H \right) \tag{6-41}$$

の影響が無視されている。

一般に，拡散粒子の拡散機構とは無関係に，ΔC^H に相当したミクロホールがその熱平衡濃度の小さい拡散対の方向に拡散することになるので，この拡散移動に伴い拡散領域空間は影響されると考えられる．そこで，任意の物質中の拡散領域に N 成分の拡散粒子が存在する N 元系の相互拡散問題に仮想拡散粒子としてミクロホールの存在を考慮した $(N+1)$ 元系の相互拡散問題を以下で検討する．

前述したように，熱力学的な観点からミクロホールからなる拡散領域空間は拡散系外の自由空間と相互作用しており，またミクロホールの生成消滅源としての結晶粒界の存在を考えると，ミクロホールの生成消滅が拡散領域空間で生じていると想定される．相互拡散領域におけるミクロホールの拡散係数を D^H またその熱平衡濃度を C_0^H とすれば，仮想拡散粒子の拡散方程式には，§3-5 で議論した生成消滅に関する化学反応定数 k_H とし，生成消滅源の効果として

$$k_H \left(C_0^H - C^H \right)$$

が寄与することになる．したがって，生成消滅項を考慮した仮想拡散粒子の拡散方程式は

$$\partial_t C^H = \partial_x \left(D^H \partial_x C^H \right) + k_H \left(C_0^H - C^H \right) \tag{6-42}$$

となる．

拡散進行方向に垂直な断面上で仮想拡散粒子としてミクロホールをも含めて全拡散粒子濃度で規格化すれば，式(6-29)は

$$C^H + \sum_{j=1}^{N} C^j = \sum_{j=1}^{N+1} C^j = 1, \quad H \to N+1 \tag{6-43}$$

に書き換えられる．マルチプル・マーカーに関する実験結果から，拡散領域中の仮想拡散粒子の濃度には熱平衡濃度 C_0^H に対して過飽和領域と未飽和領域が生じると想定される．

式(6-42)を x について積分したものは拡散領域に流出入する仮想拡散粒子としてのミクロホールの拡散流束に相当するので，拡散領域 $x_A \leq x \leq x_B$ における仮想拡散粒子の生成消滅源による拡散流束への平均的寄与は

$$\frac{1}{x_B - x_A} \int_{x_A}^{x_B} k_H \left(C^H - C^H \right) dx \cong 0 \tag{6-44}$$

として無視できると考えられる．そこで，式(6-43)，(6-44)の条件下で，$(N+1)$ 元系の拡散方程式について

$$\partial_x \left(\sum_{j=1}^{N+1} D^j \partial_x C^j \right) = \partial_x \left(\sum_{j=1, j \neq k}^{N+1} \left(D^j - D^k \right) \partial_x C^j \right) = 0$$

が成立する．偏微分方程式の一般論から，ここでの式は相互拡散係数を $\tilde{D}$ として

$$\tilde{D} = D^H = D^1 = D^2 = \cdots = D^N \tag{6-45}$$

が成立することを意味する．式(6-45)は，ミクロホールが仮想拡散粒子として，共通の拡散場 $\tilde{D}$ を Brown 粒子のようにランダム運動していることを示唆している．

以上の議論から，$N(j=1, 2, \cdots, k, \cdots, N)$ 元系の相互拡散問題では，式(6-43)の束縛条件下で，各拡散粒子について共通の拡散方程式

$$\partial_t C^j = \partial_x \left(\tilde{D} \partial_x C^j \right) \tag{6-46}$$

が成立する。また、ミクロホールについては仮想拡散粒子としての拡散方程式

$$\partial_t C^H = \partial_x \left(\tilde{D} \partial_x C^H \right) + k_H \left(C_0^H - C^H \right) \tag{6-47}$$

が成立する。したがって、偏微分方程式(6-46)、(6-47)に当該($N+1$)成分の初期・境界条件を適用して解析することになる。

　第4章で議論した放物空間での解析方法を式(6-46)の解析に適用すれば、各拡散粒子の初期・境界条件に応じて、解析的な解が得られることが判明するであろう。一方、非線形拡散方程式(6-47)は数値解析をして解を求めることになる。

　明らかに式(6-47)の解は座標系xに依存しており、不活性マルチプル・マーカーの挙動は、その特性から式(6-47)を数値解析して得られるミクロホールの挙動に直接依存すると想定される。換言すれば、K界面$\tilde{x}=0$に対して$\tilde{x}<0$に設定したマーカーの挙動は$\tilde{x}>0$に設定したマーカーの挙動とは大きく異なると考えられる。しかしながら、初期拡散対界面に設定したマーカーの移動距離を意味するK効果は、式(6-40)にミクロホールを仮想拡散粒子として取り入れて、$N \rightarrow N+1$として成立する。その理由は、孤立系としての拡散領域中の質量中心が不動であることによる。

　本節でのN元系相互拡散の基礎問題に関する議論から、仮想拡散粒子としてのミクロホールをも含めて拡散粒子は、N元系相互拡散場で個性を消失したBrown粒子として共通の拡散係数$\tilde{D}$を有する拡散場をランダム運動していることが判明した。これは気体分子がその種類に無関係にBoyle Charlesの関係式を満たしてBrown運動していることに対応している。ただし、ミクロホールの挙動には、生成消滅源について考慮する必要がある。

　現実的な拡散問題の各論では、Boyle Charlesの関係式に対してvan der Waalsの方程式が存在するように、さらに詳細な検討が求められるであろう。

付録 6-A 2元系相互拡散における Darken 式の問題

　本書では，基礎物理数学の一般的な解析方法にしたがって拡散方程式に関する基本問題を論じた。その結果，相互拡散問題での所謂 K 効果は，運動座標系表示の拡散方程式を固定座標系で見たときの Shift に起因したものであることが判明した。一方，既存理論では K 効果を説明するために，相互拡散場に固有拡散の概念が想定されている。Darken が導出した固有拡散係数と相互拡散係数の関係式，所謂 Darken 式は相互拡散問題の解析に広範に適用されてきた。

　以下での議論は拡散史に関わる極めて重要なものである。同時に，本書における理論展開を補足するものでもある。

　はじめに，既存理論にしたがって Fick の拡散流束を独立した法則として用いて，Darken 式導出過程における問題点を検討する。2元系相互拡散問題において，拡散対の形状変化が無視できるとき，拡散粒子 I, II の規格化濃度間に

$$C^{\mathrm{I}} + C^{\mathrm{II}} = 1 \tag{5-5}$$

が成立すること，および相互拡散場における拡散粒子 I, II の拡散方程式中の拡散係数 $D^{\mathrm{I}}, D^{\mathrm{II}}$ の間には，相互拡散係数 $\tilde{D}$ として関係式

$$\tilde{D} = D^{\mathrm{I}} = D^{\mathrm{II}} \tag{5-9}$$

が微分方程式の中で成立していることに疑問の余地はない。

[1] 固有拡散の想定

　既存の拡散理論では，拡散方程式の座標変換に関する議論がされておらず，関係式(5-9)が成立する限り K 効果を説明できないと想定された。そこで，相互拡散場に拡散粒子 I, II の新たな固有拡散係数 $D_{\mathrm{int}}^{\mathrm{I}}(t,x), D_{\mathrm{int}}^{\mathrm{II}}(t,x)$ が存在するとして，拡散領域 $x_{\mathrm{A}} < x < x_{\mathrm{B}}$ での拡散粒子 I, II に対して固有拡散流束

$$J_{\mathrm{int}}^{\mathrm{I}}(t,x) = -D_{\mathrm{int}}^{\mathrm{I}} \partial_x C^{\mathrm{I}}(t,x) \tag{A-1}$$

$$J_{\mathrm{int}}^{\mathrm{II}}(t,x) = -D_{\mathrm{int}}^{\mathrm{II}} \partial_x C^{\mathrm{II}}(t,x) \tag{A-2}$$

が想定された。その根拠は，式(A-1), (A-2)に式(5-5)を代入して得られる関係式

$$J_{\mathrm{int}}^{\mathrm{I}}(t,x) + J_{\mathrm{int}}^{\mathrm{II}}(t,x) = \left(D_{\mathrm{int}}^{\mathrm{I}} - D_{\mathrm{int}}^{\mathrm{II}}\right) \partial_x C^{\mathrm{II}}(t,x) \tag{A-3}$$

において，$D_{\mathrm{int}}^{\mathrm{I}} \neq D_{\mathrm{int}}^{\mathrm{II}}$ であれば，

$$J_{\mathrm{int}}^{\mathrm{I}}(t,x) + J_{\mathrm{int}}^{\mathrm{II}}(t,x) \neq 0 \tag{A-4}$$

となり，K 効果が説明できると想定されたからである。

　その一方で，拡散粒子 I, II の相互拡散係数 $\tilde{D}$ としては，式(5-9)を満たす必要があり，1948年に Darken 式

$$\tilde{D} = D_{\text{int}}^{\text{I}} C^{\text{II}} + D_{\text{int}}^{\text{II}} C^{\text{I}} \tag{A-5}$$

が導出された。

はじめに，Darken 式(A-5)の導出過程を示しておくことにする。拡散対接合初期界面に不活性マーカーを設定した K 界面の拡散系外の静止座標原点に対する速度を v として，固有拡散流束

$$J^{j} = -D_{\text{int}}^{j} \partial_x C^{j} + v C^{j} \quad (j = \text{I, II}) \tag{A-6}$$

が成立すると想定した。式(A-6)に関係式(5-5)を用いて t, x の偏微分方程式

$$J = J^{\text{I}} + J^{\text{II}} = -\left(D_{\text{int}}^{\text{I}} - D_{\text{int}}^{\text{II}}\right) \partial_x C^{\text{I}} + v \tag{A-7}$$

が成立する。

ここで，拡散流束 J が $x \to \infty$ でゼロになるとの理由で，式(A-7)において $J=0$ として関係式

$$v = \left(D_{\text{int}}^{\text{I}} - D_{\text{int}}^{\text{II}}\right) \partial_x C^{\text{I}} \tag{A-8}$$

が導出された。式(5-5)を用いて式(A-8)の v を式(A-6)に代入すれば，

$$J^{\text{I}} = -\left(D_{\text{int}}^{\text{I}} C^{\text{II}} + D_{\text{int}}^{\text{II}} C^{\text{I}}\right) \partial_x C^{\text{I}} \tag{A-9}$$

が得られる。

さらに，式(A-9)が相互拡散流束の関係式

$$J^{\text{I}} = -\tilde{D} \partial_x C^{\text{I}} \tag{A-10}$$

に等しいとすれば，Darken 式

$$\tilde{D} = D_{\text{int}}^{\text{I}} C^{\text{II}} + D_{\text{int}}^{\text{II}} C^{\text{I}} \tag{A-5}$$

が導出される。

式(A-5)の導出過程には基礎物理数学の根幹に関わる幾つかの誤認問題があり，第 5 章の記述と重複する部分もあるが，その重要性に鑑みて物理数学の基礎理論にしたがって以下で詳細に議論しておくことにする。

[2] 拡散方程式の座標変換論

拡散現象の本質は，局所時空におけるランダム運動の挙動として得られた偏微分方程式(1-20)において，放物線則を意味する拡散係数の関係式(1-21)を代入して得られる拡散方程式(1-22)に示されている。発散定理から拡散現象を検討すると，広義の拡散方程式は式(1-48)で表される。拡散現象を理解するためには §5-1 で論じた拡散方程式の座標変換についての議論が必要不可欠である。

既存理論で物理的な考察から拡散流束として用いられている関係式(A-6)は，§6-2 の座標変換論にしたがって，本来，次のようにして求められるものである。

式(5-6)に示した初期拡散対界面の拡散場(溶媒)に設定された点 P を座標原点 $(t, x) = (0, 0)$ とした拡散の基本方程式

$$\partial_t C^j = \partial_x \left\{ D^j \partial_x C^j \right\} \quad (j = \text{I, II}) \tag{A-11}$$

について,座標系原点 P が拡散系外の静止座標系 (τ, ξ) の原点 R に対して速度 v_{RP} で運動しているとする。この場合,空間座標が互いに平行で時刻 $t = \tau = 0$ のとき $x = \xi = 0$ として,拡散方程式(A-11)を座標系 (τ, ξ) の方程式に座標変換すれば,§6-2 で示したように

$$\partial_\tau C^j = \partial_\xi \left\{ D^j \partial_\xi C^j - v_{\text{RP}} C^j \right\} \tag{A-12}$$

となる。

拡散系内の拡散領域空間に設定された固定座標系 $(\tilde{t}, \tilde{x})$ の原点 Q に対して,上述の座標系 (t, x) の原点 P が速度 v_{QP} で運動しているとき,時刻 $t = \tilde{t} = 0$ のとき $x = \tilde{x} = 0$ として,式(A-11)を座標系 $(\tilde{t}, \tilde{x})$ に座標変換すれば,

$$\partial_{\tilde{t}} C^j = \partial_{\tilde{x}} \left(D^j \partial_{\tilde{x}} C^j - v_{\text{QP}} C^j \right) \tag{A-13}$$

が得られる。

発散定理にしたがって,式(A-12)の両辺を ξ について積分すれば,拡散流束の関係式

$$J_{\text{R}}^j = -\int_{\tau=0}^{\tau} \partial_\tau C^j d\xi = -D^j \partial_\xi C^j + v_{\text{RP}} C^j + J_\xi^j(\tau) + J_{\text{eq}}^j \tag{A-14}$$

が成立する。ここで,$J_\xi^j(\tau) + J_{\text{eq}}^j$ は ξ の積分に関する積分定数である。拡散流束 $J_\xi^j(\tau)$ は拡散場の粒子が拡散進行することで生じた空孔の流束を拡散系外の静止座標系から見たものであり,J_{eq}^j は局所空間における拡散粒子 j の Brown 運動を意味する時空に依存しない固有拡散流束で,濃度勾配ゼロの自己拡散現象を理解する上で極めて重要な概念である。

同様に,拡散系内の固定座標系における拡散方程式(A-13)の両辺を $\tilde{x}$ について積分すれば,

$$J_{\text{Q}}^j = -\int_{\tilde{t}=0}^{\tilde{t}} \partial_{\tilde{t}} C^j d\tilde{x} = -D^j \partial_{\tilde{x}} C^j + v_{\text{QP}} C^j + J_{\text{eq}}^j \tag{A-15}$$

が成立する。また,拡散方程式(A-11)の両辺を x について積分すれば,

$$J_{\text{P}}^j = -\int_{t=0}^{t} \partial_t C^j dx = -D^j \partial_x C^j + J_{\text{eq}}^j \tag{A-16}$$

が成立する。拡散方程式(A-11)は Fick の第2法則そのものであり,それから得られた拡散流束を意味する式(A-16)は Fick の第1法則に対応しなければならない。

§6-2 での議論から式(5-5),(5-9),(6-5)の条件下で次式

$$\sum_{j=\text{I}}^{\text{II}} D^j \partial_\xi C^j = \sum_{j=\text{I}}^{\text{II}} D^j \partial_{\tilde{x}} C^j = \sum_{j=\text{I}}^{\text{II}} D^j \partial_x C^j = 0, \quad \sum_{j=\text{I}}^{\text{II}} J_{\text{eq}}^j = 0$$

が成立するので,

$$J_{\text{R}} = \sum_{j=\text{I}}^{\text{II}} J_{\text{R}}^j = v_{\text{RP}} + \sum_{j=\text{I}}^{\text{II}} J_\xi^j(\tau), \quad J_{\text{Q}} = \sum_{j=\text{I}}^{\text{II}} J_{\text{Q}}^j = v_{\text{QP}}, \quad J_{\text{P}} = \sum_{j=\text{I}}^{\text{II}} J_{\text{P}}^j = 0$$

が成立する．ここで，$\sum_{j=\mathrm{I}}^{\mathrm{II}} J_\xi^j(\tau)$ は拡散粒子 I, II の拡散進行に伴って生じた空孔の流束に対応している．換言すれば，拡散領域空間の移動を表しており，固定座標系 $(\tilde{t}, \tilde{x})$ の原点 Q の拡散系外の静止座標系 (τ, ξ) の原点 R に対する速度を v_{RQ} とすれば，原点 Q は拡散粒子 I, II の拡散進行とは逆方向に移動することになるので，

$$\sum_{j=\mathrm{I}}^{\mathrm{II}} J_\xi^j(\tau) = -v_{\mathrm{RQ}}$$

が成立する．

拡散系内の拡散流束の収支は拡散系外から見た拡散流束に一致する．したがって，$t = \tilde{t} = \tau$ としているので関係式

$$J_{\mathrm{R}} = J_{\mathrm{Q}} + J_{\mathrm{P}} \tag{A-17}$$

が成立しなければならない．式(A-17)に上述の関係式を代入すると，

$$v_{\mathrm{RP}} = v_{\mathrm{RQ}} + v_{\mathrm{QP}} \tag{A-18}$$

が成立する．式(A-18)の関係は，点 P の速度を点 Q, R から見たとき物理的に成立するべき当然の結果を示している．

Kirkendall の実験結果は M 界面 $(x=0)$ が不動であることを示している．換言すれば，拡散系外の点 R から見ると，§5-2 で論じた筏モデルにおいて物理系の質量中心が湖岸に対して不動となることに対応している．これは拡散系の質量中心が不動になるように拡散系外の自由空間から空孔が流出入して式(A-18)で $v_{\mathrm{RP}} = 0$ となり，所謂 M 界面の移動速度 v_{QP} を相殺するように，K 界面 $(\tilde{x} = 0)$ が速度 $v_{\mathrm{RQ}} = -v_{\mathrm{QP}}$ で移動していることになる．以上の議論から，不活性マーカーの移動距離を意味する K 効果 Δx_{eff} は座標系間の Shift 効果

$$\Delta x_{\mathrm{eff}} = \int_0^t |v_{\mathrm{RQ}}| d\tau = \int_0^t |v_{\mathrm{QP}}| d\tilde{t} \tag{A-19}$$

として求められる．したがって，K 効果を説明するのに固有拡散の想定は不必要である．

[3] Darken 式の問題点

物理数学の基礎理論にしたがって，Darken 式導出過程の問題点を検討する．

(1) 問題点 I

Darken 式導出に用いられた拡散流束

$$J = J^{\mathrm{I}} + J^{\mathrm{II}} = -\left(D_{\mathrm{int}}^{\mathrm{I}} - D_{\mathrm{int}}^{\mathrm{II}}\right) \partial_x C^{\mathrm{I}} + v \tag{A-7}$$

は，K 界面の移動に関係した独立変数 t, x の微分方程式である．したがって，独立変数の1つである x についてだけ，物理的に $x \to \infty$ のとき $J = 0$ になるとの理由で任意の独立変数 t, x について成立する関係式として導出されている次式

$$v = \left(D_{\mathrm{int}}^{\mathrm{I}} - D_{\mathrm{int}}^{\mathrm{II}}\right) \partial_x C^{\mathrm{I}} \tag{A-8}$$

は数学理論では受け入れられない．事実，式(A-8)の右辺は t, x の関数であるが，左辺は t だけの関数であり，独立変数 x の変化に対する説明ができない．したがって，式(A-8)は物理数学的に成立しない式である．

現実には式(6-19)に示したように，K 効果の実験結果は放物線則を満たして時間だけに依存しているが，式(A-8)ではこの K 効果を説明できない．一方，式(6-21)は放物線則を満たした K 効果の実験事実に一致している．

なお，式(A-8)を容認するために，拡散場に外力が存在する条件下で拡散粒子のジャンプ頻度に関連して速度 v が独立変数 t, x の関数であるとの見解も見受けられるが，ここでの Drift Velocity は確かに速度の次元を有した時空に依存した物理量ではあるが，物理的には拡散係数の勾配そのものであり，速度の概念には適用できないものである［付録 6-B 参照］．端的な事例として，力のモーメントはエネルギーの次元[joule]を有するが，ベクトル量である力のモーメントはスカラー量であるエネルギーの概念とは異なり，同一の次元を有してもこれらは全く異なる物理量であり，同等に取り扱えない．

さらに，不活性マーカーは，その不活性の特性から式(A-6)を想定するとき，マーカーの移動は空間座標 x に依存しないとして，濃度距離曲線全体の平行移動として式(A-6)に vC^j として取り入れている．それにも拘わらず，式(A-8)ではマーカーの移動速度が空間座標 x に依存する結果が導出されている．これは明らかな自己矛盾である．また，マーカーの移動速度 v が拡散領域の位置 x で異なるので，v は x にも依存するとの見解も見受けられるが，この場合マーカーは単に加速度運動しているだけのことである．

既存理論では拡散方程式の座標系の問題が考慮されていない．したがって，式(A-6)は座標変換論から式(A-15)で $(\tilde{t}, \tilde{x}) \to (t, x)$，$D^j \to D^j_{\text{int}}$，$v_{\text{QR}} \to v$，$J^j_{\text{eq}} = 0$ に書き換えたものである．そこで，ここでの理論構成は，発散定理に基づいて式(A-6)を拡散流束として有する拡散方程式に関係式(5-5)を用いて得られる次式

$$\partial_t \left(C^{\text{I}} + C^{\text{II}} \right) = \partial_x \left\{ \left(D^{\text{I}}_{\text{int}} - D^{\text{II}}_{\text{int}} \right) \partial_x C^{\text{I}} - v \right\} = 0 \tag{A-20}$$

を検討するべきである．何故ならば，時空に関する拡散流束の関係式は拡散問題の解析に具体的に用いることはできない．ただし，第 4 章での放物空間における拡散流束の関係式は拡散問題の解析に適用できる．

独立変数 t, x に関する偏微分方程式の一般論にしたがえば，式(A-20)が成立することは，$f(t)$ を t の任意関数として，次式

$$\left(D^{\text{I}}_{\text{int}} - D^{\text{II}}_{\text{int}} \right) \partial_x C^{\text{I}} - v = f(t) \tag{A-21}$$

が成立することを意味する．式(A-21)を変形して得られる式

$$\left(D^{\text{I}}_{\text{int}} - D^{\text{II}}_{\text{int}} \right) \partial_x C^{\text{I}} = v + f(t) \tag{A-22}$$

の右辺は独立変数 t だけの関数である．したがって，式(A-22)が恒等的に成立するためには

$$D^{\text{I}}_{\text{int}} - D^{\text{II}}_{\text{int}} = 0, \qquad v + f(t) = 0 \tag{A-23}$$

が物理的に成立しなければならない。

以上の結果から，固有拡散流束として式(A-1), (A-2)を想定しても，数学理論にしたがって解析すれば，$D_{\text{int}}^{\text{I}} = D_{\text{int}}^{\text{II}}$ となり，式(5-9)と同一の結果となる。

(2) 問題点 II

既存拡散理論では拡散方程式について座標系の議論がなされていない。その一方で不活性マーカーの移動は議論されている。不活性マーカーの挙動はその不活性である特性から明らかに拡散領域空間の挙動を可視化したものである。したがって，運動している拡散領域において拡散場に設定した拡散粒子の拡散方程式は運動座標系になる。一方，拡散現象の実験観測は拡散系外の静止座標系で行われており，解析結果を実験結果に対比するためには座標変換をすることが一般に必要である。

上述したように，式(A-6)の拡散流束の表示は固定座標系で表示した式(A-15)に対応するものである。一方，式(A-10)の拡散流束の表示は運動座標系で表示した式(A-16)に対応したものである。したがって，Darken式導出に当たり，異なる座標系の関係式(A-9)と(A-10)を直接同値とすることは物理数学の根底理論に矛盾したものである。

(3) 問題点 III

拡散係数の定義にしたがえば，元来1つの拡散系における1つの拡散粒子に2つ以上の拡散係数を想定することは物理学の根底理論に反するものである。何故ならば，拡散係数とは時空の1点における1つの拡散粒子がその近傍の拡散場との相互作用の結果としてジャンプする頻度に直接関係しているからである。したがって，1つの拡散系で同一時空の1点で1つの拡散粒子が2つ以上のジャンプ頻度を有することは物理的にあり得ないことである。

上述のDarken式では，当該拡散系において拡散粒子Iが相互拡散係数と固有拡散係数として，2つの拡散係数 $D^{\text{I}}(=\tilde{D})$, $D_{\text{int}}^{\text{I}}$ を有していることになるが，これは容認できない物理的な矛盾である。事実，式(A-1), (A-2)を拡散流束とする拡散方程式は

$$\partial_t C^j = \partial_x \left\{ D_{\text{int}}^j \partial_x C^j \right\} \quad (j = \text{I, II}) \tag{A-24}$$

となるが，固有拡散係数を容認すれば，1つの拡散系の1つの拡散粒子の集団運動として式(A-11)と式(A-24)の2つの拡散方程式が存在することになる。これは明らかな自己矛盾である。したがって，式(5-9), (A-23)を勘案して

$$D^{\text{I}} = D_{\text{int}}^{\text{I}} = D^{\text{II}} = D_{\text{int}}^{\text{II}} \tag{A-25}$$

が結論付けられる。

以上の議論から，Darken式が不適当であることにもはや疑問の余地はない。同時に，固有拡散の概念は拡散史における幻想として受け入れるべきであろうか。ここでの拡散史における誤認問題は，§5-4で述べたように，偏微分方程式

$$\partial_x \left\{ (D^{\text{I}} - D^{\text{II}}) \partial_x C^{\text{I}} \right\} = 0$$

の中で式(5-9)が成立することを拡散流束に書き換えると，

$$\partial_x\{J^{\mathrm{I}}+J^{\mathrm{II}}\}=0$$

となるが，これらの関係式は偏微分方程式の中でのものであり，相互拡散方程式を解析して得られた一般解 C^j, D^j に初期・境界条件を代入した物理解を用いれば，初期・境界条件が同一でない限り，当該拡散領域で

$$D^{\mathrm{I}}\neq D^{\mathrm{II}},\quad J^{\mathrm{I}}+J^{\mathrm{II}}\neq 0 \tag{A-26}$$

となることは自明である。

式(A-26)から相互拡散問題でK効果が生じることは当然である。拡散史における長期に亘る固有拡散の幻想は微分方程式についての極めて初歩的な誤認に起因したものである。端的には，それは数学的な微分方程式の一般解と当該物理系の初期・境界条件を取り入れた物理解との相異を意識していないことによる。

付録 6-B 拡散流束と Driving Force

拡散専門書には，拡散系に Driving Force または外力 F が作用するとき，これを拡散流束に取り入れて議論している。ここでの議論はベクトル量に関する議論であるが，本書では §2-4 でスカラー量である F のポテンシャル・エネルギーを Boltzmann 因子に取り入れて，拡散方程式について議論した。以下では，はじめに既存理論について議論する。

最近接結晶面 1, 2 に垂直な方向に x 軸を設定し，これらの結晶面間での x 方向への拡散粒子のジャンプ移動について，結晶面間の中点における界面を通る正味の拡散流束を J とすれば，結晶面 1 から結晶面 2 へのジャンプ頻度 Γ_{12}，結晶面 2 から結晶面 1 へのジャンプ頻度 Γ_{21} として

$$J = n_1 \Gamma_{12} - n_2 \Gamma_{21} \tag{B-1}$$

が成立する。ここで，$n_1(x - \Delta x)$, $n_2(x + \Delta x)$ は結晶面 1, 2 での拡散粒子の数である。

拡散粒子の単位体積当たりの濃度 $C(x)$ と単位面積当たりの濃度 $n(x)$ との間には，結晶の格子定数を a として

$$n(x) = aC(x) \tag{B-2}$$

が成立する。ただし，$a = 2\Delta x$ である。ここで，結晶面間の濃度勾配を $dn/dx = (n_2 - n_1)/a$ とすれば，関係式

$$\begin{cases} n_1 = n - \dfrac{a}{2}\dfrac{dn}{dx} \\ n_2 = n + \dfrac{a}{2}\dfrac{dn}{dx} \end{cases} \tag{B-3}$$

が成立する。

式 (B-2), (B-3) を式 (B-1) に代入して

$$J = -\frac{a^2}{2}(\Gamma_{12} + \Gamma_{21})\frac{dC}{dx} + a(\Gamma_{12} - \Gamma_{21})C \tag{B-4}$$

が得られる。ここで，記号

$$D^* = \frac{a^2}{2}(\Gamma_{12} + \Gamma_{21}) = a^2\Gamma, \quad v_F = a(\Gamma_{12} - \Gamma_{21}) \tag{B-5}$$

を用いて，式 (B-4) は

$$J = -D^*\frac{dC}{dx} + v_F C \tag{B-6}$$

に書き換えられる。ここで，D^* はトレーサー拡散係数を意味する。$\Gamma_{12} = \Gamma_{21}$ のときは，Drift Velocity と称されている v_F はゼロとなり，D^* は F が存在しない場合の拡散係数を意味する。

一方，式 (B-3) および Γ_{12}, Γ_{21} に Taylor 展開を適用すると，

$$\begin{cases} n_1(x-\Delta x) = n(x) - \Delta x \dfrac{dn}{dx} \\ n_2(x+\Delta x) = n(x) + \Delta x \dfrac{dn}{dx} \end{cases} \quad (\text{B-7})$$

および

$$\begin{cases} \Gamma_{12}(x-\Delta x) = \Gamma(x) - \Delta x \dfrac{d\Gamma(x)}{dx} \\ \Gamma_{21}(x+\Delta x) = \Gamma(x) + \Delta x \dfrac{d\Gamma(x)}{dx} \end{cases} \quad (\text{B-8})$$

となる。式(B-7),(B-8)を式(B-1)に代入して,

$$J = -D^* \dfrac{dC}{dx} - \dfrac{dD^*}{dx} C \quad (\text{B-9})$$

が得られる。ここで,$dD^*/dx = d(a^2\Gamma)/dx$とした。式(B-6),(B-9)は

$$v_F = -\dfrac{dD^*}{dx} \quad (\text{B-10})$$

が成立することを示している。式(B-10)は速度の次元を有してはいるが,Driving Force が存在するとき拡散係数 D^* の勾配は時空に依存するので,式(B-10)は v_F が時空に依存していることを示している。以下の理由で,式(B-10)の v_F は速度の概念で拡散問題の解析に適用すべきではない。

物理学では,時空に依存する速度は一般には想定できないので,式(B-10)の v_F は速度の概念ではなく,拡散係数の勾配として受け入れるべき物理量である。物理学的に同一の次元を有していても,その物理量の概念は異なる事例として,同一次元を有する力のモーメントと力のポテンシャル・エネルギーの関係を考えれば明らかであろう。

[付録1-A]において,拡散場に外力 F が存在するとき,水中の花粉微粒子の挙動を不純物拡散問題として拡散係数が物理定数である条件下で,拡散場に設定した座標系 (t,x) での拡散の基本方程式を拡散系外の座標系 (τ,ξ) で表した拡散方程式に変換して Einstein の Brown 運動を議論した。

拡散問題の一般論として,拡散場に外力 F が存在する場合,外力によるエントロピーへの影響から拡散係数の変化が想定される。不純物拡散を D_0 と記し,§2-4 で拡散係数について論じた式(2-36)で $D_T \to D_0$ とし,拡散場への外力の影響をも考慮して拡散系外の座標系 (τ,ξ) での拡散方程式(6-10)は

$$\begin{cases} \dfrac{\partial C}{\partial \tau} = \dfrac{\partial}{\partial \xi}\left(D\dfrac{\partial C}{\partial \xi} - vC\right) \\ \quad = D\dfrac{\partial^2 C}{\partial \xi^2} + \left(\dfrac{D_0 F}{k_B T} - v\right)\dfrac{\partial C}{\partial \xi} \end{cases} \quad (\text{B-11})$$

となる。ただし,座標系 (t,x) の原点の座標系 (τ,ξ) の原点に対する速度を v とし,U_F は外力 F のポテンシャル・エネルギーである。

式(B-11)に関する拡散流束 J は式(A-14)から

$$J = -D\frac{\partial C}{\partial \xi} + vC + J_\xi(\tau) + J_{\text{eq}} \tag{B-12}$$

となる。第6章での拡散理論から式(B-12)の $J_\xi(\tau) + J_{\text{eq}}$ は極めて重要な物理量であることが判明したが，以下では既存理論にしたがって $J_\xi(\tau) + J_{\text{eq}} = 0$ として議論する。

　外力 F の作用下で拡散領域での拡散現象が安定して，拡散粒子が放物線則を満たしてランダム運動をしている状況下では，$\partial C/\partial \tau = D\partial^2 C/\partial \xi^2$ が成立しており，式(B-11)から

$$\frac{D_0 F}{k_\text{B} T} - v = 0 \tag{B-13}$$

が成立することになる。式(B-13)において，速度 v が外力 F に比例して，[付録1-A]での式(A-8)が成立しておれば，式(B-13)は[付録1-A]に示した Einstein の関係式(A-13)

$$D_0 = \mu k_\text{B} T$$

に書き換えられる。第1章で議論したように，Einstein は花粉微粒子に作用する外力の平衡を想定して上述の関係式を求めた。ここでは，外力 F のポテンシャル・エネルギー U_F を Boltzmann 因子に取り入れて，拡散方程式の座標系に関する議論から Einstein とは独立に所謂 Einstein の関係式を導出した。

　ここでの定常状態 $J=0$ における濃度分布は，$J=0$ から積分定数を A として次式

$$\frac{1}{C}\frac{\partial C}{\partial \xi} = \frac{\mu F}{D},\ F = k_\text{B} T\frac{\partial}{\partial \xi}\{\ln D\} \ \rightarrow \ C(\xi) = A\exp\left[-\frac{\mu k_\text{B} T}{D}\right]$$

となる。そこで，次の関係式

$$D = D_0 \exp\left[-\frac{U_\text{F}}{k_\text{B} T}\right],\ D_0 = \mu k_\text{B} T$$

において $U_\text{F}/k_\text{B}T \ll 1$ であれば，[付録1-A]に示した Boltzmann 分布

$$C(\xi) = C_0 \exp\left[-\frac{U_\text{F}}{k_\text{B} T}\right] \tag{A-15}$$

となる。ただし，$C_0 = Ae^{-1}$ とした。

　外力 F による拡散系のエントロピーへの影響は無視でき，外力 F の存在によって拡散場全体が Shift する場合，拡散系の温度が一定の条件下で拡散係数を $D = D_0$ なる物理定数として式(B-12)は[付録1-A]での式(A-5)に一致して

$$J = -D_0\frac{\partial C}{\partial \xi} + vC \tag{B-14}$$

となる。

　一見すると，式(B-14)は上記に示した

$$J = -D^*\frac{dC}{dx} + v_\text{F} C \tag{B-6}$$

に酷似している。しかしながら，上述したように式(B-6)の v_F は式(B-10)に示した拡散係数の勾配であり，速度の次元を有していても速度の概念として物理的には適用できないものである。

一方，外力 F が作用したことで拡散領域にエントロピーの変化が生じる場合は，式(2-36)の導出過程で議論したように拡散係数は拡散粒子と拡散場との相互作用に依存するので，式(1-51)で示される拡散系に与えられた物理的な要因はすべて拡散係数に取り入れられることになる。したがって，拡散系内での拡散方程式は

$$\begin{cases}\dfrac{\partial C}{\partial t}=\dfrac{\partial}{\partial x}\left(D\dfrac{\partial C}{\partial x}\right)\\ \qquad =D\dfrac{\partial^2 C}{\partial x^2}+\dfrac{D_0 F}{k_B T}\dfrac{\partial C}{\partial x}\end{cases} \quad \text{(B-15)}$$

となり，拡散流束は

$$J=-D\dfrac{\partial C}{\partial x} \quad \text{(B-16)}$$

となる。

　ここで得られた重要なことは，Einstein の関係式(B-12)が成立しておれば，式(B-11)は

$$\dfrac{\partial C}{\partial \tau}=D\dfrac{\partial^2 C}{\partial \xi^2} \quad \text{(B-17)}$$

となり，これは線形微分方程式である。一方，式(B-15)は

$$\dfrac{\partial C}{\partial t}=D\dfrac{\partial^2 C}{\partial x^2}+v\dfrac{\partial C}{\partial x} \quad \text{(B-18)}$$

となる。式(B-17)と(B-18)との関係は

$$\xi=x+\int_0^t v d\tau$$

によって相互に変換される。

　式(B-6)の導出過程での問題は，外力 F によって生じた拡散領域における拡散粒子と拡散場の相互作用の変化に起因する拡散係数へのエントロピーの影響を考慮せず，直接拡散粒子のジャンプ頻度だけに注目したことにある。したがって，式(B-6)は既存拡散理論で極めて重要な関係式として受け入れられてはいるが，拡散現象の議論には適用できないと考えられる。さらに，Driving Force を考慮した拡散方程式(B-15)の解析的な解が式(4-39),(4-40)としてすでに得られていることを勘案すれば，ここでの拡散流束の議論が有意であるとは考えられない。

第7章　拡散問題に関連した基礎数学

§7-1　Taylor 展開とEuler の関係式
§7-2　定係数線形微分方程式
§7-3　Cauchy の積分公式
§7-4　直交関数系とFourier 級数
§7-5　Fourier 変換
§7-6　Laplace 変換
§7-7　超関数としてのδ関数
§7-8　Sturm Liouville の方程式
§7-9　Green 関数
付録 7-A　Stockes の定理
付録 7-B　Fourier 級数の完備性と収束性
付録 7-C　Riemann Lebesgue の定理

> 自然現象を理解する上で数学の知識が重要な役割を演じていることは万人の認めるところである。拡散現象を数理解析する場合でも，応用数学の知識は必要不可欠である。しかしながら，通常の拡散に関する書籍では，応用数学そのものに関する記述には基礎数学の立場からは不十分なものが多いように思われる。そこで，本書では拡散現象を数理解析する上で必要と思われる数学分野について，基礎数学の視点から数学的な飛躍のないように以下で1章を設けて解説する。

§7-1 Taylor 展開と Euler の関係式

Taylor 展開は物理学や工学における諸問題を解析する上で極めて重要な数学の関係式の1つである。Taylor 展開について述べる前に，論理の飛躍をさけるために，Rolle の定理について説明する。

Rolle の定理とは，「$a \leq x \leq b$ で $f'(x)$ が連続で $f(a)=f(b)$ であれば，$a \leq x \leq b$ に $f'(x)=0$ を満たす x の値が少なくとも1つある」ことを意味する。これは以下のように理解される。

恒等的に $f(x)=f(a)$ が成立すれば，$f'(x)=0$ となり定理が成立することは自明である。そうでない場合は，$a \leq x \leq b$ における $f(x)$ の最大値 M または最小値 m とすると，$M=f(c_M)$ または $m=f(c_m)$ となる点 $x=c_M$ または $x=c_m$ が $a \leq x \leq b$ に存在する。このとき，恒等的に $f(x)=f(a)$ ではないので，少なくとも $x=c_M$ または $x=c_m$ の一方は開区間 $a<x<b$ に属する。ここで，$a<c_M<b$ とすると，h を十分小さい正数として，

$$\frac{f(c_M+h)-f(c_M)}{h} \leq 0, \quad \frac{f(c_M)-f(c_M-h)}{h} \geq 0$$

が得られるが，$h \to 0$ とすれば上式は $x=c_M$ での微分係数に等しい。このとき，前者は $f'(c_M) \leq 0$，後者は $f'(c_M) \geq 0$ であり，これは $f'(c_M)=0$ を意味する。全く同様に，$a<c_m<b$ のときも $f'(c_m)=0$ が得られる。

次に Taylor の定理とは，「$f(x), f'(x), \cdots, f^{(n-1)}(x)$ は $a \leq x \leq b$ で連続で n 回微分 $f^{(n)}(x)$ が $a<x<b$ で存在すれば，

$$f(b) = \sum_{k=0}^{n-1} \frac{(b-a)^k}{k!} f^{(k)}(a) + R_n, \quad \text{ただし}, \quad R_n = \frac{(b-a)^n}{n!} f^{(n)}(c), \ a<c<b$$

が成立する」ことを意味する。これは以下のように理解される。

Taylor の定理において，$a=x$, $R_n=\alpha(b-x)^n$ として右辺を左辺に移項したものを $\varphi(x)$ とすると，

$$\varphi(x) = f(b) - \sum_{k=0}^{n-1} \frac{(b-x)^k}{k!} f^{(k)}(x) - \alpha(b-x)^n \tag{7-1}$$

が得られる。式(7-1)は，$\varphi(a)=\varphi(b)=0$ を満たすので，Rolle の定理が成立する。したがって，$\varphi'(c)=0$ を満たす点 $x=c$ が $a<c<b$ に存在する。そこで，式(7-1)の両辺を x について微分すれば，

$$\varphi'(x) = \sum_{k=1}^{n-1}\left[\frac{(b-x)^{k-1}}{(k-1)!}f^{(k)}(x) - \frac{(b-x)^k}{k!}f^{(k+1)}(x)\right] + \alpha n(b-x)^{n-1}$$

$$= -\frac{(b-x)^{n-1}}{(n-1)!}f^{(n)}(x) + \alpha n(b-x)^{n-1}$$

となり，$\varphi'(c) = 0$ から $\alpha = f^{(n)}(c)/n!$ が成立するので，Taylor の定理が得られる。

Taylor の定理において，$a = 0, b = x$ とすれば，Maclaurin の展開定理と称される

$$f(x) = \sum_{k=0}^{\infty}\frac{x^k}{k!}f^{(k)}(0) \tag{7-2}$$

が得られる。式(7-2)は関数 $f(x)$ を整級数に展開するときに用いられる。

Euler の関係式は次の Maclaurin の展開式

$$\sin(x) = x - \frac{x^3}{3!} + \frac{x^5}{5!} - \frac{x^7}{7!} + \frac{x^9}{9!} - \cdots$$

$$\cos(x) = 1 - \frac{x^2}{2!} + \frac{x^4}{4!} - \frac{x^6}{6!} + \frac{x^8}{8!} - \cdots$$

$$e^x = 1 + x + \frac{x^2}{2!} + \frac{x^3}{3!} + \cdots + \frac{x^n}{n!} + \cdots$$

を用いて得られる。e^x において $x \to ix$ とすると，

$$e^{ix} = 1 + ix - \frac{x^2}{2!} - i\frac{x^3}{3!} + \frac{x^4}{4!} + i\frac{x^5}{5!} - \frac{x^6}{6!} - i\frac{x^7}{7!} + \frac{x^8}{8!} + i\frac{x^9}{9!} - \cdots$$

$$= 1 - \frac{x^2}{2!} + \frac{x^4}{4!} - \frac{x^6}{6!} + \frac{x^8}{8!} - \cdots + i\left(x - \frac{x^3}{3!} + \frac{x^5}{5!} - \frac{x^7}{7!} + \frac{x^9}{9!} - \cdots\right)$$

となる。上式において，実数部と虚数部に注目すると，Euler の関係式と称される

$$e^{ix} = \cos(x) + i\sin(x) \tag{7-3}$$

が三角関数と指数関数の関係を表す極めて重要かつ美しい関係式として成立する。

次に二変数関数 $f(x,y)$ が点 $P(a,b)$ の近傍で n 回偏微分可能で偏導関数は連続であり，点 $Q(a+h, b+k)$ は点 $P(a,b)$ の近傍の点で線分 PQ もその近傍に属するとするとき，二変数関数の Taylor の定理とは，「$0 < \theta < 1$ として

$$f(a+h, b+k) = \sum_{m=0}^{n-1}\left[\frac{1}{m!}\left(h\frac{\partial}{\partial x} + k\frac{\partial}{\partial y}\right)^m f(a,b)\right] + \frac{1}{n!}\left(h\frac{\partial}{\partial x} + k\frac{\partial}{\partial y}\right)^n f(a+\theta h, b+\theta k)$$

が成立する」ことを意味する。これは以下のように理解される。

$x = a + ht, y = b + kt, 0 \leq t \leq 1$ として，$F(t) = f(a+ht, b+kt)$ とおく。このとき，

$$\frac{d}{dt}f(x,y) = \left(\frac{dx}{dt}\frac{\partial}{\partial x} + \frac{dy}{dt}\frac{\partial}{\partial y}\right)f(x,y)$$

となるので，

$$F^{(m)}(t) = \left(h\frac{\partial}{\partial x} + k\frac{\partial}{\partial y}\right)^m f(x,y) \tag{7-4}$$

が成立する。

$F(t)$ を Taylor 展開すると,

$$F(b) = \sum_{m=0}^{n-1} \frac{(b-a)^m}{m!} F^{(m)}(a) + \frac{(b-a)^n}{n!} F(a+\theta(b-a)), \quad 0 < \theta < 1$$

となるが,この式で $a=0, b=1$ とすると

$$F(1) = \sum_{m=0}^{n-1} \frac{1}{m!} F^{(m)}(0) + \frac{1}{n!} F(\theta), \quad 0 < \theta < 1 \tag{7-5}$$

が得られる。

式(7-4)および $F(t) = f(a+ht, b+kt)$ を用いて,式(7-5)を関数 f 表示にすると,

$$f(a+h, b+k) = \sum_{m=0}^{n-1} \left\{ \frac{1}{m!} \left(h\frac{\partial}{\partial x} + k\frac{\partial}{\partial y} \right)^m f(a,b) \right\} + \frac{1}{n!} \left(h\frac{\partial}{\partial x} + k\frac{\partial}{\partial y} \right)^n f(a+\theta h, b+\theta k)$$

として二変数関数 $f(x,y)$ の Taylor の定理が求められる。また,$a=b=0, h=x, k=y$ とすると,Maclaurin の展開定理に相当する関係式

$$f(x,y) = \sum_{m=0}^{n-1} \left\{ \frac{1}{m!} \left(x\frac{\partial}{\partial x} + y\frac{\partial}{\partial y} \right)^m f(0,0) \right\} + \frac{1}{n!} \left(x\frac{\partial}{\partial x} + y\frac{\partial}{\partial y} \right)^n f(\theta x, \theta y) \tag{7-6}$$

が得られる。

§7-2 定係数線形微分方程式

物理学や工学分野の諸現象について数学を用いて記述するとき,多くの場合これらの現象は多変数に依存しており,厳密には非線形偏微分方程式として表される。この場合,非線形偏微分方程式を解析することは,ほとんど不可能である。また,線形偏微分方程式でもこれを解析することは相当に困難である。そこで,ここでは最も簡単な定係数の線形常微分方程式について,その演算子解法を述べておく。具体的により難解な微分方程式を解析するとき,例えば,偏微分方程式を変数分離解法で解析するとき,ここでの基礎解析法が役立つものと考えられる。

定係数を a_k として y について n 階の斉次常微分方程式を

$$a_n D^n y + a_{n-1} D^{n-1} y + \cdots + a_1 Dy + a_0 y = \sum_{k=0}^{n} a_k D^k y = 0 \tag{7-7}$$

とする。ここでの記号 D^k は x についての k 回微分の演算子 $D^k = d^k/dx^k$ を意味する。題意から,$a_n \neq 0$ であり,式(7-7)を因数分解して

$$\left\{ \prod_{k=i}^{n} (D - \alpha_i) \right\} y = 0 \tag{7-8}$$

が得られる。式(7-8)の数学的に有意な解は $y \neq 0$ であるので,演算子の関係式として $D = \alpha_i$ が成立する。この両辺に右から y を掛けて常微分方程式

$$Dy = \frac{dy}{dx} = \alpha_i y$$

が得られる。これを積分して,任意定数を A_i として

$$y = A_i \exp[\alpha_i x] \tag{7-9}$$

が得られる。式(7-7)が線形であることから,式(7-9)の1次結合

$$y = \sum_{i=1}^{n} A_i \exp[\alpha_i x] \tag{7-10}$$

は式(7-7)を満たし,n個の任意定数を含んでいるので,常微分方程式の解の唯一性から式(7-7)の一般解である。

なお,式(7-8)の解α_iがm重根$(D-\alpha_i)^m = 0$をもつとき,$(D-\alpha_i)^m y = 0$の解はA_mを任意定数として

$$y = A_m \exp[\alpha_i x] \tag{7-11}$$

となるが,式(7-11)にはm個の任意定数を含む必要がある。そこで,定数変化法として知られているように,$A_m = A_m(x)$として

$$(D-\alpha_i)^m \{A_m(x)\exp[\alpha_i x]\} = 0 \tag{7-12}$$

を満たすように$A_m = A_m(x)$を決定する。一般に,微分演算子Dについて関係式

$$\begin{aligned} D^m\{A_m(x)\exp[\alpha_i x]\} &= D^{m-1}\{DA_m(x)\exp[\alpha_i x]\} \\ &= D^{m-1}\{\exp[\alpha_i x](D+\alpha_i)A_m(x)\} \\ &\vdots \\ &= \exp[\alpha_i x](D+\alpha_i)^m A_m(x) \end{aligned} \tag{7-13}$$

が成立する。したがって,式(7-12)は

$$(D-\alpha_i)^m\{A_m(x)\exp[\alpha_i x]\} = \exp[\alpha_i x]D^m A_m(x) = 0 \tag{7-14}$$

となり,式(7-14)を満たす$A_m = A_m(x)$はxについての$(m-1)$次式

$$A_m(x) = \sum_{j=0}^{m-1} a_j x^j \tag{7-15}$$

となり,式(7-15)はm個の任意定数を含む。式(7-15)を式(7-11)のA_mに改めて用いることで,式(7-7)の一般解が求められる。

次に非斉次常微分方程式

$$\sum_{k=0}^{n} a_k D^k y = f(x)\exp[\omega_0 x] \tag{7-16}$$

の解析法について考える。形式的には$\Omega(D) = \sum_{k=0}^{n} a_k D^k$とすれば,式(7-16)の解は

$$y = [\Omega(D)]^{-1}\{f(x)\exp[\omega_0 x]\} = [\Omega(D)]^{-1}\{\exp[\omega_0 x]f(x)\} \tag{7-17}$$

である。

以下で,逆演算子$[\Omega(D)]^{-1}$について考察する。式(7-16)において$\Omega(D)$はDのn次方程式であり,これに式(7-13)の性質を用いると,

$$\Omega(D)\{\exp[\omega_0 x]f(x)\} = \exp[\omega_0 x]\Omega(D+\omega_0)f(x) \tag{7-18}$$

が成立する。式(7-18)で $h(x) = \Omega(D+\omega_0)f(x)$ とすれば，

$$\Omega(D)\{\exp[\omega_0 x]([\Omega(D+\omega_0)]^{-1}h(x))\} = \exp[\omega_0 x]h(x)$$

となる。改めて $h(x) \to f(x)$ に書き換えて式を整理すれば，式(7-17)，(7-18)から

$$y = [\Omega(D)]^{-1}\{\exp[\omega_0 x]f(x)\} = \exp[\omega_0 x][\Omega(D+\omega_0)]^{-1}f(x) \tag{7-19}$$

として式(7-17)の特解が求められる。

　以上から，斉次常微分方程式(7-7)の一般解である式(7-10)を余関数とし，式(7-19)を非斉次常微分方程式(7-16)の特解として，式(7-16)の一般解は余関数と特解の和

$$y = \sum_{k=1}^{n}\{A_k \exp[\alpha_k x]\} + \exp[\omega_0 x][\Omega(D+\omega_0)]^{-1}f(x) \tag{7-20}$$

として得られる。

　以下に簡単な具体例を示しておく。非斉次常微分方程式

$$\frac{d^2y}{dx^2} - \frac{dy}{dx} - 6y = x^2 e^x + \cos x$$

の一般解を求める。与式の余関数は斉次常微分方程式 $D^2 y - Dy - 6y = 0$ の一般解であり，式(7-8)，(7-10)から任意定数 A_1, A_2 として，

$$y = A_1 e^{3x} + A_2 e^{-2x}$$

となる。特解は，式(7-19)を用いて，

$$\begin{aligned}
y &= e^x[(D-2)(D+3)]^{-1}x^2 + [(D-3)(D+2)]^{-1}\cos x \\
&= e^x\{-1/6 - D/36 - 7D^2/216 - \cdots\}x^2 + \mathrm{Re}\{e^{ix}[(D-3+i)(D+2+i)]^{-1}\} \times 1 \\
&= -e^x(18x^2 + 6x + 7)/108 - (7\cos x + \sin x)/50
\end{aligned}$$

となり，与式の一般解は

$$y = A_1 e^{3x} + A_2 e^{-2x} - e^x(18x^2 + 6x + 7)/108 - (7\cos x + \sin x)/50$$

として求められる。

§7-3　Cauchyの積分公式

　複素平面 $z = x + iy$ 上の単連結閉領域 Ω の内部の単一閉曲線を C とする。このとき，単一閉曲線 C の内部領域および周上で複素関数 $f(z)$ が正則であれば，周回積分について Cauchy の積分定理

$$\oint_C f(z)dz = 0 \tag{7-21}$$

が成立することを以下で明らかにしておく。

実変数関数 $u(x,y), v(x,y)$ を用いて $f(z)$ を複素数値関数

$$f(z) = u(x,y) + iv(x,y)$$

で表すと，

$$\frac{\partial f(z)}{\partial x} = \frac{\partial z}{\partial x}\frac{df(z)}{dz} = \frac{df(z)}{dz} = \frac{\partial u(x,y)}{\partial x} + i\frac{\partial v(x,y)}{\partial x}$$

$$\frac{\partial f(z)}{\partial y} = \frac{\partial z}{\partial y}\frac{df(z)}{dz} = i\frac{df(z)}{dz} = \frac{\partial u(x,y)}{\partial y} + i\frac{\partial v(x,y)}{\partial y}$$

が成立しなければならない。したがって，$f(z)$ が正則であるための必要条件として Cauchy Riemann の関係式

$$\frac{\partial u(x,y)}{\partial x} - \frac{\partial v(x,y)}{\partial y} = 0, \quad \frac{\partial u(x,y)}{\partial y} + \frac{\partial v(x,y)}{\partial x} = 0 \tag{7-22}$$

が得られる。式(7-21)は次式に書き換えられる。

$$\oint_C f(z)dz = \oint_C \{u(x,y) + iv(x,y)\}(dx + idy)$$
$$= \oint_C \{u(x,y)dx - v(x,y)dy\} + i\oint_C \{u(x,y)dy + v(x,y)dx\} \tag{7-23}$$

ここで，[付録7-A]に示した Stokes の定理を式(7-23)に適用して，単一閉曲線 C 上の線積分を内部領域 S における面積分に書き換えると，

$$\oint_C \{u(x,y)dx - v(x,y)dy\} = \int_S \left\{\frac{\partial u(x,y)}{\partial y} + \frac{\partial v(x,y)}{\partial x}\right\}dxdy$$

$$\oint_C \{u(x,y)dy + v(x,y)dx\} = \int_S \left\{\frac{\partial u(x,y)}{\partial x} - \frac{\partial v(x,y)}{\partial y}\right\}dxdy$$

となる。ここで，Cauchy Riemann の関係式(7-22)を用いると式(7-23)の右辺はゼロとなり，Cauchy の積分定理が成立する。定積分の計算（実数）に Cauchy の積分定理を応用することができる。そこで，以下で Cauchy の積分公式を導出しておく。

単一閉曲線 C の周上および内部領域で $f(z)$ が正則で，$z=a$ を C の内部の任意の点として Cauchy の積分公式と称される

$$f(a) = \frac{1}{2\pi i}\int_C \frac{f(z)}{z-a}dz \tag{7-24}$$

が成立することを示しておく。

図[7-1]に示したように，点 $z=a$ を中心に半径 ρ の円周 Γ を C の内部にとれば，被積分関数 $f(z)/(z-a)$ は C と Γ で囲まれた領域では正則であるので，式(7-21)から

$$I = \int_C \frac{f(z)}{z-a}dz = \int_\Gamma \frac{f(z)}{z-a}dz \tag{7-25}$$

が成立する。任意の $\varepsilon > 0$ について，円周 Γ 上で $|f(z) - f(a)| < \varepsilon$ が成立するように半径 ρ を十分小さくとる。式(7-25)を変形して

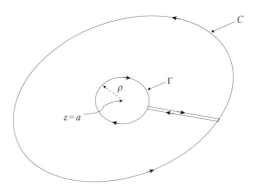

図[**7-1**]　Cauchy の積分公式

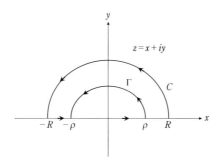

図[**7-2**]　複素平面における実軸上の積分

$$I = \int_C \frac{f(z)}{z-a} dz = f(a) \int_\Gamma \frac{1}{z-a} dz + \int_\Gamma \frac{f(z)-f(a)}{z-a} dz$$

が成立する。ここで，変数変換 $z-a = \rho e^{i\theta}$ をすると，右辺第 1 項は

$$f(a) \int_\Gamma \frac{1}{z-a} dz = f(a) \int_0^{2\pi} id\theta = 2\pi i f(a)$$

となる。第 2 項については，ε は任意であるので

$$|I - 2\pi i f(a)| = \left|\int_\Gamma \frac{f(z)-f(a)}{z-a} dz\right| < \left|\int_\Gamma \frac{\varepsilon}{z-a} dz\right| = 2\pi\varepsilon \to 0$$

が成立する。

以上の結果から Cauchy の積分公式

$$f(a) = \frac{1}{2\pi i} \int_C \frac{f(z)}{z-a} dz \tag{7-24}$$

が成立する。

例題として Cauchy の積分公式を用いて，次の積分計算

$$\int_{-\infty}^{\infty} \frac{\sin x}{x} dx = \pi \tag{7-26}$$

が成立することを示しておく。

図[**7-2**]のように z 平面上半において原点を中心に半径 $R, \rho \, (R > \rho)$ の上半円を C, Γ とする。このとき，上半円周 C, Γ と実軸で囲まれた領域で複素関数 e^{iz}/z は正則である。したがって，

Cauchyの定理から周回積分について

$$\oint_C \frac{e^{iz}}{z} dz = \int_C \frac{e^{iz}}{z} dz + \int_{-R}^{-\rho} \frac{e^{ix}}{x} dx + \int_\Gamma \frac{e^{iz}}{z} dz + \int_\rho^R \frac{e^{ix}}{x} dx = 0 \qquad (7\text{-}27)$$

が成立する。実軸上の計算について

$$\int_{-R}^{-\rho} \frac{e^{ix}}{x} dx + \int_\rho^R \frac{e^{ix}}{x} dx = 2i \int_\rho^R \frac{\sin x}{x} dx$$

が成立する。半円Γ上での積分について反時計回りを正として，変数変換$z = \rho e^{i\theta}$とすることで，

$$\int_\Gamma \frac{e^{iz}}{z} dz = -i \int_0^\pi \exp[i\rho e^{i\theta}] d\theta$$

が得られる。これらの結果を式(7-27)に代入して

$$\int_C \frac{e^{iz}}{z} dz + 2i \int_\rho^R \frac{\sin x}{x} dx - i \int_0^\pi \exp[i\rho e^{i\theta}] d\theta = 0 \qquad (7\text{-}28)$$

となる。ここで，$R \to \infty$とすれば，式(7-28)の左辺第1項はJordanの補助定理から

$$\lim_{R \to \infty} \int_C \frac{e^{iz}}{z} dz = 0$$

となる。左辺第3項は$\rho \to 0$とすれば

$$\lim_{\rho \to 0} \left\{ i \int_0^\pi \exp[i\rho e^{i\theta}] d\theta \right\} = i\pi$$

となる。したがって，以上の結果から

$$\int_0^\infty \frac{\sin x}{x} dx = \frac{\pi}{2}$$

が得られる。被積分関数$\sin x / x$は偶関数であるので，式(6-26)が成立する。

領域Kにおいて正則な関数を$f(z)$とする。K内の任意の点$z = a$を中心とした十分小さい円K_0の半径をr_0とする。円K_0内の任意の点$z = \zeta$について$|\zeta - a| = \rho$として$\rho < r < r_0$を満たす半径rの円をCとする。zがCの上にあるとき，

$$\frac{1}{z-\zeta} = \frac{1}{z-a-(\zeta-a)} = \frac{1}{z-a} \frac{1}{1 - \frac{\zeta-a}{z-a}}$$

$$= \frac{1}{z-a} \left\{ 1 + \frac{\zeta-a}{z-a} + \left(\frac{\zeta-a}{z-a}\right)^2 + \cdots \right\}$$

は$|(\zeta-a)/(z-a)| = \rho/r < 1$だから収束する。したがって，Cauchyの積分公式は

$$f(\zeta) = \frac{1}{2\pi i} \int_C \frac{f(z)}{z-\zeta} dz = \sum_{n=0}^\infty (\zeta-a)^n \frac{1}{2\pi i} \int_C \frac{f(z)}{(z-a)^{n+1}} dz$$

として表され，

$$f(\zeta) = \sum_{n=0}^\infty A_n (\zeta-a)^n, \quad A_n = \frac{1}{2\pi i} \int_C \frac{f(z)}{(z-a)^{n+1}} dz$$

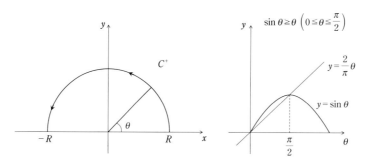

図[7-3]　Jordan の補助定理

に書き換えられる。ここで，$f(\zeta)$ を n 回微分して $\zeta = a$ とすれば，$f^{(n)}(a) = n!A_n$ が成立する。これは，式(7-24)を拡張した関係式

$$f^{(n)}(a) = \frac{n!}{2\pi i}\int_C \frac{f(z)}{(z-a)^{n+1}}dz \tag{7-29}$$

を与える。

　実関数の無限積分に関して Jordan の補助定理を適用すると計算が簡便になる。Jordan の補助定理とは，図[7-3]に示している上半円 C^+ の経路積分について，$\lim_{|z|\to\infty} f(z) = 0$ であれば

$$\lim_{|z|\to\infty}\int_{C^+} f(z)e^{i\alpha z}dz = 0 \quad (\alpha > 0) \tag{7-30}$$

が成立することである。

　図[7-3]において，半円 C^+ 上の任意の点を $z = Re^{i\theta}$ とすると，式(7-30)は次式

$$\begin{aligned}
I_R &= \lim_{R\to\infty}\int_{C^+} f(z)e^{i\alpha z}dz \\
&= \lim_{R\to\infty}\int_0^\pi iRf(Re^{i\theta})\exp[i(\alpha Re^{i\theta}+\theta)]d\theta \\
&= \lim_{R\to\infty}iR\int_0^\pi e^{-\alpha R\sin\theta}f(Re^{i\theta})\exp[i(\alpha R\cos\theta+\theta)]d\theta
\end{aligned}$$

に書き換えられる。したがって，次の関係式

$$|I_R| \leq \lim_{R\to\infty}R\int_0^\pi e^{-\alpha R\sin\theta}\left|f(Re^{i\theta})\right|d\theta \tag{7-31}$$

が成立する。また，条件式 $\lim_{|z|\to\infty} f(z) = 0$ から ε を十分小さい正数として

$$\lim_{R\to\infty}\left|f(Re^{i\theta})\right| < \varepsilon$$

が成立する。したがって，式(7-31)は

$$|I_R| \leq \varepsilon\lim_{R\to\infty}\int_0^\pi Re^{-\alpha R\sin\theta}d\theta \tag{7-32}$$

となる。ここで，$f(\theta) = R\exp[-\alpha R\sin\theta]$ の関数形は $0 \leq \theta \leq \pi$ において $\theta = \pi/2$ に関して対称であるので，式(7-32)は

$$|I_R| \leq 2\varepsilon\lim_{R\to\infty}\int_0^{\pi/2} Re^{-\alpha R\sin\theta}d\theta \tag{7-33}$$

となる。また，図[7-3]に示したように，$0 \leq \theta \leq \pi/2$ において，$\sin\theta \geq 2\theta/\pi$ が成立する。この関係式を用いて，

$$\lim_{R\to\infty}\int_0^{\pi/2} Re^{-\alpha R\sin\theta}d\theta \leq \lim_{R\to\infty}\int_0^{\pi/2} Re^{-(2\alpha R/\pi)\theta}d\theta$$

が成立する。ここでの積分計算は

$$\lim_{R\to\infty}\int_0^{\pi/2} Re^{-(2\alpha R/\pi)\theta}d\theta = \lim_{R\to\infty}\left[-\frac{\pi}{2\alpha}e^{-(2\alpha R/\pi)\theta}\right]_0^{\pi/2} = \lim_{R\to\infty}\frac{\pi}{2\alpha}(1-e^{-\alpha R}) = \frac{\pi}{2\alpha}$$

となる。この結果を式(7-33)に用いて，

$$|I_R| \leq \varepsilon\pi/\alpha$$

が得られ，ε は任意であるので $I_R = 0$ が成立する。

以上の結果から，$\lim_{|z|\to\infty} f(z) = 0$ であれば図[7-3]に示されている周回積分において

$$\oint f(z)e^{i\alpha z}dz = \int_{-\infty}^{\infty} f(x)e^{i\alpha x}dx$$

が成立し，左辺に Cauchy の積分公式を適用して実関数の無限積分を求めることができる。

§7-4　直交関数系と Fourier 級数

　ベクトル空間における直交基底のように関数空間においても直交関数系が考えられ，ベクトル空間の内積に対応して関数空間での内積が定義される。その場合，任意の関数を直交関数系で展開したとき，関数の収束性や完備性について検討する必要がある。

(1) 関数空間での内積

　一般に，区間 $a \leq x \leq b$ で複素数値または実数値の関数として定義された $f(x)$ が

$$\int_a^b w(x)|f(x)|^2 dx = \int_a^b w(x)\bar{f}(x)f(x)dx < \infty \tag{7-34}$$

を満たすとき，$f(x)$ を重み $w(x)$ についての L_2 関数であるという。$a \leq x \leq b$ で定義された重み関数は $w(x) \geq 0$ を満たす有限な実関数で，区間内で恒等的に $w(x) = 0$ でないとする。

　区間 $a \leq x \leq b$ を有限個の小区間，$a = x_0 < x_1 < x_2 < \cdots < x_n = b$ に区分したとき，$f(x)$ が各小区間では連続で，各小区間の端点では有限確定した右または左極限値をもち，関係式

$$\lim_{x\to x_{i-1}+0} f(x) = f(x_{i-1}+0), \quad \lim_{x\to x_{i-1}-0} f(x) = f(x_{i-1}-0)$$

を満たすとき，$f(x)$ は区分的に連続であるという。区分的に連続な関数は L_2 関数である。また，$df(x)/dx$ が $a \leq x \leq b$ で区分的に連続であるとき，$f(x)$ は区分的に滑らかな関数という。

　区間 $a \leq x \leq b$ で，$\Delta x = (b-a)/n$ および重み $w(x)$ として，関数 $f(x)$ と $h(x)$ の積に関する積分の定義

$$\int_a^b w(x)\bar{f}(x)h(x)dx = \lim_{n\to\infty}\left\{\sum_{k=1}^n \bar{f}(a+k\Delta x)h(a+k\Delta x)\right\}w(x)\Delta x$$

について，

$$f_k = f(a+k\Delta x)\sqrt{w(x)\Delta x}, \quad h_k = h(a+k\Delta x)\sqrt{w(x)\Delta x}$$

として Dirac のブラ・ベクトル記号 $\langle f(x)| = (\bar{f}_1, \bar{f}_2, \cdots, \bar{f}_n)$ およびケット・ベクトル記号 $|h(x)\rangle = (h_1, h_2, \cdots, h_n)^\dagger$ を用いて，

$$\lim_{n\to\infty}\left\{\sum_{k=1}^{n}\bar{f}(a+k\Delta x)h(a+k\Delta x)\right\}w(x)\Delta x = \lim_{n\to\infty}\left\{\sum_{k=1}^{n}\bar{f}_k h_k\right\} = \langle f(x)|h(x)\rangle$$

が成立する。したがって，関数空間での内積を

$$\int_a^b w(x)\bar{f}(x)h(x)dx = \langle f(x)|h(x)\rangle \tag{7-35}$$

として定義し，$\langle f(x)|h(x)\rangle = 0$ のとき関数 $f(x)$ と $h(x)$ は直交するという。また，Unitary 空間でのベクトルの内積と同じ代数的性質を持っている。

ベクトルの内積と同様に，$a \leq x \leq b$ で任意の L_2 関数 $f(x)$ と $h(x)$ について

$$\int_a^b w(x)\bar{h}(x)f(x)dx = \overline{\langle h|f\rangle} = \langle f|h\rangle = \int_a^b w(x)\bar{f}(x)h(x)dx$$

が成立する。また，関係式

$$\sqrt{\langle f|f\rangle} = \|f\|$$

を関数 $f(x)$ の重み $w(x)$ に関するノルムという。

L_2 関数列 $\{\varphi_k(x)\}\,(k=0,1,2,3\ldots)$ に対して，

$$\langle \varphi_i|\varphi_j\rangle = 0 \ (i \neq j)$$

が成立するとき，この関数列を直交関数系という。特に，規格化条件 $\langle \varphi_i|\varphi_j\rangle = \delta_{ij}$ を満たすとき，$\{\varphi_k(x)\}$ は重み $w(x)$ に関して正規直交関数系を構成しているという。

(2) 直交関数系による展開と完備性

n 次元ベクトルを正規直交基底で展開できるように，$a \leq x \leq b$ での任意の L_2 関数 $f(x)$ を正規直交関数系で展開することを考える。この場合，次元数 $n \to \infty$ のために複雑な事情が生じる。(I)展開級数の収束性の問題(項別積分の可能性) (II)正規直交関数系が関数の展開に必要十分な要素を包含しているかどうか(完備性)などの問題がある。

$a \leq x \leq b$ で重み $w(x)$ の正規直交関数系で最初の $n+1$ 項，$\{\varphi_k(x)\}\,(k=0,1,2\cdots n)$ からなる級数 $\sum_{k=0}^{n}c_k\varphi_k(x)$ の中で，L_2 関数 $f(x) = \sum_{k=0}^{\infty}c_k\varphi_k(x)$ を最もよく近似できるものを求める。この場合，$\{\varphi_k(x)\}\,(k=0,1,2\cdots n)$ で作られた任意の級数 $\sum_{k=0}^{n}a_k\varphi_k(x)$ について n を固定したとき，$f(x) = \sum_{k=0}^{\infty}c_k\varphi_k(x)$ として

$$\Delta_n = \left\langle f(x) - \sum_{k=0}^{n} a_k \varphi_k(x) \middle| f(x) - \sum_{k=0}^{n} a_k \varphi_k(x) \right\rangle \tag{7-36}$$

が最小となる a_k の条件を求める。

級数 $\sum_{k=0}^{n} a_k \varphi_k(x)$ が $a \leq x \leq b$ のすべての x について一様に収束すれば，項別積分可能となり（[付録7-B]参照），

$$\Delta_n = \int_a^b w(x) \left\{ \bar{f}f - \sum_{k=0}^{n} [\bar{f} a_k \varphi_k + \bar{a}_k \bar{\varphi}_k f] + \sum_{k=0}^{n} \sum_{l=0}^{n} \bar{a}_k a_l \bar{\varphi}_k \varphi_l \right\} dx$$

$$= \langle f|f \rangle - \sum_{k=0}^{n} [a_k \langle f|\varphi_k \rangle + \bar{a}_k \langle \varphi_k|f \rangle] + \sum_{k=0}^{n} \sum_{l=0}^{n} \bar{a}_k a_l \langle \varphi_k|\varphi_l \rangle$$

が得られる。ここで，$\langle \varphi_k|\varphi_l \rangle = \delta_{k,l}$, $\langle \varphi_k|f \rangle = \overline{\langle f|\varphi_k \rangle} = c_k$ であるので，

$$\Delta_n = \|f\|^2 - \sum_{k=0}^{n} [a_k \overline{c_k} + \bar{a}_k c_k] + \sum_{k=0}^{n} |a_k|^2 = \|f\|^2 + \sum_{k=0}^{n} |a_k - c_k|^2 - \sum_{k=0}^{n} |c_k|^2$$

となる。したがって，Δ_k が最小となるのは

$$a_k = c_k = \langle \varphi_k|f \rangle = \int_a^b w(x) \overline{\varphi_k(x)} f(x) dx$$

のときである。

$a_k = c_k = \langle \varphi_k|f \rangle$ のとき，式(7-36)の定義から $\Delta_n \geq 0$ であることに注目すれば，Besselの不等式

$$\sum_{k=0}^{n} |c_k|^2 \leq \|f\|^2 \tag{7-37}$$

が成立する。$f(x)$ が重み $w(x)$ の L_2 関数であれば，Besselの不等式は $\sum_{k=0}^{n} |c_k|^2$ が収束することを意味し，正規直交関数系の展開係数について $\lim_{k \to \infty} c_k = 0$ が成立する。

任意の L_2 関数 $f(x)$ について

$$\lim_{n \to \infty} \int_a^b w(x) \left| f(x) - \sum_{k=0}^{n} c_k \varphi_k(x) \right|^2 dx = 0$$

が成立するとき，正規直交関数系 $\{\varphi_k(x)\}(k=0,1,2,\cdots,n,\cdots)$ は $f(x)$ に関して完備であるという（[付録7-B]参照）。正規直交関数系 $\{\varphi_k(x)\}$ が完備であるためには，$\lim_{n \to \infty} \Delta_n = 0$, $a_k = c_k = \langle \varphi_k|f \rangle$ から無限級数 c_k についてParsevalの等式

$$\sum_{k=0}^{\infty} |c_k|^2 = \|f\|^2 \tag{7-38}$$

が成立することが必要十分条件となる。ただし，Parsevalの等式が成立して完備であることは，必ずしも $f(x) = \sum_{k=0}^{\infty} c_k \varphi_k(x)$ が成立しているわけではない。級数展開の誤差の2乗平均 $\left| f(x) - \sum_{k=0}^{n} c_k \varphi_k(x) \right|^2$ が $n \to \infty$ でゼロになることを意味しており，平均として $\sum_{k=0}^{\infty} c_k \varphi_k(x)$ が $f(x)$ に収束していることに過ぎない。

完備であることは直交関数系 $\{\varphi_k(x)\}$ に新たな関数を追加して，それを直交関数系にする余地のないことを意味する．そこで，直交関数系 $\{\varphi_k(x)\}$ が関数 $f(x)$ に関して完備であるとき，直交関数系 $\{\varphi_k(x)\}$ に直交する関数を $r(x)$ として，$f(x)$ を

$$\tilde{f}(x) = r(x) + \sum_{k=0}^{\infty} c_k \varphi_k(x)$$

としたとき，$\tilde{f}(x)$ が完備であることに対する関数 $r(x)$ の存在性について調べる．

$$\begin{cases} \langle \varphi_n | \tilde{f} \rangle = \langle \varphi_n | r \rangle + \left\langle \varphi_n \middle| \sum_{k=0}^{\infty} c_k \varphi_k \right\rangle = \langle \varphi_n | r \rangle + \int_a^b w(x) \overline{\varphi_n}(x) \sum_{k=0}^{\infty} [c_k \varphi_k(x)] dx \\ \qquad = \langle \varphi_n | r \rangle + \sum_{k=0}^{\infty} \int_a^b w(x) \overline{\varphi_n}(x) c_k \varphi_k(x) dx \\ \qquad = \langle \varphi_n | r \rangle + \sum_{k=0}^{\infty} c_k \langle \varphi_n | \varphi_k \rangle = \langle \varphi_n | r \rangle + c_n \end{cases}$$

が成立する．$\langle \varphi_n | r \rangle = 0$ ($n=0,1,2,\cdots$) から $\langle \varphi_n | \tilde{f} \rangle = c_n$ となる．

$$\langle \tilde{f} | \tilde{f} \rangle = \left\langle r + \sum_{k=0}^{\infty} c_k \varphi_k \middle| r + \sum_{k=0}^{\infty} c_k \varphi_k \right\rangle = \langle r | r \rangle + \left\langle r \middle| \sum_{k=0}^{\infty} c_k \varphi_k \right\rangle + \left\langle \sum_{k=0}^{\infty} c_k \varphi_k \middle| r \right\rangle + \left\langle \sum_{k=0}^{\infty} c_k \varphi_k \middle| \sum_{l=0}^{\infty} c_l \varphi_l \right\rangle$$

$$= \langle r | r \rangle + \sum_{k=0}^{\infty} c_k^2$$

は完備性の条件式 $\langle \tilde{f} | \tilde{f} \rangle = \sum_{k=0}^{\infty} |c_k|^2$ から $\langle r | r \rangle = 0$ を意味する．換言すれば，完備である直交関数系 $\{\varphi_k(x)\}$ に新たな直交関数を加える余地はない．したがって，

$$f(x) = \sum_{k=0}^{\infty} c_k \varphi_k(x)$$

が成立し，$f(x)$ は正規直交関数系 $\{\varphi_k(x)\}$ ($k=0,1,2,\cdots,n,\cdots$) によって展開される．

(3) Fourier 級数

関数列

$$\left[1, \sin\left(\frac{n\pi x}{l}\right), \cos\left(\frac{n\pi x}{l}\right) \right]$$

が区間 $a \le x \le a+2l$ で直交関数系をなすことは，

$$\int_a^{a+2l} \sin(n\pi x/l) \cos n(m\pi x/l) dx = 0, \quad \langle \sin(n\pi x/l) | \sin(m\pi x/l) \rangle = l \delta_{n,m}$$

などから容易に確かめられる．

一般に区間 $a \le x \le a+2l$ で定義された広義積分可能な関数 $f(x)$ が

$$f(x) = \frac{a_0}{2} + \sum_{n=1}^{\infty} \left\{ a_n \cos\left(\frac{n\pi x}{l}\right) + b_n \sin\left(\frac{n\pi x}{l}\right) \right\} \qquad (7\text{-}39)$$

に級数展開できるとき，これを $f(x)$ の Fourier 級数展開という．なお，Fourier 級数

$$\lim_{n \to \infty} s_n(x) = \frac{a_0}{2} + \sum_{n=1}^{\infty} \left\{ a_n \cos\left(\frac{n\pi x}{l}\right) + b_n \sin\left(\frac{n\pi x}{l}\right) \right\}$$

の展開係数は

$$a_n = \frac{1}{l}\int_a^{a+2l} f(x)\cos\left(\frac{n\pi x}{l}\right)dx, \quad b_n = \frac{1}{l}\int_a^{a+2l} f(x)\sin\left(\frac{n\pi x}{l}\right)dx \tag{7-40}$$

である。

計算を簡略化するために式(7-39), (7-40)で $a=-\pi$, $l=\pi$ として, 関数 $f(x)$ の定義域を $-x \leq x \leq \pi$ としても数学的な一般性を失うことはない。この場合, $f(x)$ は

$$f(x) = \frac{a_0}{2} + \sum_{n=1}^{\infty}\{a_n\cos(nx) + b_n\sin(nx)\}$$

として表され, Fourier 級数は周期 2π の三角多項式となる。任意の連続関数 $f(x)$ を $f(-\pi)=f(\pi)$ の条件下で周期関数として上式に展開できるためには, 直交関数系 $[1, \sin(nx), \cos(nx)]$ が完備であり, 同時に Fourier 級数

$$\lim_{n\to\infty} s_n(x) = \frac{a_0}{2} + \sum_{n=1}^{\infty}\{a_n\cos(nx) + b_n\sin(nx)\}$$

が一様に収束することが要求される([付録 7-B]参照)。

$f(x)$ が L_2 関数であれば, 式(7-39)の広義積分は有限確定値をとる。有限確定値 a_n, b_n に対して Fourier 級数 $s_n(x)$ は三角関数の性質から一価連続関数であり, $s_n(\pi)=s_n(-\pi)$ である。しかしながら, 応用数学的には, $f(x)$ について区間 $-x\leq x\leq\pi$ の外での状況をも考慮すると, $f(\pi)\neq f(-\pi)$ の場合も考えられる。さらには, $f(x)$ が L_2 関数として定義域内に不連続点を含んでいる場合も考えられる。このような場合でも, 式(7-39)が成立するための必要十分条件は

$$f(x) = \frac{1}{2}\{f(x-0) + f(x+0)\} \tag{7-41}$$

であることが[付録 7-B]で明らかにされている。なお, 以下の積分変換の議論では, 逆変換に関連して式(7-41)を前提条件としている。

Euler の関係式

$$e^{i\frac{n\pi x}{l}} = \cos\left(\frac{n\pi x}{l}\right) + i\sin\left(\frac{n\pi x}{l}\right)$$

を用いて, Fourier 級数の指数表示を求めておく。式(7-39)の三角関数を指数関数で表示すれば,

$$f(x) = \frac{a_0}{2} + \frac{1}{2}\sum_{n=1}^{\infty}\left\{a_n(e^{i\frac{n\pi x}{l}} + e^{-i\frac{n\pi x}{l}}) - ib_n(e^{i\frac{n\pi x}{l}} - e^{-i\frac{n\pi x}{l}})\right\}$$
$$= \frac{a_0}{2} + \frac{1}{2}\sum_{n=1}^{\infty}\left\{(a_n - ib_n)e^{i\frac{n\pi x}{l}} + (a_n + ib_n)e^{-i\frac{n\pi x}{l}}\right\}$$

となる。ここで, $2C_{+n} = a_n - ib_n$, $2C_{-n} = a_n + ib_n$, $2C_0 = a_0$ とすると,

$$f(x) = \sum_{n=-\infty}^{\infty} C_n e^{i\frac{n\pi x}{l}} \tag{7-42}$$

に指数表示できる。式(7-42)の両辺に $e^{-im\pi x/l}$ を掛けて積分すれば分かるように,

$$\int_a^{a+2l} e^{i\frac{n-m}{l}\pi x} dx = 2l\delta_{m,n}$$

が成立するので，式(7-42)の展開係数は

$$C_n = \frac{1}{2l}\int_a^{a+2l} f(x)e^{-i\frac{n\pi x}{l}} dx \tag{7-43}$$

となる．

§7-5 Fourier 変換

$-l \leq x \leq l$ で区分的に滑らかな関数 $f(x)$ について，$\omega_n = n\pi/l$ とおくと，$f(x)$ は区分的に滑らかであるので指数型 Fourier 級数の係数 C_n は

$$C_n = \frac{\omega_n}{2n\pi}\int_{-l}^{l} f(t)e^{-i\omega_n t} dt$$

となり，有限確定値をとる．そこで，Fourier 級数は

$$f(x) = \sum_{n=-\infty}^{\infty}\left\{\frac{1}{2\pi}\int_{-l}^{l} f(t)e^{-i\omega_n t}\frac{\omega_n}{n}dt\right\}e^{i\omega_n x}$$

で表される．$\Delta\omega_n = \omega_n/n\,(=\pi/l),\ n\to\infty\,(l\to\infty)$ とすると，

$$f(x) = \lim_{n\to\infty}\frac{1}{2\pi}\sum_{n=-\infty}^{\infty}\left\{\int_{-\infty}^{\infty} f(t)e^{-i\omega_n t} dt\right\}e^{i\omega_n x}\Delta\omega_n$$

が成立する．ここで，

$$F(\omega_n) = \int_{-\infty}^{\infty} f(t)e^{-i\omega_n t} dt, \quad \Delta\omega_n \to 0$$

とすれば，積分の定義から

$$f(x) = \frac{1}{2\pi}\lim_{n\to\infty}\sum_{n=-\infty}^{\infty} F(\omega_n)e^{i\omega_n x}\Delta\omega_n = \frac{1}{2\pi}\int_{-\infty}^{\infty} F(\omega_n)e^{i\omega_n x} d\omega_n$$

が得られる．ここで，改めて $\omega_n \to \omega$ に書き換えて

$$\begin{cases} F(\omega) = \displaystyle\int_{-\infty}^{\infty} f(x)e^{-i\omega x} dx & (=\mathfrak{I}f(x)) \\ f(x) = \displaystyle\frac{1}{2\pi}\int_{-\infty}^{\infty} F(\omega)e^{i\omega x} d\omega & (=\mathfrak{I}^{-1}F(\omega)) \end{cases} \tag{7-44}$$

が成立する．このとき，$F(\omega)$ を $f(x)$ の Fourier 変換，$f(x)$ を Fourier 逆変換という．

Fourier 変換 $\mathfrak{I}$，その逆変換 $\mathfrak{I}^{-1}$ とすれば，上式で $x\to -\omega, \omega\to x$ に書き換えて

$$\mathfrak{I}f(x) = F(\omega) \Leftrightarrow \mathfrak{I}F(x) = f(-\omega), \quad F(x) = \mathfrak{I}^{-1}f(-\omega)$$

が得られる．これを Fourier 変換の対称性という．Fourier 変換の具体的な計算を行う上で，演算子 $\mathfrak{I}$ の性質を知っていることは有意義である．そこで，上式(7-44)から導出される基本的な関係式を以下に述べておく．

Fourier 変換 $\mathfrak{I}f(x) = F(\omega)$ において，x 空間が k 倍になれば ω 空間は $1/|k|$ 倍になる．また，

x 空間で a だけ平行移動すれば，ω 空間では $e^{-ia\omega}$ 倍になる．したがって，次式

$$k \neq 0 \text{ のとき，} \quad \Im f(k(x-a)) = \frac{e^{-ia\omega}}{|k|} F\left(\frac{\omega}{k}\right) \tag{7-45}$$

が成立することを明らかにしておく．

式(7-45)において $t=k(x-a)$ とおくと，$k>0$ のとき

$$\Im f(k(x-a)) = \int_{-\infty}^{\infty} f(k(x-a)) e^{-i\omega x} dx = \int_{-\infty}^{\infty} f(t) e^{-i\omega(\frac{t}{k}+a)} \frac{1}{k} dt$$

が得られ，これを整理して

$$\Im f(k(x-a)) = \frac{e^{-i\omega a}}{k} \int_{-\infty}^{\infty} f(t) e^{-i\frac{\omega}{k}t} dt = \frac{e^{-i\omega a}}{k} F\left(\frac{\omega}{k}\right)$$

となる．$k<0$ のときは，積分範囲が反転することを考慮して式(7-45)の結果が得られる．

さらに，微分演算子との関係式として

$$\frac{d^n}{dx^n} f(x) = \Im^{-1}\{(i\omega)^n F(\omega)\}, \quad \frac{d^n}{d\omega^n} F(\omega) = \Im\{(-ix)^n f(x)\} \tag{7-46}$$

が成立することを明らかにしておく．

式(7-44)の $f(x)$ の両辺を x について微分して

$$\frac{d}{dx} f(x) = \frac{1}{2\pi} \frac{d}{dx} \int_{-\infty}^{\infty} F(\omega) e^{i\omega x} d\omega = \frac{1}{2\pi} \int_{-\infty}^{\infty} i\omega F(\omega) e^{i\omega x} d\omega$$

となる．したがって，$df(x)/dx \to i\omega F(\omega)$ を意味するので微分演算子を n 回作用させて

$$\frac{d^n}{dx^n} f(x) = \Im^{-1}\{(i\omega)^n F(\omega)\}$$

が成立する．同様に，$F(x)$ の両辺を ω について n 回微分して

$$\frac{d^n}{d\omega^n} F(\omega) = \Im\{(-ix)^n f(x)\}$$

が得られる．

次に，$F_1(\omega) = \Im f_1(x), F_2(\omega) = \Im f_2(x)$ に関して，その合成積を

$$f_1(x) \otimes f_2(x), \quad F_1(\omega) \otimes F_2(\omega)$$

とするとき，

$$\Im\{f_1(x) \otimes f_2(x)\} = F_1(\omega) F_2(\omega), \quad \Im^{-1}\left\{\frac{1}{2\pi} F_1(\omega) \otimes F_2(\omega)\right\} = f_1(x) f_2(x) \tag{7-47}$$

が成立することを示しておく．

合成関数の定義において $-\infty < x < \infty$ であることを考慮して

$$F(\omega) = \Im\{f_1(x) \otimes f_2(x)\} = \int_{-\infty}^{\infty} \left[\int_{-\infty}^{\infty} f_1(x-t) f_2(t) dt\right] e^{-i\omega x} dx$$

とすると，積分順序を変更して

$$F(\omega) = \int_{-\infty}^{\infty} f_2(t) \left[\int_{-\infty}^{\infty} f_1(x-t) e^{-i\omega x} dx\right] dt$$

が得られる。ここで，$z=x-t$ とおいて t を固定すると $dx=dz$ となり，

$$F(\omega) = \int_{-\infty}^{\infty} f_2(t) \left[\int_{-\infty}^{\infty} f_1(z) e^{-i\omega z} dz \right] e^{-i\omega t} dt = F_1(\omega) \int_{-\infty}^{\infty} f_2(t) e^{-i\omega t} dt$$

が得られる。これから

$$F(\omega) = F_1(\omega) F_2(\omega)$$

が成立する。

次に，関係式

$$f(x) = \mathfrak{I}^{-1}\left\{\frac{1}{2\pi} F_1(\omega) \otimes F_2(\omega)\right\} = \frac{1}{4\pi^2} \int_{-\infty}^{\infty} F_2(\xi) \left[\int_{-\infty}^{\infty} F_1(\omega-\xi) e^{i\omega x} d\omega \right] d\xi$$

において，$\zeta = \omega - \xi$ として ξ を固定すると $d\omega = d\zeta$ となり，積分順序を変更して

$$f(x) = \frac{1}{2\pi} \int_{-\infty}^{\infty} F_2(\xi) \left[\frac{1}{2\pi} \int_{-\infty}^{\infty} F_1(\zeta) e^{i\zeta x} d\zeta \right] e^{i\xi x} d\xi = f_1(x) \frac{1}{2\pi} \int_{-\infty}^{\infty} F_2(\xi) e^{i\xi x} d\xi$$

が得られる。これから

$$f(x) = f_1(x) f_2(x)$$

が成立する。

$f(x)$ が $-\infty < x < \infty$ において区分的に滑らかな関数であるとき，

$$f(x) = \frac{1}{\pi} \int_0^{\infty} \int_{-\infty}^{\infty} f(t) \cos\{\omega(t-x)\} dt d\omega \tag{7-48}$$

が成立することを示しておく。

式(7-39)で，$a = -l, \omega \to \omega_n = n\pi/l$ に書き換えると，

$$f(x) = \frac{1}{2l} \int_{-l}^{l} f(t) dt + \sum_{n=1}^{\infty} \frac{1}{l} \left\{\int_{-l}^{l} f(t) \cos(\omega_n t) dt \cos(\omega_n x) + \int_{-l}^{l} f(t) \sin(\omega_n t) dt \sin(\omega_n x)\right\}$$

が得られ，これを変形して

$$f(x) = \frac{1}{2l} \int_{-l}^{l} f(t) dt + \sum_{n=1}^{\infty} \frac{1}{l} \int_{-l}^{l} f(t) (\cos(\omega_n t) \cos(\omega_n x) + \sin(\omega_n t) \sin(\omega_n x)) dt$$

となる。$l \to \infty$ のとき，$f(x)$ は区分的に滑らかな L_2 関数であるので，上式の第1項は

$$\left|\frac{1}{2l} \int_{-l}^{l} f(t) dt \right| \le \frac{1}{2l} \int_{-l}^{l} |f(t)| dt \to 0$$

であるので，十分大きな l について第1項を無視して

$$f(x) = \sum_{n=1}^{\infty} \left[\frac{1}{l} \int_{-l}^{l} f(t) \cos(\omega_n(t-x)) dt \right]$$

が得られる。ここで，$\omega_n/n\pi = 1/l = \Delta\omega_n/\pi$ として

$$f(x) = \frac{1}{\pi} \sum_{n=1}^{\infty} \left\{\int_{-l}^{l} f(t) \cos(\omega_n(t-x)) dt \right\} \Delta\omega_n$$

が成立する。改めて $\omega_n \to \omega$ に書き替えて $l \to \infty$ とすれば，

$$f(x) = \frac{1}{\pi} \int_0^{\infty} \int_{-\infty}^{\infty} f(t) \cos(\omega(t-x)) dt d\omega$$

が成立する。

L_2 関数 $f(x)$ の Fourier 変換を $\Im f(x) = F(\omega)$ とするとき

$$\int_{-\infty}^{\infty} |f(x)|^2 dx = \frac{1}{2\pi} \int_{-\infty}^{\infty} |F(x)|^2 d\omega$$

が成立することを明らかにしておく。

$|f(x)|^2 = \bar{f}(x)f(x)$ であるので

$$\int_{-\infty}^{\infty} |f(x)|^2 dx = \int_{-\infty}^{\infty} \bar{f}(x) \frac{1}{2\pi} \int_{-\infty}^{\infty} F(\omega)e^{i\omega x} d\omega dx$$

となる。積分順序を変更して

$$\int_{-\infty}^{\infty} |f(x)|^2 dx = \frac{1}{2\pi} \int_{-\infty}^{\infty} \bar{f}(x)e^{i\omega x} dx \int_{-\infty}^{\infty} F(\omega) d\omega = \frac{1}{2\pi} \int_{-\infty}^{\infty} \int_{-\infty}^{\infty} \overline{f(x)e^{-i\omega x}} dx F(\omega) d\omega$$

が成立する。ここで,

$$\int_{-\infty}^{\infty} \overline{f(x)e^{-i\omega x}} dx = \bar{F}(\omega)$$

であるので,上の関係式が得られる。

§7-6　Laplace 変換

　微分方程式を解く方法の1つとして Laplace 変換と称する積分変換を用いる方法がある。Laplace 変換の演算子 $\mathscr{L}$ によって x に関する微分方程式を x 空間から s 空間に積分変換し, s 空間で代数的な計算を行い,改めて x 空間に逆変換 $\mathscr{L}^{-1}$ して微分方程式を解く方法である。ただし,このようにできるためには,$\mathscr{L}$ および $\mathscr{L}^{-1}$ による写像が 1:1 の対応であることが必要である。Fourier 変換は非斉次微分方程式の特解を求める場合に適用されるが,Laplace 変換は斉次微分方程式の余関数をも含めて解が得られる利点がある。

　Laplace 変換 $\mathscr{L}$ は

$$\mathscr{L}f(x) = \int_0^{\infty} f(x)e^{-sx} dx \quad (=F(s)) \tag{7-49}$$

で定義される。ここで,$f(x)$ は $x \geq 0$ で定義された任意の複素数値または実数値関数で絶対積分可能であるとする。また,複素数 s の実数部を $\mathrm{Re}(s)$ として,上式の広義積分が $\mathrm{Re}(s) \geq s_0 > 0$ の条件下で収束するとき,実数 s_0 を増加指数という。

　広義積分可能な $f(x)$ に Laplace 変換 $\mathscr{L}$ を作用させると,$\mathscr{L}f(x) \to F(s)$ が $\mathrm{Re}(s) > s_0$ に対して一意的に決定される。一方,逆変換 $\mathscr{L}^{-1}F(s) \to f(x)$ は一意的には決定されない。$f(x)$ が $x \geq 0$ で区分的に滑らかであり,かつ $x > 0$ において,式(7-41)が成立すれば逆変換 $\mathscr{L}^{-1}$ は一義的に定まることが[付録7-B]に示されている。

　Laplace 変換の具体的な計算を行う上で,演算子としての $\mathscr{L}$ の性質を知っていることは有意義である。そこで,上記定義式から導出される基本的関係式を以下に述べておく。以下では,$f(x)$ が実関数の場合を取り扱うので s は実数とする。

　便利な公式として次の関係式

$$\mathcal{L}(x^n a^{\alpha x}) = \frac{n!}{(s-\alpha \ln a)^{n+1}} \quad (a>0 : n \text{ は負でない整数}) \tag{7-50}$$

が成立することを明らかにしておく。

$a^{\alpha x} = e^{\beta x}$ は $\beta = \alpha \ln a$ と同値なので,

$$\mathcal{L}(x^n a^{\alpha x}) = \int_0^\infty x^n e^{-(s-\beta)x} dx$$

を用いて式(7-50)を求める。

数学的に一般に成立する関係式

$$\frac{d}{dx}\left(-\frac{1}{s-\beta} x^n e^{-(s-\beta)x}\right) = -\frac{n}{s-\beta} x^{n-1} e^{-(s-\beta)x} + x^n e^{-(s-\beta)x}$$

を用いて,Laplace 変換に関する関係式

$$\mathcal{L}(x^n e^{\beta x}) = \left[-\frac{1}{s-\beta} x^n e^{-(s-\beta)x}\right]_0^\infty + \frac{n}{s-\beta} \int_0^\infty x^{n-1} e^{-(s-\beta)x} dx$$

が得られる。s は任意であるので $s>\beta$ にとれば,

$$\lim_{x\to\infty} \frac{1}{s-\beta} x^n e^{-(s-\beta)x} = 0$$

となり,上式から漸化式

$$\mathcal{L}(x^n e^{\beta x}) = \frac{n}{s-\beta} \mathcal{L}(x^{n-1} e^{\beta x})$$

が成立する。したがって,関係式

$$\mathcal{L}(x^n e^{\beta x}) = \frac{n!}{(s-\beta)^n} \mathcal{L} e^{\beta x}$$

が得られる。ここで,

$$\mathcal{L} e^{\beta x} = \int_0^\infty e^{-(s-\beta)} dx = \frac{1}{s-\beta}$$

と $\beta = \alpha \ln a$ を用いて式(7-50)が得られる。

Laplace 逆演算子 $\mathcal{L}^{-1}$ を式(7-50)に用いて $n \to n-1$ とすれば,

$$\mathcal{L}^{-1} \frac{1}{(s-\alpha \ln a)^n} = \frac{1}{(n-1)!} x^{n-1} a^{\alpha x}$$

が成立する。なお,s を実数としているので,式(7-50)において α を虚数と考えれば,Euler の関係式を用いて式(7-50)は三角関数にも適用できる。

Laplace 変換を用いて微分方程式を解くためには,$\mathcal{L}$ と微分演算子 d/dx の関係を明らかにしておく必要がある。そこで,次式

$$\mathcal{L}\frac{d^n y}{dx^n} = s^n \mathcal{L}y - \sum_{k=1}^n s^{k-1} y_0^{(n-k)}, \quad y_0^{(n-k)} = \left.\frac{d^{n-k} y}{dx^{n-k}}\right|_{x=0} \tag{7-51}$$

が成立することを確認しておく。

一般に成立する関係式

$$\frac{d}{dx}\left(\frac{d^{n-1}y}{dx^{n-1}}e^{-sx}\right) = \frac{d^n y}{dx^n}e^{-sx} - s\frac{d^{n-1}y}{dx^{n-1}}e^{-sx}$$

を用いて，演算子 $\mathscr{L}$ に関する漸化式

$$\mathscr{L}\frac{d^n y}{dx^n} = s\,\mathscr{L}\frac{d^{n-1}y}{dx^{n-1}} - y_0^{(n-1)}$$

$$\mathscr{L}\frac{d^{n-1}y}{dx^{n-1}} = s\frac{d^{n-2}y}{dx^{n-2}} - y_0^{(n-2)}$$

$$\vdots$$

$$\mathscr{L}\frac{dy}{dx} = s\,\mathscr{L}y - y_0^{(0)}$$

が得られる．これらの式において，$y_0^{(n-k)}\,(k=1,2,\cdots,n)$ を含む式の両辺に左から s^{k-1} を乗じて辺々相加えると式(7-51)が得られる．

　Laplace 変換を用いて，具体的に初期条件 $y_0^{(0)} = y_0^{(1)} = 0$ の与えられている微分方程式

$$\frac{d^2 y}{dx^2} - \frac{dy}{dx} - 2y = \sin x$$

の解を求める．この場合，微分方程式の両辺に演算子 $\mathscr{L}$ を作用させて得られる関係式

$$\mathscr{L}\frac{d^2 y}{dx^2} = s^2\,\mathscr{L}y - \{sy_0^{(0)} + y_0^{(1)}\},\quad \mathscr{L}\frac{dy}{dx} = s\,\mathscr{L}y - y_0^{(0)}$$

に初期値を代入して，

$$(s^2 - s - 2)\mathscr{L}y = \mathscr{L}(\sin x)$$

が成立する．式(7-50)に $n=0, a=e, \alpha=i$ を代入して Euler の関係式を適用すれば，

$$\mathscr{L}(\cos x + i\sin x) = \mathscr{L}e^{ix} = \int_0^\infty e^{-(s-i)x}dx = \frac{s}{s^2+1} + i\frac{1}{s^2+1}$$

が成立する．複素数の性質から $\sin x = \mathrm{Im}\{e^{ix}\}$, $\cos x = \mathrm{Re}\{e^{ix}\}$ となるので，

$$\mathscr{L}y = \frac{1}{(s^2+1)(s-2)(s+1)}$$

が得られる．この両辺に $\mathscr{L}^{-1}$ を作用させると，

$$y = \mathscr{L}^{-1}\left\{\frac{1}{(s^2+1)(s-2)(s+1)}\right\} = \mathscr{L}^{-1}\left\{\frac{1}{15(s-2)} - \frac{1}{6(s+1)} + \frac{s}{10(s^2+1)} - \frac{3}{10(s^2+1)}\right\}$$

となる．したがって，微分方程式の解は

$$y = \frac{e^{2x}}{15} - \frac{e^{-x}}{6} + \frac{\cos x}{10} - \frac{3\sin x}{10}$$

である．

　Laplace 変換を用いて積分方程式を解くためには，演算子 $\mathscr{L}$ と積分演算子との関係を明らかにしておく必要がある．そこで，

$$\mathscr{L}\int_0^x f(t)dt = \frac{1}{s}\mathscr{L}f(x) \tag{7-52}$$

が成立することを確認しておく。

　Laplace 変換の定義から得られる

$$\mathscr{L}\int_0^x f(t)dt = \int_0^\infty e^{-sx}\left\{\int_0^x f(t)dt\right\}dx$$

に関係式

$$\frac{d}{dx}\left(-\frac{1}{s}e^{-sx}\int_0^x f(t)dt\right) = e^{-sx}\int_0^x f(t)dt - \frac{1}{s}e^{-sx}f(x)$$

を用いて

$$\mathscr{L}\int_0^x f(t)dt = \left[-\frac{1}{s}e^{-sx}\int_0^x f(t)dt\right]_0^\infty + \frac{1}{s}\int_0^x e^{-sx}f(x)dx$$

が得られる。右辺第1項はゼロとなるので，式(7-52)が成立する。

　Laplace 変換を用いて，具体例として積分微分方程式

$$\frac{df(x)}{dx} - \int_0^x f(t)dt = x$$

を初期条件 $f^{(0)}(0) = 0$ として解析する。

　与式の両辺に $\mathscr{L}$ を演算して，

$$s\mathscr{L}f(x) - f^{(0)}(0) - \mathscr{L}\int_0^x f(t)dt = \frac{1}{s^2}$$

が得られる。ここで，初期条件と式(7-52)を用いると

$$\mathscr{L}f(x) = \left\{s(s^2-1)\right\}^{-1}$$

が得られ，逆変換をして微分方程式の解

$$f(x) = \frac{1}{2}(e^x + e^{-x}) - 1$$

が得られる。

　次に，$F(s) = \mathscr{L}f(x)$ として関係式

$$\mathscr{L}\left(\frac{f(x)}{x}\right) = \int_s^\infty F(t)dt \tag{7-53}$$

が一般に成立することを明らかにしておく。

　Laplace 変換の定義式

$$F(s) = \int_0^\infty f(x)e^{-sx}dx$$

を s について微分すれば，

$$\frac{dF(s)}{ds} = -\int_0^\infty xf(x)e^{-sx}dx$$

となる。ここで，s の関数として次式

$$\Phi(s) = \mathscr{L}\left(\frac{f(x)}{x}\right) = \int_0^\infty \frac{f(x)}{x}e^{-sx}dx$$

を定義する。これを s について微分して

$$\frac{d\Phi}{ds} = -\int_0^\infty f(x)e^{-sx}dx = -\mathscr{L}f(x) = -F(s)$$

が成立する。この両辺を t の関数として $s \leq t$ について積分すれば,

$$[\Phi(t)]_s^\infty = -\int_s^\infty F(t)dt$$

となる。定義式から $\Phi(\infty) = 0$ である。したがって,ここで得られた式

$$\Phi(s) = \int_s^\infty F(t)dt$$

は式(7-53)が成立することを示している。

以下に,$f(x) \otimes h(x)$ を $f(x)$ と $h(x)$ の合成関数として重要な関係式

$$\{\mathscr{L}f(x)\}\{\mathscr{L}h(x)\} = \mathscr{L}\{f(x) \otimes h(x)\} \tag{7-54}$$

が成立することを明らかにしておく。

$$\{\mathscr{L}f(x)\}\{\mathscr{L}h(x)\} = \int_0^\infty f(x)e^{-sx}dx \int_0^\infty h(y)e^{-sy}dy = \int_0^\infty \int_0^\infty f(x)h(y)e^{-s(x+y)}dxdy$$

について,$x+y = u$,$y = v$ に変数変換すれば,Jacobian J は

$$J = \begin{vmatrix} \dfrac{\partial x}{\partial u} & \dfrac{\partial x}{\partial v} \\ \dfrac{\partial y}{\partial u} & \dfrac{\partial y}{\partial v} \end{vmatrix} = 1$$

となる。したがって,積分領域 $0 \leq v \leq u$ を考慮して重積分をすれば,

$$\{\mathscr{L}f(x)\}\{\mathscr{L}h(x)\} = \int_0^\infty e^{-su} \int_0^u f(u-v)h(v)dvdu = \int_0^\infty e^{-su} f(u) \otimes h(u)du$$
$$= \mathscr{L}\{f(x) \otimes h(x)\}$$

が成立する。

§7-7 超関数としての δ 関数

デルタ関数 $\delta(x-a)$ とは,量子力学創設に重要な役割を果たした Dirac によって導入された積分中でのみ意味のある特異関数で,当初数学的には不明な点もあったが,後に Schwartz によって超関数として数学的に定式化された。現在では,応用数学上極めて有力な方法として物理学や工学の分野で広範に用いられている。

デルタ関数 $\delta(x-a)$ は,任意回数微分可能で $\varphi(\pm\infty) = 0$ を満たす関数 $\varphi(x)$ を基礎関数として用いて

$$\begin{cases} \text{(i)} \ x \neq a \text{ のとき } \delta(x-a) = 0 \\ \text{(ii)} \ \int_{-\infty}^\infty \delta(x-a)\varphi(x)dx = \varphi(a) \end{cases}$$

として表される超関数として定義される．上式(ii)において，$\varepsilon > 0$ として $|x-a| < \varepsilon$ で $\varphi(x) \equiv 1$，$|x-a| \geq \varepsilon$ で $\varphi(x) = 0$ とすれば，明らかなようにデルタ関数 $\delta(x-a)$ と x 軸とで囲まれる面積は $-\infty < x < \infty$ で 1 となる．したがって，上式(i)を考えると，$x = a$ で $\delta(x-a) = \infty$ となることを意味する．

汎関数 T_f の基礎関数 $\varphi_i(x)$（$\varphi_i(\pm\infty) = 0$）が任意回数微分可能であり，基礎関数 $\varphi_i(x)$ の集合 C の中で次の3条件

$$\begin{cases} \text{(i)} & T_f[\alpha_1\varphi_1 + \alpha_2\varphi_2] = \alpha_1 T_f[\varphi_1] + \alpha_2 T_f[\varphi_2] & :\text{線形性} \\ \text{(ii)} & \lim_{\varphi_n \to 0} T_f[\varphi_n] = 0 & :\text{連続性} \\ \text{(iii)} & T_f[\varphi_n] = T_g[\varphi_n] \to f(x) = g(x) & :\text{超関数の同値性} \end{cases}$$

を満たすような数値 $r_i = T_f[\varphi_i]$（$r_i \in R$）が定まるとき，関数 T_f を C 上での超関数という．

無限積分を

$$T_f[\varphi] = \int_{-\infty}^{\infty} f(x)\varphi(x)dx \tag{7-55}$$

と定義すると，超関数の性質(i)～(iii)を満たしており，汎関数 T_f の基礎関数 $\varphi(x)$ における値として記号 $T_f[\varphi(x)]$ を用いて超関数を定義する．

超関数によるデルタ関数 $\delta(x-a)$ の定式化は，

$$T_\delta[\varphi] = \int_{-\infty}^{\infty} \delta(x-a)\varphi(x)dx = \varphi(a) \tag{7-56}$$

で与えられる．超関数 $f(x)$ の導関数は，

$$T_{f'}[\varphi] = \int_{-\infty}^{\infty} f'(x)\varphi(x)dx, \quad T_f[\varphi'] = \int_{-\infty}^{\infty} f(x)\varphi(x)'dx$$

として，

$$T_{f'}[\varphi] = \int_{-\infty}^{\infty} f'(x)\varphi(x)dx = [f(x)\varphi(x)]_{-\infty}^{\infty} - \int_{-\infty}^{\infty} f(x)\varphi'(x)dx$$

において，基礎関数 $\varphi(x)$ の定義から $[f(x)\varphi(x)]_{-\infty}^{\infty} = 0$ であるので，

$$T_{f'}[\varphi] = -T_f[\varphi'] \tag{7-57}$$

で与えられる値で定義する．

超関数は常に微分可能であり，$\delta'(x-a)$ の幾何学的な描像は把握できないが，超関数に関する導関数の定義にしたがって，$\delta'(x-a)$ は $\varphi(x)$ に対して

$$T_{\delta'}[\varphi(x)] = -T_\delta[\varphi'(x)] = -\varphi'(a)$$

を満たす超関数である．

Heaviside の単位関数 $\theta(x)$ を

$$a \geq 0 : \theta(x-a) = 1 \ (x \geq a), \quad \theta(x-a) = 0 \ (x < a)$$

として，$x = a$ での $d\theta/dx$ の幾何学的描像はよく分からないが，

$$\delta(x-a) = \frac{d\theta}{dx}\bigg|_{x=a} \tag{7-58}$$

が成立する．これを明らかにするためには，次の積分の中で

$$\int_{-\infty}^{\infty}\frac{d\theta}{dx}\varphi(x)dx = \int_{-\infty}^{\infty}\delta(x-a)\varphi(x)dx = \varphi(a)$$

が成立することを示せばよい．

$$\frac{d}{dx}\{\theta(x-a)\varphi(x)\} = \frac{d\theta}{dx}\varphi(x) + \theta(x-a)\frac{d\varphi(x)}{dx}$$

において，$\varphi(\pm\infty) = 0$ であるので

$$\int_{-\infty}^{\infty}\frac{d\theta}{dx}\varphi(x)dx = [\theta(x-a)\varphi(x)]_{-\infty}^{\infty} - \int_{-\infty}^{\infty}\theta(x-a)\frac{d\varphi(x)}{dx}dx$$

$$= -\int_{a}^{\infty}d\varphi(x) = \varphi(a)$$

となり，式(7-58)が積分の中で成立する．

応用数学上，極限関数の無限積分を計算することがある．その場合，超関数の同値性から極限関数がデルタ関数に置き換えられると計算が簡単になるだけでなく，論理上の理解も簡明になる．以下に代表的な極限関数を例示する．

(1) 区間 $a-\varepsilon/2 \leq x \leq a+\varepsilon/2$，$(a>0)$における方形パルス波は，Heaviside の単位関数 $\theta(x)$ を用いて，

$$h_\varepsilon(x-a) = \theta\left(x-a+\frac{\varepsilon}{2}\right) - \theta\left(x-a-\frac{\varepsilon}{2}\right)$$

として表され，$a-\varepsilon/2 \leq x < a+\varepsilon/2$ で $h_\varepsilon(x-a) = 1$ とする．このとき，関係式

$$\lim_{\varepsilon \to 0}\frac{1}{\varepsilon}h_\varepsilon(x-a) = \delta(x-a) \tag{7-59}$$

が $-\infty < x < \infty$ で成立する．

定義にしたがって連続な任意の関数 $f(x)$ について，

$$\lim_{\varepsilon \to 0}\int_{-\infty}^{\infty}f(x)\frac{h_\varepsilon(x-a)}{\varepsilon}dx = \lim_{\varepsilon \to 0}\int_{a-\varepsilon/2}^{a+\varepsilon/2}\frac{1}{\varepsilon}f(x)dx = \lim_{\varepsilon \to 0}\frac{F(a+\varepsilon/2)-F(a-\varepsilon/2)}{\varepsilon}$$

$$= \frac{dF(x)}{dx}\bigg|_{x=a} = f(a)$$

が一般に成立する．ここで，$f(x)$ の不定積分を

$$F(x) = \int f(x)dx$$

とした．一方，δ 関数の定義から

$$\int_{-\infty}^{\infty}f(x)\delta(x-a)dx = f(a)$$

であるので，積分中で式(7-59)が成立する．

(2) Gauss 関数を

$$g_\varepsilon(x) = \frac{1}{\varepsilon\sqrt{\pi}}\exp(-x^2/\varepsilon^2)$$

とすると,

$$\lim_{\varepsilon\to 0} g_\varepsilon(x) = \delta(x)$$

が成立する。これを明らかにするために, $x/\varepsilon = \xi, dx = \varepsilon d\xi$ として Gauss 積分が

$$\lim_{\varepsilon\to 0}\int_{-\infty}^{\infty}\frac{1}{\varepsilon\sqrt{\pi}}e^{-(x/\varepsilon)^2}dx = \frac{1}{\sqrt{\pi}}\int_{-\infty}^{\infty}e^{-\xi^2}d\xi = 1$$

となることを利用する。

次式で定義された関係式

$$W = \left|\lim_{\varepsilon\to 0}\int_{-\infty}^{\infty}\frac{1}{\varepsilon\sqrt{\pi}}e^{-(x/\varepsilon)^2}\varphi(x)dx - \varphi(0)\right|$$

に Gauss 積分を用いて

$$W = \lim_{\varepsilon\to 0}\int_{-\infty}^{\infty}\frac{1}{\varepsilon\sqrt{\pi}}e^{-(x/\varepsilon)^2}|\varphi(x)-\varphi(0)|dx \quad (\geq 0)$$

が成立する。さらに, $|\varphi'(x)|$ の最大値 M とすれば, $d\varphi(x) \leq Mdx$ が成立するので,

$$\varphi(x)-\varphi(0) = \int_0^x d\varphi \leq \int_0^x Mdx = Mx$$

となる。したがって, $\xi = x/\varepsilon$ として

$$W \leq \lim_{\varepsilon\to 0}\frac{M}{\varepsilon\sqrt{\pi}}\int_{-\infty}^{\infty}e^{-(x/\varepsilon)^2}|x|dx = \lim_{\varepsilon\to 0}\frac{2\varepsilon M}{\sqrt{\pi}}\int_0^{\infty}\xi e^{-\xi^2}d\xi \to 0$$

が成立する。以上から

$$\lim_{\varepsilon\to 0}\int_{-\infty}^{\infty}\frac{1}{\varepsilon\sqrt{\pi}}e^{-(x/\varepsilon)^2}\varphi(x)dx = \varphi(0) = \int_{-\infty}^{\infty}\delta(x)\varphi(x)dx$$

となり,

$$\delta(x) = \lim_{\varepsilon\to 0}\frac{1}{\varepsilon\sqrt{\pi}}\exp(-x^2/\varepsilon^2), \quad \delta(x) = \lim_{\lambda\to\infty}\frac{\lambda}{\sqrt{\pi}}\exp(-\lambda^2 x^2) \tag{7-60}$$

が積分の中で成立する。

(3) 図[**7-4**]に示されているサンプリング関数と称される $S_\lambda(x)$ の数式表現は

$$S_\lambda(x) = \frac{1}{\pi}\frac{\sin(\lambda x)}{x} \tag{7-61}$$

であるが, $\lambda\to\infty$ においてこれは $\delta(x)$ に一致する。これを明らかにするためには, $-\infty < x < \infty$ における基礎関数 $\varphi(x)$ について,

$$\lim_{\lambda\to\infty}\int_{-\infty}^{\infty}\varphi(x)S_\lambda(x)dx = \varphi(0)$$

が成立することを示せばよい。

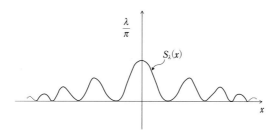

図 [7-4] サンプリング関数の概略図

$\varphi(x)$ は区分的に滑らかであるので、$(\varphi(x)-\varphi(\pm 0))/x$ について Riemann Lebesgue の定理を適用すれば ([付録7-C] 参照),

$$\lim_{\lambda \to \infty}\int_{-\infty}^{\infty}\frac{\varphi(x)-\varphi(\pm 0)}{x}\sin(\lambda x)dx = 0$$

が成立する。したがって,

$$\lim_{\lambda \to \infty}\int_{-\infty}^{\infty}\varphi(x)S_\lambda(x)dx = \frac{1}{\pi}\lim_{\lambda \to \infty}\int_{-\infty}^{\infty}\frac{\varphi(x)}{x}\sin(\lambda x)dx$$

に Riemann Lebesgue の定理を用いて

$$2\lim_{\lambda \to \infty}\int_{-\infty}^{\infty}\frac{\varphi(x)}{x}\sin(\lambda x)dx = \lim_{\lambda \to \infty}\int_{-\infty}^{\infty}\frac{\varphi(+0)+\varphi(-0)}{x}\sin(\lambda x)dx$$

が得られる。さらに上式を書き換えると,

$$\lim_{\lambda \to \infty}\int_{-\infty}^{\infty}\varphi(x)S_\lambda(x)dx = \frac{1}{2\pi}(\varphi(+0)+\varphi(-0))\lim_{\lambda \to \infty}\int_{-\infty}^{\infty}\frac{\sin(\lambda x)}{x}dx = \frac{1}{2}(\varphi(+0)+\varphi(-0)) = \varphi(0)$$

が成立するので、$S_\lambda(x)$ は $\lambda \to \infty$ において $\delta(x)$ に一致する。ここで、よく知られた関係式

$$\int_{-\infty}^{\infty}\frac{\sin x}{x}dx = \pi \tag{7-26}$$

を用いた。

(4) 物理学や工学の分野で、デルタ関数 $\delta(x)$ の表式としてよく用いられる次の積分表示

$$\delta(x) = \frac{1}{2\pi}\int_{-\infty}^{\infty}e^{i\omega x}d\omega \tag{7-62}$$

がある。これを明らかにするためには、上記の結果 $\lim_{\lambda \to \infty}S_\lambda(x) = \delta(x)$ に Euler の関係式を用いて,

$$\lim_{\lambda \to \infty}S_\lambda(x) = \frac{1}{\pi}\lim_{\lambda \to \infty}\frac{\sin(\lambda x)}{x} = \frac{1}{\pi}\lim_{\lambda \to \infty}\frac{e^{i\lambda x}-e^{-i\lambda x}}{2ix}$$

が成立することを利用する。

$$\lim_{\lambda \to \infty}\frac{1}{2\pi}\int_{-\lambda}^{\lambda}e^{i\omega x}d\omega = \frac{1}{2\pi}\lim_{\lambda \to \infty}\left[\frac{e^{i\omega x}}{ix}\right]_{-\lambda}^{\lambda} = \frac{1}{\pi}\lim_{\lambda \to \infty}\frac{e^{i\lambda x}-e^{-i\lambda x}}{2ix} = \lim_{\lambda \to \infty}S_\lambda(x)$$

が成立するので、デルタ関数 $\delta(x)$ の上記積分表示が得られる。なお、$\delta(x)$ の Fourier 変換を

$\hat{\delta}(\omega)$ とすれば,

$$\hat{\delta}(\omega) = \int_{-\infty}^{\infty} \delta(x) e^{-i\omega x} dx = 1 \Leftrightarrow \delta(x) = \frac{1}{2\pi} \int_{-\infty}^{\infty} 1 \times e^{i\omega x} d\omega$$

の関係にある。

デルタ関数を物理学や工学の諸分野で応用する場合,多重積分の観点から多変数のデルタ関数は,独立変数 $x_1, x_2, x_3, \cdots, x_n$ について

$$\delta(x_1, x_2, x_3 \cdots, x_n) = \delta(x_1)\delta(x_2)\delta(x_3)\cdots\delta(x_n)$$

と考える。そこで, $n=3$ の場合について

$$\begin{cases} \int_{-\infty}^{\infty}\int_{-\infty}^{\infty}\int_{-\infty}^{\infty} f(x,y,z)\delta(x,y,z)dxdydz = f(0,0,0) \\ \delta(x)\delta(y)\delta(z) = \frac{1}{(2\pi)^3}\int_{-\infty}^{\infty}\int_{-\infty}^{\infty}\int_{-\infty}^{\infty} e^{i(\alpha x+\beta y+\gamma z)}d\alpha d\beta d\gamma \end{cases}$$

が成立する。

デルタ関数の座標変換については, $f(x_1, x_2, x_3) \to f(\xi_1, \xi_2, \xi_3)$ への Jacobian J として, $x_1 = u(\xi_1, \xi_2, \xi_3), x_2 = v(\xi_1, \xi_2, \xi_3), x_3 = w(\xi_1, \xi_2, \xi_3)$ とすれば,

$$dx_1 dx_2 dx_3 = \begin{vmatrix} \frac{\partial u}{\partial \xi_1} & \frac{\partial u}{\partial \xi_2} & \frac{\partial u}{\partial \xi_3} \\ \frac{\partial v}{\partial \xi_1} & \frac{\partial v}{\partial \xi_2} & \frac{\partial v}{\partial \xi_3} \\ \frac{\partial w}{\partial \xi_1} & \frac{\partial w}{\partial \xi_2} & \frac{\partial w}{\partial \xi_3} \end{vmatrix} d\xi_1 d\xi_2 d\xi_3 = J d\xi_1 d\xi_2 d\xi_3$$

であり,点 $(x_1-\alpha_1, x_2-\alpha_2, x_3-\alpha_3)$ が点 $(\xi_1-\beta_1, \xi_2-\beta_2, \xi_3-\beta_3)$ に対応していれば,

$$\delta(x_1-\alpha_1)\delta(x_2-\alpha_2)\delta(x_3-\alpha_3) = \delta(\xi_1-\beta_1)\delta(\xi_2-\beta_2)\delta(\xi_3-\beta_3)/J$$

となる。

§7-8 Sturm Liouville の方程式

物理学分野でよく見受ける Legendre の微分方程式,Bessel の微分方程式,Hermite の微分方程式などの 2 階常微分方程式は,いずれも自己随伴演算子をもつ Sturm Liouville 型の 2 階常微分方程式として統一的に議論できる。

一般に,任意の 2 階斉次線形常微分方程式 ($P(x)>0$ とする)

$$P(x)\frac{d^2}{dx^2}W(x) + Q(x)\frac{d}{dx}W(x) + R(x)W(x) = 0 \tag{7-63}$$

は Sturm Liouville 型の微分方程式に変換できる。式 (7-63) において

$$h(x) = \exp\left[\int (Q(x)-P'(x))/P(x)dx\right]$$

として式(7-63)の左から $h(x)$ を掛けると,

$$p(x)\frac{d^2}{dx^2}W(x)+q(x)\frac{d}{dx}W(x)+r(x)W(x)=0$$

が成立する。ただし, $p(x)=h(x)P(x), q(x)=h(x)Q(x), r(x)=h(x)R(x)$ とする。このとき, $q(x)=p'(x)$ となり,

$$\frac{d}{dx}\left\{p(x)\frac{d}{dx}W(x)\right\}+r(x)W(x)=0$$

として Sturm Liouville 型の微分方程式となるからである。したがって,任意の2階斉次線形常微分方程式はすべて Sturm Liouville 型の微分方程式の問題として解析できる。

(1) Sturm Liouville 型の微分方程式と微分作用素

Sturm Liouville 微分方程式の一般形を

$$\frac{d}{dx}\left(P(x)\frac{dy}{dx}\right)+Q(x)y=-\lambda w(x)y \tag{7-64}$$

として,左辺の微分作用素 L_s

$$L_s=P(x)\frac{d^2}{dx^2}+\frac{dP(x)}{dx}\frac{d}{dx}+Q(x)$$

について,その自己随伴作用素 $L_s^\dagger$ とすると, $(d/dx)^\dagger=-d/dx$ であるので

$$L_s^\dagger=\left\{P(x)\frac{d^2}{dx^2}+\frac{dP(x)}{dx}\frac{d}{dx}+Q(x)\right\}^\dagger$$

$$=\frac{d^2}{dx^2}P(x)-\frac{d}{dx}\frac{dP(x)}{dx}+Q(x)$$

となる。通常の微分形式で書けば,

$$L_s^\dagger y=P(x)\frac{d^2y}{dx^2}+\frac{dP(x)}{dx}\frac{dy}{dx}+Q(x)y$$

となる。Sturm Liouville 型の微分方程式の微分作用素 L_s とその自己随伴作用素 $L_s^\dagger$ には $L_s=L_s^\dagger$ が成立し,微分作用素 L_s は Hermite 演算子である。

微分方程式の解を物理的に特定するためには,必ず初期・境界条件が必要である。一般に,物理的に興味のある問題では,境界条件として

$$P(a)y(a)y'(a)=P(b)y(b)y'(b)=0 \tag{7-65}$$

を満たしているものが多い。以下で,Hermite 性を要請したことによる境界条件の制約について考察する。

Sturm Liouville 型微分方程式の解を $u(x), v(x)$ とすると,微分作用素の Hermite 特性 $L_s=L_s^\dagger$ から次式

$$\int_a^b v(x)L_s u(x)dx=\langle v(x)|L_s|u(x)\rangle=\langle u(x)|L_s^\dagger|v(x)\rangle=\int_a^b u(x)L_s v(x)dx$$

が成立する。ここで,具体的に Sturm Liouville の演算子を代入して得られる関係式

$$\langle v(x)|L_s|u(x)\rangle = \int_a^b v(x)L_s u(x)dx = \int_a^b v(x)\{(P(x)u'(x))' + Q(x)u(x)\}dx$$

に部分積分の関係を用いて

$$\int_a^b v(x)L_s u(x)dx = [v(x)P(x)u'(x)]_a^b - \int_a^b v'(x)P(x)u'(x)dx + \int_a^b v(x)Q(x)u(x)dx$$

が成立する。上式の右辺第 2 項は

$$\int_a^b v'(x)P(x)u'(x)dx = [v'(x)P(x)u(x)]_a^b - \int_a^b \{(v'(x)P(x))'\}u(x)dx$$

であるので,

$$\int_a^b v(x)L_s u(x)dx = [v(x)P(x)u'(x)]_a^b - [v'(x)P(x)u(x)]_a^b$$
$$+ \int_a^b u(x)\{(P(x)v'(x))' + Q(x)v(x)\}dx$$

が得られる。

上式の最終項は $\langle u(x)|L_s|v(x)\rangle$ に等しい。したがって,$L_s = L_s^\dagger$ が成立するためには,1 次の Green の公式と称される

$$\langle v(x)|L_s|u(x)\rangle - \langle u(x)|L_s|v(x)\rangle = [P(x)\{v(x)u'(x) - v'(x)u(x)\}]_a^b = 0 \tag{7-66}$$

が式 (7-64) の解析において初期・境界条件として成立することが必要である。式 (7-65) は明らかに式 (7-66) の条件下に属する。

α, β を任意定数として,Sturm Liouville の微分方程式の斉次境界条件に

$$P(a)y'(a)\sin\alpha - y(a)\cos\alpha = 0 \quad P(b)y'(b)\sin\beta - y(b)\cos\beta = 0 \tag{7-67}$$

がよく用いられる。この場合について,式 (7-66) との関連を調べると,$y = u$ または $y = v$ として式 (7-67) は次式

$$\begin{pmatrix} P(a)u'(a) & -u(a) \\ P(a)v'(a) & -v(a) \end{pmatrix}\begin{pmatrix} \sin\alpha \\ \cos\alpha \end{pmatrix} = \begin{pmatrix} 0 \\ 0 \end{pmatrix}, \quad \begin{pmatrix} P(b)u'(b) & -u(b) \\ P(b)v'(b) & -v(b) \end{pmatrix}\begin{pmatrix} \sin\beta \\ \cos\beta \end{pmatrix} = \begin{pmatrix} 0 \\ 0 \end{pmatrix}$$

に書き換えられる。ここで,$\sin\theta$ と $\cos\theta$ は同時にゼロにはならないので,行列式

$$\begin{vmatrix} P(a)u'(a) & -u(a) \\ P(a)v'(a) & -v(a) \end{vmatrix} = \begin{vmatrix} P(b)u'(b) & -u(b) \\ P(b)v'(b) & -v(b) \end{vmatrix} = 0 \tag{7-68}$$

が成立しなければならない。式 (7-68) が式 (7-66) の特別な場合であることは明らかである。

(2) Sturm Liouville の微分方程式と Euler の方程式

微分方程式 (7-64) に関連して次式

$$\int_a^b [P(x)y'(x)^2 + Q(x)y(x)^2]dx \tag{7-69}$$

が区間 $a \leq x \leq b$ で定常値をとるような $y = y(x)$ を求める変分問題を考察する。

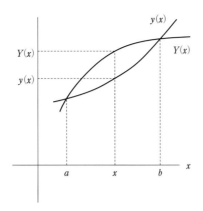

図[7-5]　変分原理と積分経路

　積分範囲の両端 $x=a, x=b$ は固定され，その点で y の値も与えられているとき，一般に積分値

$$\int_a^b I(x, y, y') dx$$

は点 $(a, y(a))$ と点 $(b, y(b))$ を結ぶ道筋によって異なる。図[7-5]において，この道筋の任意の1つを $Y(x)$ とし，積分値を最大または最小にする道筋を $y(x)$ とする。区間 $a \leq x \leq b$ において $Y(x)$ と $y(x)$ の差は十分小さいものとして，1つの x に対する関数値の差を変分として，記号 δ を用いて

$$\delta y(x) = Y(x) - y(x)$$

で表す。変分記号を用いて次の関係式

$$\delta I = I(x, Y, Y') - I(x, y, y') = I(x, y+\delta y, y'+\delta y') - I(x, y, y')$$
$$= \frac{\partial I}{\partial y} \delta y + \frac{\partial I}{\partial y'} \delta y'$$

が成立する。変分記号と微分演算子の間には

$$\frac{d}{dx}\delta y = \frac{d}{dx}(Y(x) - y(x)) = \frac{dY(x)}{dx} - \frac{dy(x)}{dx} = \delta \frac{dy}{dx}$$

が成立し，δ と $\frac{d}{dx}$ は演算子として可換であることを示している。

　上記積分

$$\int_a^b I(x, y, y') dx$$

が定常であることは，y に沿った積分値が $y+\delta y$ に沿った積分値に一致することである。換言すれば，

$$\int_a^b \delta I(x, y, y') dx = \int_a^b \left(\frac{\partial I}{\partial y} \delta y + \frac{\partial I}{\partial y'} \delta y' \right) dx = 0 \tag{7-70}$$

が成立することを意味する。式(7-70)の右辺に

を用いて，部分積分の関係式

$$\int_a^b \frac{\partial I}{\partial y'}\delta y' dx = \int_a^b \frac{\partial I}{\partial y'}\frac{d}{dx}\delta y dx = \left[\frac{\partial I}{\partial y'}\delta y\right]_a^b - \int_a^b \left(\frac{d}{dx}\frac{\partial I}{\partial y'}\right)\delta y dx = -\int_a^b \left(\frac{d}{dx}\frac{\partial I}{\partial y'}\right)\delta y dx$$

を用いて，式(7-70)は

$$\int_a^b \delta I(x,y,y')dx = \int_a^b \left(\frac{\partial I}{\partial y} - \frac{d}{dx}\frac{\partial I}{\partial y'}\right)\delta y dx = 0 \tag{7-71}$$

に書き換えられる。式(7-71)において変分 δy は任意であるので，Eulerの方程式

$$\frac{\partial I}{\partial y} - \frac{d}{dx}\frac{\partial I}{\partial y'} = 0 \tag{7-72}$$

が成立する。

関係式

$$I(x,y,y') = P(x)y'(x)^2 + Q(x)y(x)^2 \tag{7-73}$$

に $R(x) = -Q(x)$ としてEulerの方程式を適用してSturm Liouville型の微分方程式

$$(P(x)y'(x))' + R(x)y(x) = 0 \tag{7-74}$$

が得られる。

次に，Sturm Liouvilleの方程式(7-64)の右辺について考察する。応用数学の諸問題で積分値を一定に保つ束縛条件が課せられることがよくある。いま，関数 $y(x)$ の規格化条件を考えると，

$$\langle y(x)|y(x)\rangle = \int_a^b w(x)y(x)^2 dx = 1 \tag{7-75}$$

が成立する。そこで，任意定数 λ として

$$H = I(x,y,y') + \lambda w(x)y(x)^2 = P(x)y'(x)^2 + Q(x)y(x)^2 + \lambda w(x)y(x)^2 \tag{7-76}$$

の定常条件

$$\int_a^b \delta H(x,y,y')dx = \int_a^b \left(\frac{\partial H}{\partial y}\delta y + \frac{\partial H}{\partial y'}\delta y'\right)dx = 0$$

からEulerの方程式として式(7-64)が $Q(x),\lambda$ の符号を反転して求められる。未定乗数 λ を含んだ変分問題をLagrangeの未定乗数法という。

Lagrangeの未定乗数法の問題として，量子力学における角運動量演算子に関係のあるLegendreの方程式

$$(1-x^2)y'' - 2xy' + l(l+1)y = 0$$

を解いてLegendreの多項式を求める。ただし，$-1 \leq x \leq 1$，式(7-75)で $w(x) = 1$ とする。

与式を変形すると，$\{(1-x^2)y'\}' + l(l+1)y = 0$ となるので，Sturm Liouville型の微分方程式

(7-64) で $P(x)=1-x^2, Q(x)=0, \lambda=l(l+1)$ に相当する。いま，$y=ax^2+bx+c$ として，Legendre の多項式の 2 次の項まで求める。

式 (7-73) で $y=ax^2+bx+c, P(x)=1-x^2, Q(x)=0$ とすると，

$$I(x,y,y')=(1-x^2)(2ax+b)^2$$

が成立する。y に関する規格化条件は

$$\int_{-1}^{1} y^2 dx = 1$$

である。式 (7-76) で λ の正負は本質的ではないので物理的な配慮から便宜上 $\lambda \to -\lambda$ として，

$$\int_{-1}^{1} H(x,y,y')dx = \int_{-1}^{1} \{I(x,y,y')-\lambda y^2\}dx$$

を極小にする条件を求める。y についての規格化条件から，

$$\int_{-1}^{1}(ax^2+bx+c)^2 dx = \frac{2}{5}a^2 + \frac{2}{3}(b^2+2ac)+2c^2 = 1$$

が求まる。また，関係式

$$I = \int_{-1}^{1}(1-x^2)(4a^2x^2+4abx+b^2)dx = \frac{16}{15}a^2 + \frac{4}{3}b^2$$

を用いて

$$H = \frac{2(-3\lambda+8)}{15}a^2 + \frac{2}{3}(-\lambda+2)b^2 - \frac{4}{3}\lambda ac - 2\lambda c^2$$

を極小にすることが必要である。

極値をもつ条件式

$$\frac{\partial H}{\partial a} = \frac{\partial H}{\partial b} = \frac{\partial H}{\partial c} = 0$$

および規格化の条件式から，

$$\lambda\left(\frac{a}{3}+c\right)=0, \quad b(-\lambda+2)=0, \quad a(-3\lambda+8)-5c\lambda=0, \quad \frac{a^2}{5}+\frac{1}{3}(b^2+2ac)+c^2=\frac{1}{2}$$

が得られる。これらの連立方程式から，

(1) $\lambda=2$ のとき，$a=c=0, b=\sqrt{\frac{3}{2}}$

(2) $b=0$ のとき，

  (i) $\lambda=a=0, c=\sqrt{\frac{1}{2}}$， (ii) $a=c=0$ は不合理， (iii) $\lambda=6, a=-3\sqrt{\frac{5}{8}}, c=\sqrt{\frac{5}{8}}$

が得られる。

以上の解析結果から固有値 $|\lambda\rangle = (0\ 2\ 6)^\dagger$ に属する固有関数は

$$|y\rangle = \sqrt{\frac{1}{2}}\left(1\ \sqrt{3}x\ \frac{\sqrt{5}}{2}(1-3x^2)\right)^\dagger$$

である。具体的には，量子力学での角運動量演算子の固有値 $\lambda=l(l+1)$ について，最初の $l=0$，

$l=1, l=2,$ の 3 個の値に対応して，その固有関数として規格化された Legendre 多項式の最初の 3 項を意味する．

§7-9　Green 関数

物理学や工学で頻出する常微分方程式は 2 階の微分方程式である．これらの 2 階常微分方程式はすべて Sturm Liouville の方程式に変換される．そこで，Green 関数を利用して Sturm Liouville の方程式を解く方法を説明する．

区間 $a \leq x \leq b$ で定義された Sturm Liouville の非斉次方程式を

$$\frac{d}{dx}\left(P(x)\frac{du(x)}{dx}\right) + Q(x)u(x) = f(x) \tag{7-77}$$

とする．ただし，$P(x)(>0), Q(x)$ は区間 $a \leq x \leq b$ で連続かつ微分可能とする．$u(x), v(x)$ を式 (7-77) の解として，次の斉次境界条件

$$\begin{pmatrix} P(a)u'(a) & -u(a) \\ P(a)v'(a) & -v(a) \end{pmatrix}\begin{pmatrix} \sin\alpha \\ \cos\alpha \end{pmatrix} = \begin{pmatrix} 0 \\ 0 \end{pmatrix}, \quad \begin{pmatrix} P(b)u'(b) & -u(b) \\ P(b)v'(b) & -v(b) \end{pmatrix}\begin{pmatrix} \sin\beta \\ \cos\beta \end{pmatrix} = \begin{pmatrix} 0 \\ 0 \end{pmatrix} \tag{7-78}$$

を満たすものを求める．

Sturm Liouville の方程式に関する自己随伴演算子 $L_s(=L_s^\dagger)$ を

$$L_s = \frac{d}{dx}\left(P(x)\frac{d}{dx}\right) + Q(x) \tag{7-79}$$

として，非斉次微分方程式 $L_s u(x) = f(x)$ の特解を求めることを考える．その形式解は $u(x) = L_s^{-1} f(x)$ であるが，具体的な解を得るためには，以下のようにデルタ関数 $\delta(x)$ を用いると簡便になる．

$L_s u(x) = f(x)$ に対応して関係式

$$L_s G(x,\xi) = \delta(x-\xi) \tag{7-80}$$

を導入する．この場合，Green 関数と称せられる $G(x,\xi)$ についても上記斉次境界条件式 (7-78) を満たしているものとする．以上から次式

$$\langle G(x,\xi)|L_s|u(x)\rangle = \langle G(x,\xi)|f(x)\rangle, \quad \langle u(x)|L_s|G(x,\xi)\rangle = \langle u(x)|\delta(x-\xi)\rangle$$

が成立する．

自己随伴演算子の性質から

$$\{\langle G(x,\xi)|L_s|u(x)\rangle\}^\dagger = \langle u(x)|L_s^\dagger|G(x,\xi)\rangle = \langle u(x)|L_s|G(x,\xi)\rangle$$

が成立するので，$u(\xi) = \langle G(x,\xi)|f(x)\rangle$ について変数を $x \rightleftarrows \xi$ として，微分方程式の解

$$u(x) = \int_a^b G(x,\xi)f(\xi)d\xi \tag{7-81}$$

が得られる．ただし，後述するように Green 関数の対称性 $G(x,\xi) = G(\xi,x)$ を用いた．すなわち，非斉次微分方程式 (7-77) の特解を求めることは，Green 関数 $G(x,\xi)$ を求めて式 (7-81) の積

分計算をすればよいことに帰着した。

ここで，一般的に成立する関係式

$$\frac{d}{dx}\int_{a(x)}^{b(x)} f(x,\xi)d\xi = \int_{a(x)}^{b(x)} \frac{\partial}{\partial x}f(x,\xi)d\xi + f(x,b(x))\frac{db(x)}{dx} - f(x,a(x))\frac{da(x)}{dx} \quad (7\text{-}82)$$

を明らかにしておく。式(7-82)において，

$$[F(x,\xi)]_{a(x)}^{b(x)} = \int_{a(x)}^{b(x)} f(x,\xi)d\xi$$

とすると，

$$\begin{aligned}
\frac{d}{dx}\int_{a(x)}^{b(x)} f(x,\xi)d\xi &= \frac{d}{dx}[F(x,\xi)]_{a(x)}^{b(x)} = \frac{d}{dx}\{F(x,b(x)) - F(x,a(x))\} \\
&= \frac{\partial}{\partial x}F(x,b(x)) + \frac{\partial}{\partial b}F(x,b(x))\frac{db(x)}{dx} \\
&\quad - \frac{\partial}{\partial x}F(x,a(x)) - \frac{\partial}{\partial a}F(x,a(x))\frac{da(x)}{dx} \\
&= \frac{\partial}{\partial x}[F(x,\xi)]_{a(x)}^{b(x)} + \frac{\partial}{\partial b}F(x,b(x))\frac{db(x)}{dx} - \frac{\partial}{\partial a}F(x,a(x))\frac{da(x)}{dx}
\end{aligned}$$

が成立する。上式において，

$$f(x,b(x)) = \frac{\partial}{\partial b}F(x,b(x)), \quad f(x,a(x)) = \frac{\partial}{\partial a}F(x,a(x))$$

であることを考慮すれば，式(7-82)が成立する。

式(7-81)は，式(7-77)の場合と同じ斉次境界条件式(7-78)で $L_s G(x,\xi) = \delta(x-\xi)$ が成立するとして得られたものである。したがって，$\xi = x$ において $G(x,\xi)$ は特異状態となるので，式(7-81)の積分を次のように，

$$u(x) = \int_a^{x-0} G(x,\xi)f(\xi)d\xi + \int_{x+0}^{b} G(x,\xi)f(\xi)d\xi$$

2つに分割し，上で明らかにした関係式(7-82)を用いて，これを x について微分すれば

$$\frac{d}{dx}u(x) = \int_a^{x-0} G'(x,\xi)f(\xi)d\xi + \int_{x+0}^{b} G'(x,\xi)f(\xi)d\xi + \{G(x,x-0) - G(x,x+0)\}f(x)$$

が成立する。

$G(x,\xi)$ が区間 $a \leq x \leq b$ で連続であると仮定すると，$G(x,x-0) = G(x,x+0)$ となり，上式は

$$\frac{d}{dx}u(x) = \int_a^{x-0} G'(x,\xi)f(\xi)d\xi + \int_{x+0}^{b} G'(x,\xi)f(\xi)d\xi = \int_a^{b} G'(x,\xi)f(\xi)d\xi \quad (7\text{-}83)$$

となる。式(7-83)をさらに x について微分すると，

$$\frac{d^2 u(x)}{dx^2} = \int_a^{x-0} G''(x,\xi)f(\xi)d\xi + \int_{x+0}^{b} G''(x,\xi)f(\xi)d\xi + \{G'(x,x-0) - G'(x,x+0)\}f(x)$$

となる。ここで，

$$G'(x,x-0) - G'(x,x+0) = [G'(x,\xi)]_{\xi=x+0}^{\xi=x-0} = [G'(x,\xi)]_{x=\xi-0}^{x=\xi+0} = G'(\xi+0,\xi) - G'(\xi-0,\xi)$$

であることを考慮すると，これは $x=\xi$ における $G'(x,\xi)$ の跳びの関係を示している。この跳

びを考慮して関係式

$$\frac{d^2}{dx^2}u(x) = \int_a^b G''(x,\xi)f(\xi)d\xi + \{G'(x,x-0) - G'(x,x+0)\}f(x) \tag{7-84}$$

が成立する。

式(7-81), (7-83), (7-84)を式(7-77)に代入すると,

$$\int_a^b \{L_s G(x,\xi)\}f(\xi)d\xi + P(x)\{G'(x,x-0) - G'(x,x+0)\}f(x) = f(x) \tag{7-85}$$

となる。上での積分計算では,

$$\int_a^b \{L_s G(x,\xi)\}f(\xi)d\xi = \int_a^b \delta(x-\xi)f(\xi)d\xi$$

について

$$\int_a^b \{L_s G(x,\xi)\}f(\xi)d\xi = \int_a^{x-0} \{L_s G(x,\xi)\}f(\xi)d\xi + \int_{x+0}^b \{L_s G(x,\xi)\}f(\xi)d\xi$$

とした。この場合, δ関数の定義から$x \neq \xi$では

$$L_s G(x,\xi) = \frac{d}{dx}\left(P(x)\frac{dG(x,\xi)}{dx}\right) + Q(x)G(x,\xi) = \delta(x-\xi) = 0$$

が成立するので,

$$\int_a^b \{L_s G(x,\xi)\}f(\xi)d\xi = \int_a^b \delta(x-\xi)f(\xi)d\xi = 0, \quad x \neq \xi$$

となる。

以上の考察から, $G'(x,\xi)$に$x=\xi$で跳びがあることで, 式(7-85)は

$$P(\xi)\{G'(\xi+0,\xi) - G'(\xi-0,\xi)\} = 1 \tag{7-86}$$

が成立することを意味する。

(1) Green の公式と Green 関数

区間$a \leq x \leq b$における1次のGreenの公式,

$$\langle v(x)|L_s u(x)\rangle - \langle u(x)|L_s v(x)\rangle = [P(x)\{v(x)u'(x) - v'(x)u(x)\}]_a^b = 0 \tag{7-66}$$

において$u(x) = G(x,\xi), v(x) = G(x,\eta)$として得られる

$$\begin{aligned}&\langle G(x,\eta)|L_s G(x,\xi)\rangle - \langle G(x,\xi)|L_s G(x,\eta)\rangle \\ &= [P(x)\{G(x,\eta)G'(x,\xi) - G'(x,\eta)G(x,\xi)\}]_a^b\end{aligned} \tag{7-87}$$

に斉次境界条件を代入すると, 式(7-87)の右辺はゼロとなる。Green関数は

$$L_s G(x,\xi) = \delta(x-\xi), \quad L_s G(x,\eta) = \delta(x-\eta)$$

と定義されているので, 式(7-87)は

$$\langle G(x,\eta)\,|\,\delta(x-\xi)\rangle - \langle G(x,\xi)\,|\,\delta(x-\eta)\rangle = 0$$

に書き換えられる。したがって，対称性を表す相反の定理と称される

$$G(\xi,\eta) = G(\eta,\xi) \tag{7-88}$$

が成立する。

　区間 $a \leq x \leq b$ で $P(x)(>0)$, $Q(x)$ は連続かつ微分可能であるとき，この区間で定義された Sturm Liouville の非斉次方程式

$$\frac{d}{dx}\left(P(x)\frac{du(x)}{dx}\right) + Q(x)u(x) = f(x) \tag{7-77}$$

を斉次境界条件

$$\begin{pmatrix} P(a)u'(a) & -u(a) \\ P(a)v'(a) & -v(a) \end{pmatrix}\begin{pmatrix} \sin\alpha \\ \cos\alpha \end{pmatrix} = \begin{pmatrix} 0 \\ 0 \end{pmatrix},\quad \begin{pmatrix} P(b)u'(b) & -u(b) \\ P(b)v'(b) & -v(b) \end{pmatrix}\begin{pmatrix} \sin\beta \\ \cos\beta \end{pmatrix} = \begin{pmatrix} 0 \\ 0 \end{pmatrix} \tag{7-78}$$

のもとで解くための Green 関数を以下で具体的に求める。

　式 (7-77) において $f(x)=0$ とした斉次方程式の一般解を

$$y(x) = A_1 y_1(x) + A_2 y_2(x) \tag{7-89}$$

とする。式 (7-89) で $x=a$ での境界条件を $y_1(x)$ が満たすとして，これを $y_a(x)$ とする。他方，$y_2(x)$ が $x=b$ での境界条件を満たすとして，これを $y_b(x)$ とする。ここで，求める Green 関数を

$$G(x,\xi) = A_1(\xi)y_a(x)\quad (a \leq x < \xi),\quad G(x,\xi) = A_2(\xi)y_b(x)\quad (\xi < x \leq b) \tag{7-90}$$

とする。

　Green 関数は区間 $a \leq x \leq b$ で連続であることを要請したので，$x=\xi$ として

$$A_1(\xi)y_a(\xi) = A_2(\xi)y_b(\xi) \tag{7-91}$$

が成立する。また，$P(\xi)$ と $G'(\xi)$ との関係式 (7-86) を用いて

$$P(\xi)\{G'(\xi+0,\xi) - G'(\xi-0,\xi)\} = 1 \tag{7-92}$$

が成立する。式 (7-90) から $G'(\xi-0,\xi) = A_1(\xi)y_a'(\xi)$, $G'(\xi+0,\xi) = A_2(\xi)y_b'(\xi)$ であるので，式 (7-92) は

$$P(\xi)\{A_2(\xi)y_b'(\xi) - A_1(\xi)y_a'(\xi)\} = 1 \tag{7-93}$$

となる。式 (7-91), (7-93) から，

$$\begin{pmatrix} A_1(\xi) \\ A_2(\xi) \end{pmatrix} = \frac{1}{P(\xi)\Delta(\xi)}\begin{pmatrix} y_b(\xi) \\ y_a(\xi) \end{pmatrix} \tag{7-94}$$

が得られる。ここで，ロンスキャンを

$$\Delta(\xi) = \begin{vmatrix} y_a(\xi) & y_b(\xi) \\ y_a'(\xi) & y_b'(\xi) \end{vmatrix} \tag{7-95}$$

とした。

$y_a(\xi)$ と $y_b(\xi)$ は独立であるので，$\Delta(\xi) \neq 0$ である。$y_a(\xi)$ と $y_b(\xi)$ は式(7-77)で $f(x) = 0$ とした斉次方程式の一般解であるから，

$$\frac{d}{dx}\left(P(x)\frac{dy_a(x)}{dx}\right) + Q(x)y_a(x) = 0, \quad \frac{d}{dx}\left(P(x)\frac{dy_b(x)}{dx}\right) + Q(x)y_b(x) = 0$$

が成立する。この関係式から

$$\frac{d}{dx}\left\{P(x)\left(y_a(x)\frac{dy_b(x)}{dx} - y_b(x)\frac{dy_a(x)}{dx}\right)\right\} = 0$$

が成立するので，$G'(x, \xi)$ の $x = \xi$ における跳びの関係を示す関係式

$$P(x)\Delta(x) = P(\xi)\Delta(\xi) = \frac{1}{k} (= const.) \tag{7-96}$$

が得られる。

式(7-94)，(7-96)を式(7-90)に代入して，求める Green 関数は

$$G(x, \xi) = ky_b(\xi)y_a(x) \quad (a \leq x < \xi), \quad G(x, \xi) = ky_a(\xi)y_b(x) \quad (\xi < x \leq b) \tag{7-97}$$

となる。式(7-97)は $G(\xi, x) = G(x, \xi)$ が成立することを示しており，明らかに Green 関数の相反の定理を満たしている。

具体的な問題として，区間 $0 \leq x \leq 3$ で定義された微分方程式

$$\frac{d^2 y}{dx^2} = x$$

の境界条件 $y(0) = y(3) = 0$ に対する Green 関数を求め，Green 関数を用いて微分方程式の解を求める。

与式における斉次微分方程式

$$\frac{d^2 y}{dx^2} = 0$$

の一般解は

$$y(x) = A_1 x + A_2$$

である。一般解で境界条件 $y(0) = 0$ を満たす解は $y_a(x) = A_1 x$ であり，$y(3) = 0$ を満たす解は $y_b(x) = A_2(x-3)$ である。したがって，Green 関数を

$$G(x, \xi) = kA_1 A_2(\xi - 3)x \quad (0 \leq x < \xi)$$
$$G(x, \xi) = kA_1 A_2 \xi(x - 3) \quad (\xi < x \leq 3)$$

とする。$P(x) = 1$ として，式(7-95)，(7-96)から k の値を求めると，$k^{-1} = 3A_1 A_2$ となるので，Green 関数は

$$G(x, \xi) = \frac{1}{3}(x-3)\xi \quad (0 \leq \xi < x), \quad G(x, \xi) = \frac{1}{3}x(\xi - 3) \quad (x < \xi \leq 3)$$

となる。したがって，非斉次項 $f(\xi)=\xi$ として求める微分方程式の解は

$$y = \int_0^x \frac{1}{3}(x-3)\xi^2 d\xi + \int_x^3 \frac{1}{3}x(\xi-3)\xi d\xi = \frac{x^3}{6} - \frac{3x}{2}$$

である。

(2) Green 関数と固有関数

一般に，Hermite 演算子 $L=L^\dagger$ の固有値 λ_m に対する固有ベクトルを $|u_m(x)\rangle$ とすると，

$$L|u_m(x)\rangle = \lambda_m |u_m(x)\rangle \rightarrow \langle u_n(x)|L|u_m(x)\rangle = \lambda_m \langle u_n(x)|u_m(x)\rangle$$

$$L|u_n(x)\rangle = \lambda_n |u_n(x)\rangle \rightarrow \langle u_m(x)|L|u_n(x)\rangle = \lambda_n \langle u_m(x)|u_n(x)\rangle$$

が成立する。ここで，Hermite 性から

$$\{\langle u_m(x)|L|u_n(x)\rangle\}^\dagger = \langle u_n(x)|L^\dagger|u_m(x)\rangle = \bar{\lambda}_n \langle u_m(x)|u_n(x)\rangle$$

が成立するので，$L = L^\dagger$，$\langle u_m(x)|u_n(x)\rangle = \langle u_n(x)|u_m(x)\rangle$ から得られる関係式

$$(\lambda_m - \bar{\lambda}_n)\langle u_n(x)|u_m(x)\rangle = 0$$

は Hermite 演算子の固有値は実数であり，異なる固有値に属する固有ベクトルは直交することを示している。

区間 $a \leq x \leq b$ における Hermite 演算子である Sturm Liouville 演算子

$$L_s = \frac{d}{dx}\left(P(x)\frac{d}{dx}\right) + Q(x) \tag{7-98}$$

の固有値問題は，

$$L_s u_m(x) = -\lambda_m u_m(x) \tag{7-99}$$

において固有値 λ_m とそれに属する固有関数 $u_m(x)$ を境界条件

$$\begin{pmatrix} P(a)u'(a) & -u(a) \\ P(a)v'(a) & -v(a) \end{pmatrix}\begin{pmatrix} \sin\alpha \\ \cos\alpha \end{pmatrix} = \begin{pmatrix} 0 \\ 0 \end{pmatrix}, \quad \begin{pmatrix} P(b)u'(b) & -u(b) \\ P(b)v'(b) & -v(b) \end{pmatrix}\begin{pmatrix} \sin\beta \\ \cos\beta \end{pmatrix} = \begin{pmatrix} 0 \\ 0 \end{pmatrix} \tag{7-78}$$

のもとに求めることである。

Green 関数は境界条件式(7-78)を満たし，

$$L_s G(x,\xi) = \delta(x-\xi)$$

で定義される。式(7-99)の固有値問題から，次の非斉次方程式

$$L_s u(x) + \lambda u(x) = f(x) \tag{7-100}$$

の Green 関数を求める。

斉次方程式(7-99)の固有値を $\lambda_m(m=1,2,\cdots)$，それに属する固有関数を $u_m(x)$ とすると，任意関数 $u(x)$ は

$$u(x) = \sum_{m=1}^{\infty} a_m u_m(x) \tag{7-101}$$

として固有関数展開ができる。固有関数 $u_m(x)$ は正規直交関数系を構成し，

$$a_m = \int_a^b u(x) u_m(x) dx \tag{7-102}$$

を満たすとする。式(7-99)，(7-100)から

$$\langle u_m(x) | L_s u(x) \rangle + \langle u_m(x) | \lambda u(x) \rangle - \{\langle u(x) | L_s u_m(x) \rangle + \langle u(x) | \lambda_m u_m(x) \rangle\} = \langle u_m(x) | f(x) \rangle$$

が成立する。$L_s = L_s^\dagger$, $\langle u_m(x) | L_s u(x) \rangle = \langle u(x) | L_s u_m(x) \rangle$ であるので，

$$(\lambda - \lambda_m) \langle u_m(x) | u(x) \rangle = \langle u_m(x) | f(x) \rangle \tag{7-103}$$

となる。式(7-102)，(7-103)から，$\lambda \neq \lambda_m$ のとき，

$$a_m = \frac{1}{\lambda - \lambda_m} \langle u_m(x) | f(x) \rangle = \frac{1}{\lambda - \lambda_m} \int_a^b u_m(\xi) f(\xi) d\xi \tag{7-104}$$

が成立する。式(7-104)を式(7-101)に代入して

$$u(x) = \sum_{m=1}^{\infty} \left\{ \frac{1}{\lambda - \lambda_m} \int_a^b u_m(\xi) f(\xi) d\xi \right\} u_m(x)$$

が得られる。ここで，積分と和の順序を入れ替えて，

$$u(x) = \int_a^b \sum_{m=1}^{\infty} \left\{ \frac{u_m(x) u_m(\xi)}{\lambda - \lambda_m} \right\} f(\xi) d\xi \tag{7-105}$$

が成立する。式(6-105)は(7-81)と同値であるので，Green 関数 $G(x, \xi)$ は

$$G(x, \xi) = \sum_{m=1}^{\infty} \frac{1}{\lambda - \lambda_m} u_m(x) u_m(\xi) \tag{7-106}$$

として固有関数展開で表される。

$0 \leq x \leq a$ で定義された微分方程式

$$\frac{d^2 u(x)}{dx^2} + \omega^2 u(x) = f(x) \quad (\omega > 0)$$

について，境界条件 $u(0) = u(a) = 0$ のもとに具体的に Green 関数を求める。余関数は斉次微分方程式

$$\frac{d^2 u(x)}{dx^2} + \omega^2 u(x) = 0$$

の一般解であり，

$$u(x) = A e^{i\omega x} + B e^{-i\omega x} \tag{7-107}$$

として得られる。境界条件 $u(0) = u(a) = 0$ を式(7-107)に用いて $\sin(\omega a) = 0$ となる。$a \neq 0$ であるので，固有値および規格化された固有関数は

$$\omega_n = \frac{\pi}{a} n, \quad u_n(x) = \sqrt{\frac{2}{a}} \sin(\omega_n x) \quad (n = 1, 2, \cdots) \tag{7-108}$$

となる．

Green 関数 $G(x,\xi)$ を固有関数で展開して，

$$G(x,\xi) = \sum_{n=1}^{\infty} c_n(\xi) \sin(\omega_n x) \tag{7-109}$$

とする．次に，デルタ関数を固有関数で展開することを考える．

任意の関数 $u(x)$ を固有関数で展開すると

$$u(x) = \sum_{k=0}^{\infty} a_k u_k(x), \quad a_k = \langle u(x) | u_k(x) \rangle$$

となるので，

$$u(x) = \sum_{k=0}^{\infty} \langle u(\xi) | u_k(\xi) \rangle u_k(x) = \int \left\{ \sum_{k=0}^{\infty} u_k(x) u_k(\xi) \right\} u(\xi) d\xi \tag{7-110}$$

が成立する．式 (7-110) はデルタ関数の性質から

$$\delta(x-\xi) = \sum_{k=0}^{\infty} u_k(x) u_k(\xi) \tag{7-111}$$

が成立することを意味し，デルタ関数の固有関数展開を表している．したがって，式 (7-108) を式 (7-111) に用いて

$$\delta(x-\xi) = \frac{2}{a} \sum_{k=1}^{\infty} \sin(\omega_k x) \sin(\omega_k \xi) \tag{7-112}$$

が得られる．

Green 関数 $G(x,\xi)$ は微分方程式

$$\frac{d^2 G(x,\xi)}{dx^2} + \omega^2 G(x,\xi) = \delta(x-\xi) \tag{7-113}$$

を満たすので，式 (7-109)，(7-112) を式 (7-113) に代入して $\sin(\omega_n x)$ の係数に注目すると，

$$c_n(\xi)(\omega^2 - \omega_n^2) = \frac{2}{a} \sin(\omega_n \xi)$$

が成立する．したがって，これを式 (7-109) に用いて Green 関数

$$G(x,\xi) = \frac{2}{a} \sum_{n=1}^{\infty} \frac{\sin(\omega_n \xi) \sin(\omega_n x)}{\omega^2 - \omega_n^2} \tag{7-114}$$

が得られる．

(3) Green 関数と Fourier 変換

Green 関数に関する微分方程式について境界条件を考えずに求めた解は主要解と言われる．以下で Green 関数の主要解を求める．

Fourier 変換を利用して

$$\frac{d^2 G(x,\xi)}{dx^2} - \omega_0^2 G(x,\xi) = \delta(x-\xi) \quad (\omega > 0) \tag{7-115}$$

の解を求める．非斉次項 $\delta(x-\xi)$ は $x-\xi$ の関数である．そこで，空間および方程式が線形であることを考えると，関係式

$$G(x,\xi) = G(x-\xi)$$

が想定される．したがって，$G(x,\xi)$ の Fourier 変換を $\hat{G}(\omega)$ とすれば，

$$\hat{G}(\omega) = \int_{-\infty}^{\infty} G(x,\xi) e^{-i\omega(x-\xi)} dx \tag{7-116}$$

$$G(x,\xi) = \frac{1}{2\pi} \int_{-\infty}^{\infty} \hat{G}(\omega) e^{i\omega(x-\xi)} d\omega \tag{7-117}$$

となる．また，デルタ関数の Fourier 変換およびその逆変換は

$$1 = \int_{-\infty}^{\infty} \delta(x-\xi) e^{-i\omega(x-\xi)} dx \tag{7-118}$$

$$\delta(x-\xi) = \frac{1}{2\pi} \int_{-\infty}^{\infty} e^{i\omega(x-\xi)} d\omega \tag{7-119}$$

である．式(7-117)，(7-119)を式(7-115)に代入して，

$$\hat{G}(\omega) = -\frac{1}{\omega^2 + \omega_0^2} \tag{7-120}$$

が得られる．したがって，式(7-120)を式(7-117)に代入して，Green 関数

$$G(x,\xi) = \frac{1}{2\pi} \int_{-\infty}^{\infty} \frac{-1}{\omega^2 + \omega_0^2} e^{i\omega(x-\xi)} d\omega \tag{7-121}$$

が求められる．

式(7-121)を変形すると，

$$G(x,\xi) = \frac{1}{4\pi i \omega_0} \int_{-\infty}^{\infty} \left(\frac{1}{\omega + i\omega_0} - \frac{1}{\omega - i\omega_0} \right) e^{i\omega(x-\xi)} d\omega \tag{7-122}$$

となる．式(7-122)に Cauchy の積分公式を用いて
$x>\xi$ について，

$$G(x,\xi) = \frac{-1}{4\pi i \omega_0} \int_{-\infty}^{\infty} \frac{1}{\omega - i\omega_0} e^{i\omega(x-\xi)} d\omega = -\frac{e^{-\omega_0(x-\xi)}}{2\omega_0} \tag{7-123}$$

$x<\xi$ について，

$$G(x,\xi) = \frac{1}{4\pi i \omega_0} \int_{-\infty}^{\infty} \frac{1}{\omega + i\omega_0} e^{i\omega(x-\xi)} d\omega = -\frac{e^{\omega_0(x-\xi)}}{2\omega_0} \tag{7-124}$$

が成立する．

以上に境界条件を考慮しない場合の Green 関数の主要解を求めた．これに境界条件を取り入れるためには，斉次微分方程式

$$\frac{d^2 u(x)}{dx^2} - \omega_0^2 u(x) = 0$$

の一般解

$$u(x) = A e^{\omega_0 x} + B e^{-\omega_0 x}$$

を加えた Green 関数

$$G(x,\xi) = -\frac{e^{\mp\omega_0(x-\xi)}}{2\omega_0} + Ae^{\omega_0 x} + Be^{-\omega_0 x} \tag{7-125}$$

について A, B が境界条件を満たすようにする．ただし，複号 $\mp$ は式(7-123)，(7-124)に対応している．

いま，境界条件として
$$G(0,\xi) = G(l,\xi) = 0 \quad (0 < \xi < l)$$
とすると，
$$-\frac{e^{-\omega_0\xi}}{2\omega_0} + A + B = 0, \quad -\frac{e^{-\omega_0(l-\xi)}}{2\omega_0} + Ae^{\omega_0 l} + Be^{-\omega_0 l} = 0$$
が成立する．したがって，式(7-125)での A, B は
$$A = \alpha\left(e^{\omega_0(\xi-l)} - e^{-\omega_0(\xi+l)}\right), \quad B = \alpha\left(e^{-\omega_0(\xi-l)} - e^{\omega_0(\xi-l)}\right)$$
となり，Green 関数 $G(x,\xi)$ が求められる．ただし，$\alpha = \{2\omega_0(e^{\omega_0 l} - e^{-\omega_0 l})\}^{-1}$ である．

付録　7-A　Stokes の定理

空間(x,y,z)の単一閉曲面 S および S で囲まれた領域 R において連続で偏微分可能な関数を成分とするベクトル$\langle A| = (A_x(x,y,z), A_y(x,y,z), A_z(x,y,z))$について Stokes の定理と称される面積分と線積分の関係式

$$\iint_R \langle \tilde{\nabla} \times A | n \rangle dS = \oint_C \langle A | dr \rangle \tag{A-1}$$

が成立する。ここでの記号は，$\langle \tilde{\nabla} | = (\partial/\partial x, \partial/\partial y, \partial/\partial z)$ および $|n\rangle$ は S の面素 dS の法線単位ベクトルであり，方向余弦を用いて $\langle n | = (\cos\alpha, \cos\beta, \cos\gamma)$ で表される。また，$\langle dr | = (dx, dy, dz)$ であり，Descarte 座標の単位ベクトルを $|i\rangle, |j\rangle, |k\rangle$ として，

$$\langle i|n\rangle dS = \cos\alpha\, dS, \quad \langle j|n\rangle dS = \cos\beta\, dS, \quad \langle k|n\rangle dS = \cos\gamma\, dS$$

の関係にある。したがって，式(A-1)を具体的に書けば，

$$\left(\frac{\partial A_z}{\partial y} - \frac{\partial A_y}{\partial z}, \ \frac{\partial A_x}{\partial z} - \frac{\partial A_z}{\partial x}, \ \frac{\partial A_y}{\partial x} - \frac{\partial A_x}{\partial y} \right) \begin{pmatrix} \cos\alpha \\ \cos\beta \\ \cos\gamma \end{pmatrix} dS = (A_x, A_y, A_z) \begin{pmatrix} dx \\ dy \\ dz \end{pmatrix} \tag{A-2}$$

となる。

以下では，S 上の単一閉曲線 C および C で囲まれた領域を(x,y)平面に正射影したときの(x,y)平面上の単一閉曲線 C_1 および C_1 で囲まれた領域 R_1 について考える。この場合，式(A-2)の左辺の z 成分について，

$$M(x,y) = A_x, \quad N(x,y) = A_y$$

とする。$y-z$ 平面と $z-x$ 平面に平行な平面で切り取られた面素 dS を(x,y)平面に正射影すれば，

$$\langle n|k\rangle dS = \cos\gamma\, dS = dxdy$$

が成立する。

2 次元の図[**7A-1**]のように，x 軸の値と 1 対 1 に対応するように閉曲線 C_1 を 2 つの部分 AEB と AFB に分けて考え，定義域 $a \le x \le b$ におけるこれらの曲線弧の方程式を

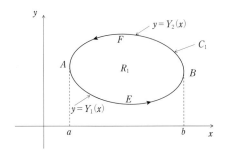

図[**7A-1**]　面積分と線積分の関係

$$y = Y_1(x), \quad y = Y_2(x)$$

とする。ここで，$\cos\gamma dS = dxdy$ であるので

$$\iint_R \frac{\partial M(x,y)}{\partial y} dxdy = \int_a^b \int_{Y_1(x)}^{Y_2(x)} \frac{\partial M(x,y)}{\partial y} dydx = \int_a^b \{M(x,Y_2(x)) - M(x,Y_1(x))\} dx$$

が成立する。線積分の定義から反時計回りを正として

$$\int_a^b M(x,Y_1(x))dx = \int_{AEB} M(x,y)dx, \quad \int_a^b M(x,Y_2(x))dx = -\int_{BFA} M(x,y)dx$$

であるので，

$$\iint_R \frac{\partial M(x,y)}{\partial y} dxdy = -\oint_{C_1} M(x,y)dx$$

となる。同様に，$N(x,y)$ について

$$\iint_R \frac{\partial N(x,y)}{\partial x} dxdy = \oint_{C_1} N(x,y)dy$$

となる。したがって，

$$\iint_R \frac{\partial N(x,y)}{\partial x} dxdy - \iint_R \frac{\partial M(x,y)}{\partial y} dxdy = \oint_{C_1} M(x,y)dx + \oint_{C_1} N(x,y)dy \tag{A-3}$$

が成立する。

式(A-3)を書き換えて，(x,y) 平面上のベクトル $\langle A| = (A_x, A_y)$, $\langle\tilde{\nabla}| = (\partial/\partial x, \partial/\partial y)$ および $|dr\rangle = (dx, dy)^\dagger$ として式(A-3)は

$$\int_S \langle \tilde{\nabla} \times A | n \rangle dS = \oint_C \langle A | dr \rangle \tag{A-4}$$

に書き換えられる。この関係式を2次元のStokesの定理またはGreenの定理という。(y,z) 平面，(z,x) 平面への正射影について式(A4)と同様の結果が成立する。したがって，空間 (x,y,z) の単一閉曲面 S および S で囲まれた領域 R において連続で偏微分可能な関数を成分とするベクトル $\langle A| = (A_x(x,y,z), A_y(x,y,z), A_z(x,y,z))$ について式(A1)が成立する。

付録　7-B　Fourier 級数の完備性と収束性

　Fourier 級数の完備性や収束性，また Fourier 変換や Laplace 変換の逆変換が一義的に成立することを論じる前に基礎数学の視点から一様連続や一様収束について以下で述べておく。

(i) 関数 $f(x)$ が点 $x=\xi$ で連続であるとは，「正数 δ を適当に小さくとれば，$|x-\xi|<\delta$ のとき，正数 ε をどんなに小さくしても

$$|f(x)-f(\xi)|<\varepsilon$$

が常に成立することである。関数 $f(x)$ が区間 $a \leq x \leq b$ で連続であるとき，$a \leq \xi \leq b$ を満たすすべての点 $x=\xi$ について上式が成立する」ことである。このとき，一般に δ は ξ に依存する。しかし，ξ に依存しない共通の δ が存在するとき，関数 $f(x)$ は区間 $a \leq x \leq b$ で一様連続であるという。

　無限級数の項 a_n が x の関数 $a_n = a_n(x)$ の場合，

$$s_n(x) = \sum_{k=1}^{n} a_k(x), \quad \lim_{n \to \infty} s_n(x) = s(x)$$

とする。このとき，x に無関係な定数 n_0 について $n > n_0$ として級数 $R_n(x)$ を

$$R_n(x) = s(x) - s_n(x) = \sum_{k=n+1}^{\infty} a_k(x)$$

とする。このとき，任意の $\varepsilon > 0$ に対して

$$|R_n(x)| < \varepsilon$$

が常に成立すれば，この級数は一様収束するという。

　区間 $a \leq x \leq b$ で $u_n(x)$ が連続であり，$s(x) = \sum_{n=1}^{\infty} u_n(x)$ が一様に収束するならば，$s(x)$ は連続で項別積分が可能となり，

$$\int_a^b \sum_{n=1}^{\infty} u_n(x) dx = \sum_{n=1}^{\infty} \int_a^b u_n(x) dx$$

が成立する。また，$s(x) = \sum_{n=1}^{\infty} u_n(x)$ が収束して $u_n(x)$ が微分可能であり，$u'_n(x) = du_n(x)/dx$ が連続であるとき，$\sum_{n=1}^{\infty} u'_n(x)$ が一様に収束するならば，項別微分が可能となり，

$$\frac{d}{dx} \sum_{n=1}^{\infty} u_n(x) = \sum_{n=1}^{\infty} \frac{d}{dx} u_n(x)$$

が成立する。

(ii) Fourier 級数の一様収束と完備性について以下で論じる。

無限級数 $f(x)$ が

$$f(x) = \frac{a_0}{2} + \sum_{n=1}^{\infty}\{a_n\cos(nx) + b_n\sin(nx)\}$$

として表される場合，その部分和を $s_n(x)$ とすると，展開係数は

$$a_k = \frac{1}{\pi}\langle f(t)|\cos(kt)\rangle, \quad b_k = \frac{1}{\pi}\langle f(t)|\sin(kt)\rangle$$

となるので，$f(x)$ が周期 2π の関数で被積分関数の積分範囲が $-\pi \leq x \leq \pi$ であるとして

$$s_n(x) = \frac{a_0}{2} + \sum_{k=1}^{n-1}\{a_k\cos(kx) + b_k\sin(kx)\} = \frac{1}{\pi}\int_{-\pi}^{\pi} f(t)\left\{\frac{1}{2} + \sum_{k=1}^{n-1}\cos(k(t-x))\right\}dt$$

が得られる。ここで，$t \to t+x$ として $s_n(x)$ は Dirichlet 積分

$$s_n(x) = \frac{1}{2\pi}\int_{-\pi}^{\pi} f(t+x)D_n(t)dt \tag{B-1}$$

で表される。式(B-1)において

$$D_n(t) = 1 + 2\sum_{k=1}^{n-1}\cos(kt) \tag{B-2}$$

を Dirichlet 核と言う。

$D_n(t)$ は Euler の関係式を用いて，

$$D_n(t) = 1 + \sum_{k=1}^{n-1}(e^{ikt} + e^{-ikt}) = \frac{\cos((n-1)t) - \cos(nt)}{1 - \cos t} = \frac{\sin((n-1/2)t)}{\sin(t/2)} \tag{B-3}$$

に変形できる。サンプリング関数に注目すれば，式(B-1)の無限級数はその部分和 s_n が収束すれば，$\lambda = n - 1/2$ として

$$\begin{aligned}\lim_{n\to\infty} s_n &= \frac{1}{2\pi}\lim_{n\to\infty}\int_{-\pi}^{\pi} f(t+x)D_n(t)dt \\ &= \lim_{\lambda\to\infty}\int_{-\pi}^{\pi} f(t+x)\frac{t/2}{\sin(t/2)}\frac{\sin(\lambda t)}{\pi t}dt \\ &= \int_{-\pi}^{\pi}\frac{t/2}{\sin(t/2)}\delta(t)f(t+x)dt = f(x)\end{aligned} \tag{B-4}$$

として一様に収束する。

次に，完備性を調べるために

$$\Omega_n = \frac{1}{n}(s_1 + s_2 + \cdots + s_n) \tag{B-5}$$

を導入する。式(B-3)から，

$$\sum_{n=1} D_n(t) = \sum_{n=1}\frac{\cos((n-1)t) - \cos(nt)}{1 - \cos t} = \frac{1 - \cos(nt)}{1 - \cos t}$$

であるので，式(B-1)を用いて

$$\Omega_n(x) = \frac{1}{n}\sum_{k=1}^{n} s_k = \frac{1}{2\pi n}\int_{-\pi}^{\pi} f(t+x)\left\{\frac{\sin(nt/2)}{\sin(t/2)}\right\}^2 dt \tag{B-6}$$

が得られる。ここで，Fourier 級数の特別な場合として $f(x) = 1$ とすれば，$a_0 = 2, a_n = b_n = 0$ $(n = 1, 2, 3, \cdots)$ となり，$s_n(x) = \Omega_n(x) = 1$ となるので，

$$1 = \frac{1}{2\pi n}\int_{-\pi}^{\pi}\left\{\frac{\sin(nt/2)}{\sin(t/2)}\right\}^2 dt \tag{B-7}$$

が成立する．したがって，式(B-6)から式(B-7)×$f(x)$を減じて

$$\Omega_n(x) - f(x) = \frac{1}{2\pi n}\int_{-\pi}^{\pi}\{f(x+t) - f(x)\}\left\{\frac{\sin(nt/2)}{\sin(t/2)}\right\}^2 dt \tag{B-8}$$

が成立する．

区間$-\pi \leq x \leq \pi$で式(B-8)の$f(x)$が連続であるとする．このとき，$|t| < \delta$として，任意のεに対して$|f(t+x) - f(x)| < \varepsilon$を満たす$\delta$が定められる．そこで，$|\Omega_n(x) - f(x)|$の$t$についての積分を

$$\int_{-\pi}^{\pi} = \int_{-\pi}^{-\delta} + \int_{-\delta}^{\delta} + \int_{\delta}^{\pi}$$

に3分割すれば，

$$|\Omega_n(x) - f(x)| = \frac{1}{2\pi n}\left|\int_{-\pi}^{\pi}\{f(t+x) - f(x)\}\left(\frac{\sin(nt/2)}{sin(t/2)}\right)^2 dt\right|$$

において

$$|\Omega_n(x) - f(x)| \leq \frac{1}{2\pi n}\int_{-\pi}^{\pi}|f(t+x) - f(x)|\left(\frac{\sin(nt/2)}{sin(t/2)}\right)^2 dt \tag{B-9}$$

が成立するので，式(B-7)を用いて

$$\frac{1}{2\pi n}\int_{-\delta}^{\delta}|f(t+x) - f(x)|\left(\frac{\sin(nt/2)}{sin(t/2)}\right)^2 dt < \frac{\varepsilon}{2\pi n}\int_{-\delta}^{\delta}\left(\frac{\sin(nt/2)}{sin(t/2)}\right)^2 dt < \varepsilon$$

が得られる．また，$f(-\pi) = f(\pi)$であり，$-\pi \leq x \leq \pi$で$|f(x)|$の上界をMとすれば，

$$\frac{1}{2\pi n}\left\{\int_{-\pi}^{-\delta}|f(t+x) - f(x)|\left(\frac{\sin(nt/2)}{sin(t/2)}\right)^2 dt + \int_{\delta}^{\pi}|f(t+x) - f(x)|\left(\frac{\sin(nt/2)}{sin(t/2)}\right)^2 dt\right\}$$

$$< \frac{2M}{\pi n}\int_{\delta}^{\pi}\left(\frac{\sin(nt/2)}{sin(t/2)}\right)^2 dt < \frac{2M}{\pi n}\int_{\delta}^{\pi}\frac{1}{sin^2(\delta/2)}dt < \frac{2M}{n\sin^2(\delta/2)}$$

となり，

$$|\Omega_n(x) - f(x)| < \varepsilon + \frac{2M}{n\sin^2(\delta/2)} \tag{B-10}$$

が成立する．したがって，nを十分大きくとれば，$-\pi \leq x \leq \pi$において$f(x)$が連続で$f(-\pi) = f(\pi)$のとき，Fejerの定理と称される

$$\lim_{n\to\infty}\Omega_n(x) = f(x) \tag{B-11}$$

が成立する．

$\Omega_n(x), s_n(x)$の定義から，$\Omega_n(x), s_n(x)$は直交関数系を構成する三角多項式である．したがって，$\Omega_n(x), s_n(x)$は式(7-36)の$\sum_{k=0}^{n}a_k\varphi_k(x), \sum_{k=0}^{\infty}c_k\varphi_k(x)$に対応する正規直交関数系で展開できるので，Besselの不等式を考慮して関係式

$$\int_{-\pi}^{\pi}(f(x)-\Omega_n(x))^2\,dx \geq \int_{-\pi}^{\pi}(f(x)-s_n(x))^2\,dx \tag{B-12}$$

が成立し,式(B-11)を式(B-12)に用いて完備である条件式

$$\lim_{n\to\infty}\int_{-\pi}^{\pi}(f(x)-s_n(x))^2\,dx = 0 \tag{B-13}$$

が得られる。以上から,連続な関数$f(x)$を$-\pi \leq x \leq \pi$で直交関数列$\{1, \cos(nx), \sin(nx)\}$で展開したとき,$f(x)$が完備であることが判明した。

(iii) Fourier 逆変換および Laplace 逆変換の一意性について以下で考察する。

L_2関数$f(x)$のFourier変換はFourierの無限級数を積分に置き換えたものである。したがって,まずFourier級数について考察する。この場合,定義域$-l \leq x \leq l$でのL_2関数$f(x)$のFourier級数$s_n(x)$の指数表示は$\omega_n = n\pi/l$として

$$s_n(x) = \sum_{n=-\infty}^{\infty} C_n e^{inx}, \quad C_n = \frac{1}{2l}\int_{-l}^{l} f(x)e^{-inx}\,dx \tag{B-14}$$

で表される。ここで,数学的な一般性を失うことはないので$l=\pi$とした。

点$x=c$で$f(x)$が不連続である場合,$f(c-0) \neq f(c+0)$となる。Fourier級数の展開係数C_nは不連続点$x=c$を含むが,式(B-14)でL_2関数$f(x)$の広義積分値が確定し,その値は定まる。したがって,この不連続点で$s_n(x) = \sum_{n=-\infty}^{\infty} C_n e^{inx}$は収束し,式(B-14)で確定値$s_n(c)$をとる。しかし,上述のように,$f(c-0) \neq f(c+0)$であり,$f(c)$は不確定である。このとき,対応関係

$$s_n(c) \rightleftarrows f(c) \tag{B-15}$$

が確定しない。そこで,不連続点$x=c$で$f(x)$の値が$s_n(c)$に一致するように定義しておくことが必要になる。

式(B-14)のC_nで$l \to \infty$として,積分範囲を$-\infty < x < \infty$にすれば,C_nはFourier変換に対応し,そのとき$s_n(x)$はFourier逆変換に対応する。したがって,Fourier逆変換が存在する条件は,不連続点$x=c$で$f(x)$の値が$\lim_{n\to\infty} s_n(c)$に一致するように定義しなければならない。

点$x=c$で$f(x)$が不連続であるとき,$\lim_{n\to\infty} s_n(c)$の値を求める。式(B-4)において

$$s_n(x) = \frac{1}{2\pi}\int_{-\pi}^{c-0} f(t+x)\frac{\sin((n-1/2)t)}{\sin(t/2)}\,dt + \frac{1}{2\pi}\int_{c+0}^{\pi} f(t+x)\frac{\sin((n-1/2)t)}{\sin(t/2)}\,dt \tag{B-16}$$

とする。ここで,サンプリング関数に注目すると,

$$\lim_{n\to\infty}\int_{-\pi}^{\pi} \frac{t}{2\sin(t/2)}\frac{\sin((n-1/2)t)}{\pi t}\,dt = \lim_{n\to\infty}\int_{-\pi}^{\pi} \frac{t}{2\sin(t/2)}\delta(t)\,dt = \int_{-\pi}^{\pi}\delta(t)\,dt$$

が成立する。これを用いて式(B-16)は

$$\lim_{n\to\infty} s_n(c) = \frac{1}{2}\int_{-\pi}^{\pi} f(t+c)\{\delta(-t)+\delta(t)\}\,dt = \frac{1}{2}\{f(c-0)+f(c+0)\}$$

となる。

$f(x)$が$x=c$で不連続でも,$s_n(x)$は連続関数であるので,$x=c$で

$$\lim_{n\to\infty} s_n(c) = \frac{1}{2}\{f(c-0)+f(c+0)\} \tag{B-17}$$

に収束する。

以上の議論から，不連続点 $x=c$ における $f(c)$ の値を式 (B-17) の右辺の値で定義しておくと，$f(x)$ と $s_n(x)$ は 1 対 1 に対応する．したがって，Fourier 逆変換が存在する必要十分条件は不連続点 $x=c$ も含めて定義域において

$$f(x) = \frac{1}{2}\{f(x-0)+f(x+0)\} \tag{B-18}$$

と定義しておけばよいことになる．

Laplace 変換の定義

$$F(s) = \int_0^\infty f(x)e^{-sx}dx, \quad \mathrm{Re}(s) \geq s_0$$

について a, ω を実数として，$s = a + i\omega$ とすると，

$$F(a+i\omega) = \int_0^\infty f(x)e^{-ax}e^{-i\omega x}dx$$

となる．ここで，$a\,(a>s_0)$ を固定して，

$$\hat{f}(x) = \begin{cases} f(x)e^{-ax} & x \geq 0 \\ 0 & x < 0 \end{cases}$$

を定義し，これを用いて

$$F(a+i\omega) = \int_0^\infty \hat{f}(x)e^{-i\omega x}dx = \int_{-\infty}^\infty \hat{f}(x)e^{-i\omega x}dx$$

が得られる．

$F(a+i\omega)$ は，a を固定しているので，ω の関数として $\hat{f}(x)$ の Fourier 変換であることを示している．したがって，$\hat{f}(x)$ の不連続点で

$$\hat{f}(x) = \frac{1}{2}\{\hat{f}(x+0) + \hat{f}(x-0)\}$$

が成立していれば，Fourier 逆変換の一意性から

$$\hat{f}(x) = \frac{1}{2\pi}\int_{-\infty}^\infty F(a+i\omega)e^{i\omega x}d\omega$$

が成立し，Laplace 逆変換の一意性が保証される．

実数 a を固定して $s = a + i\omega$ としたので，複素平面上で虚軸に平行な積分路について

$$\frac{1}{2}\{\hat{f}(x+0)+\hat{f}(x-0)\} = \frac{1}{2\pi}\lim_{\lambda\to\infty}\int_{-\lambda}^{\lambda} F(a+i\omega)e^{i\omega x}d\omega$$

$$= \frac{e^{-ax}}{2\pi i}\lim_{\lambda\to\infty}\int_{a-i\lambda}^{a+i\lambda} F(s)e^{sx}ds \qquad (ds = id\omega)$$

または，

$$\frac{1}{2}\{f(x+0)+f(x-0)\} = \frac{1}{2\pi i}\lim_{\lambda\to\infty}\int_{a-i\lambda}^{a+i\lambda} F(s)e^{sx}ds$$

が成立する。

以上から，Fourier 逆変換に関連して，$F(s)$ から $f(x)$ が一義的に定まることが判明した。換言すれば，

$$f(x) = \frac{1}{2}\{f(x+0) + f(x-0)\}$$

が成立すれば，$F(s) \to f(x)$ が決定され，Laplace 逆変換が一意的に決定されることを意味する。ただし，$x<0$ で $f(x)=0$ とした。

付録　7-C　Riemann Lebesgue の定理

$f(x)$ が区間 $a \leq x \leq b$ で高々有限個の点を除いて連続であり，この区間で絶対積分可能であれば，Riemann Lebesgue の定理

$$\lim_{\lambda \to \infty} \int_a^b f(x)\sin(\lambda x)dx = 0, \quad \lim_{\lambda \to \infty} \int_a^b f(x)\cos(\lambda x)dx = 0 \tag{C-1}$$

が成立する．この定理の直感的な意味は，$a \leq c \leq b$ を満たす c および十分小さい $\delta(>0)$ として区間 $c-\delta \leq x \leq c+\delta$ で，λ が大きいとき x 軸を中心に $f(x)\sin(\lambda x)$ や $f(x)\cos(\lambda x)$ が正負に激しく振動して積分の値が打ち消されてゼロになることを意味する．また，区間 $a \leq x \leq b$ で連続な任意の関数は，区分的な1次関数によっていくらでも精密に近似できる．このことに注目すれば，

$$\lim_{\lambda \to \infty} \int_a^b (mx+n)\sin(\lambda x)dx = 0, \quad \lim_{\lambda \to \infty} \int_a^b (mx+n)\cos(\lambda x)dx = 0$$

が成立することは十分に意味がある．そこで，式 (C-1) において $f(x) = mx+n$ の場合について Riemann Lebesgue の定理を明らかにしておく．

一般に，$a \leq x \leq b$ において $\varphi(x)$ が積分可能で $f(x)$ が有界な単調関数であれば，積分法の第2平均値の定理

$$\int_a^b f(x)\varphi(x)dx = f(a)\int_a^\xi \varphi(x)dx + f(b)\int_\xi^b \varphi(x)dx \tag{C-2}$$

が成立する．区間 $a \leq x \leq b$ を n 区分して微小区間を $\xi_i < x < \xi_{i+1}$ として，$f(x) = m_i x + n_i$, $\varphi(x) = \sin(\lambda x)$ とすれば，

$$\lim_{\lambda \to \infty} \sum_{i=0}^{n-1} \int_{\xi_i}^{\xi_{i+1}} (m_i x + n_i)\sin(\lambda x)dx = \lim_{\lambda \to \infty} \sum_{i=0}^{n-1} (m_i \xi_i + n_i) \int_{\xi_i}^{\xi_i + \varepsilon_i} \sin(\lambda x)dx$$

$$+ \lim_{\lambda \to \infty} \sum_{i=0}^{n-1} (m_{i+1}\xi_{i+1} + n_i) \int_{\xi_i + \varepsilon_i}^{\xi_{i+1}} \sin(\lambda x)dx$$

が成立する．ただし，$0 < \varepsilon_i < \xi_{i+1} - \xi_i$, $\xi_0 = a$, $\xi_n = b$ とした．

一般に，

$$\lim_{\lambda \to \infty} \left| \int_\alpha^\beta \sin(\lambda x)dx \right| = \lim_{\lambda \to \infty} \left| -\frac{1}{\lambda}\cos(\lambda \beta) + \frac{1}{\lambda}\cos(\lambda \alpha) \right| \leq \lim_{\lambda \to \infty} \frac{2}{\lambda}$$

が成立するので，

$$\lim_{\lambda \to \infty} \int_a^b (mx+n)\sin(\lambda x)dx = 0$$

が成立する．全く同様の議論から，

$$\lim_{\lambda \to \infty} \int_a^b (mx+n)\cos(\lambda x)dx = 0$$

が成立することは明らかである．$f(x)$ が複素数値関数のときは，実部と虚部に分けて考えればよいので $f(x)$ を実関数としても一般性を失わない．

第8章　拡散問題に関連した基礎物理学

§8-1　基礎熱力学

§8-2　基礎解析力学

§8-3　自由エネルギー最小の原理とエントロピー増大の法則

§8-4　エネルギー等分配則

§8-5　Boltzmann 因子の物理的な意味

§8-6　前期量子論

§8-7　基礎量子力学

付録 8-A　Legendre 関数

付録 8-B　Rodrigues の公式

> 拡散現象の解析を理解する上で必要と思われる物理学の基礎概念について以下で概説する。以下の各節の内容は，本来一冊の著書になるほどのものであり，ここでは拡散現象の解析に関して必要最小限の基礎事項について述べる。詳細については他書に譲ることにしたい。

§8-1 基礎熱力学

熱力学は経験的な事実から帰納された法則や原理に立脚した現象論で構成された理論体系である。熱力学では，微視的な物理量は問題とせず，物質粒子の集合体のエネルギーに関する巨視的な物理量について論じることになる。ここでは，拡散問題を解析するのに必要な基礎的な事項について述べることにする。

ある孤立系を放置すれば，やがて安定した終状態に到達する。熱平衡状態とは，この終状態のことである。したがって，2つの系A, Bを接触させて，全系$A+B$を放置すれば，全系は熱平衡状態に到達する。このとき，この状態の全系をAとBに孤立系として分離してもA, Bに変化は生じないし，全系を分離後再びA, Bを接触させても各系に変化は生じない。

基本法則を列挙すると次の通りである。

(1) 熱力学の第0法則

この法則は経験則に基づいたもので，AとBが熱平衡$A \rightleftarrows B$にあり，同時にBとCが熱平衡$B \rightleftarrows C$にあれば，AとCも熱平衡$A \rightleftarrows C$となる。関係式

$$A \rightleftarrows B, B \rightleftarrows C \rightarrow A \rightleftarrows C \tag{8-1}$$

を熱力学の第0法則という。

(2) 熱力学の第1法則

熱力学的物理量の積分に関して，例えば圧力P，体積V，温度Tについて状態$1(P_1, V_1, T_1)$から状態$2(P_2, V_2, T_2)$に至る積分結果が道筋に依存しない量と依存する量がある。前者は完全微分形であり，後者は不完全微分形である。物理系に外界から与えた熱量Qおよび仕事Wは積分の道筋に依存する。即ち，この意味で積分記号にダッシュをつけて表せば，

$$\int_1^2 d'Q, \qquad \int_1^2 d'W$$

の積分値は積分の道筋に依存し，一義的に定まらない。一方，物理系に外界から熱量$d'Q$と仕事$d'W$を与えると，物理系にはそれに応じた内部エネルギーdUが増加することになるが，dUは積分の道筋に無関係に状態1, 2で積分値が定まる完全微分系である。ここで，エネルギー保存則の観点から次式

$$dU = d'Q + d'W \tag{8-2}$$

が成立する。このように，熱力学の第1法則とは，内部エネルギーの概念を与えるものである。なお，微視的なモデルとしての気体分子運動論からは，微視的な視点でN個の粒子の集

合体における内部エネルギー U は1原子分子の場合,

$$U = \frac{3}{2} Nk_B T \tag{8-3}$$

として知られている。気体分子の1自由度当りの運動エネルギーの平均値を $mv^2/2$ とすれば,内部エネルギーは $U=3Nmv^2/2$ として受け入れられる。したがって,$T=mv^2/k_B$ はマクロな熱力学的状態変数 T とミクロな力学的物理変数との関係を示している。

(3) 熱力学の第2法則

物理系が状態 α_1 の状態にあり,そのときの外界の状態を β_1 とする。物理系の変化 $\alpha_1 \to \alpha_2$ に応じて外界が $\beta_1 \to \beta_2$ に変化するとする。このとき,熱力学的な状態の変化 $(\alpha_1, \beta_1) \to (\alpha_2, \beta_2)$ に対して $(\alpha_2, \beta_2) \to (\alpha_1, \beta_1)$ が可能であれば,過程 $(\alpha_1, \beta_1) \to (\alpha_2, \beta_2)$ を可逆過程という。熱力学の第2法則は,現実問題として可逆過程は存在しないことを意味する。ここでは,以下のように理解しておく。

不完全微分形である $d'Q$ に積分因数 $1/T$ を考慮した次の物理量

$$dS = \frac{d'Q}{T} \tag{8-4}$$

は完全微分形となる。この S をエントロピーという。エントロピー S は完全微分系であるので,その周回積分は可逆過程の場合

$$\oint dS = 0 \tag{8-5}$$

となる。ここで反時計回りを正として,周回積分を $A \to B \to A$ として,$A \to B$ は不可逆過程であり,$B \to A$ では可逆過程であるとして,

$$\oint \frac{d'Q}{T} = \int_A^B \frac{d'Q}{T} + \int_B^A dS$$

について熱力学の第2法則を適用すると,

$$\oint \frac{d'Q}{T} < 0 \tag{8-6}$$

が成立するので,

$$\int_A^B \frac{d'Q}{T} + \int_B^A dS < 0$$

となる。したがって,$\Delta S = S(B) - S(A)$ として

$$\Delta S > \int_A^B \frac{d'Q}{T} \tag{8-7}$$

が成立する。ここで,孤立系では,$d'Q = 0$ が成立するので,

$$\Delta S > 0 \tag{8-8}$$

となり,エントロピー S は常に増加することになる。

式(8-8)を熱力学の第2法則として定義することができる。なお,微視的なモデルとしての気体分子運動論からは,§1-3で示したように微視的な視点で N 個の粒子の集合体における粒

子の状態数を Ω とすれば，Boltzmann の原理からエントロピー S は

$$S = k_B \ln[\Omega] \tag{8-9}$$

で表されることが知られている．

(4) 熱力学の第3法則

統計力学の立場から，一様で有限な密度の状態にある物理系におけるエントロピー S と絶対温度 T の関係式

$$\lim_{T \to 0} \Delta S = 0 \tag{8-10}$$

が導出されている．式(8-10)の関係式を熱力学の第3法則という．拡散問題では，拡散係数の決定にエントロピーが重要な意味をもつことになる．

以上に熱力学の基本法則を簡単に述べた．この分野では，時代背景に応じて同一内容の法則または原理が異なる表現で呼称されている．例えば，熱力学の第2法則は Clausius の原理や Thomson の原理としての記述もある．また，Legendre 変換を施して，幾つかの熱力学関数が求められている．

Legendre 変換とは，任意の熱力学関数 L が自然な独立変数 $x, y, z, \cdots$ の関数である $X, Y, Z, \cdots$ を用いて全微分形

$$dL = Xdx + Ydy + Zdz + \cdots \tag{8-11}$$

で表されているとき，

$$\begin{cases} \tilde{L} \to L - Xx \\ x, y, z, \cdots \to X, y, z, \cdots \end{cases}$$

に変換して得られる

$$d\tilde{L} = -xdX + Ydy + Zdz + \cdots \tag{8-12}$$

を Legendre 変換という．

例えば，内部エネルギー U が

$$dU = TdS - pdV + \sum_i \mu_i dn_i$$

として定義されているとき，Legendre 変換 $H \to U + pV$ とすると，

$$dH = TdS + Vdp + \sum_i \mu_i dn_i \tag{8-13}$$

が成立する．このとき，$H = U + pV$ をエンタルピーという．

式(8-13)に含まれている μ は化学ポテンシャルと言われる物理量であるが，これについて以下に簡単に説明しておく．Gibbs によって導入された示強性の物理量である μ の概念は，2つの系の間に濃度差があれば，その濃度差は仕事をするが，この仕事をすることのできる尺度を化学ポテンシャルという．

ある系に i 成分が n_i モル存在するとき，Gibbs の自由エネルギー $G(T, p, \cdots n_i, \cdots)$ とは，上で求めたエンタルピー H を用いて，Legendre 変換 $G = H - TS$ を行うことで

$$dG = -SdT + Vdp + \sum_i \mu_i dn_i \qquad (8\text{-}14)$$

で与えられる。式(8-14)から化学ポテンシャル

$$\mu_i = \left. \frac{\partial G(T, p, \cdots, n_i, \cdots)}{\partial n_i} \right|_{T, p, n_j} \qquad (8\text{-}15)$$

が求められる。

　拡散方程式は拡散係数を駆動力として，時空(t, x, y, z)でのミクロ粒子のランダム運動を記述したものであり，化学ポテンシャルが拡散に影響を与えるとすれば，拡散係数に組み込まれることになる。

§8-2　基礎解析力学

　力学体系の構造を把握するためには，その体系の力学的な釣合または運動に関して，各部分が微小な変位をするとき，これらの変位が互いに独立であるか，またはどのような関係にあるかを知ることが必要十分条件となる。ここでの変位を仮想変位という。換言すれば，仮想変位とは，力学体系の構造について言及しているだけで，釣合の状態にあるか，運動しているとかの問題以前のことである。

　力学体系の各質点は，一般に質点に作用する外力にしたがって運動する。ここで，外力を既知力$\langle F_i | = F_i(X_i, Y_i, Z_i)$と既知力を介して定まる束縛力$\langle R_i | = R_i(X_{xi}, Y_{yi}, Z_{zi})$に分類する。例えば，既知力を重力として摩擦抵抗力を束縛力と考える。

　力学体系が釣合の状態にあるとき，

$$F_i(X_i, Y_i, Z_i) + R_i(X_{xi}, Y_{yi}, Z_{zi}) = 0 \qquad (8\text{-}16)$$

が成立する。ここで，各質点の釣合の位置から束縛条件を破らない範囲での仮想変位を$\langle \delta r_i | = (\delta x_i, \delta y_i, \delta z_i)$とする。この場合，仮想変位に対する既知力と束縛力のなす仕事は

$$\delta' W = \sum_i \{ \langle F_i | \delta r_i \rangle + \langle R_i | \delta r_i \rangle \} = 0 \qquad (8\text{-}17)$$

となる。質点の移動に関して束縛力が仕事をしないときは，式(8-17)は

$$\delta' W = \sum_i \langle F_i | \delta r_i \rangle = 0 \qquad (8\text{-}18)$$

となり，既知力は仕事をしない。このとき，式(8-18)の$\delta' W$を仮想仕事という。逆に，仮想仕事が$\delta' W = 0$のとき，仮想変位$|\delta r_i \rangle$は任意であるので，力学系は釣合の状態となり，$\sum_i F_i = 0$が成立する。これを仮想仕事の原理という。

　曲線C上で時刻$t = t_1$における質点がP_1の状態から時間$t_1 \leq t \leq t_n$に移動して時刻$t = t_n$のときP_nの状態に到達する場合，任意の時刻$t = t_i$における質点の状態P_iに対して$|\Delta r_i \rangle$仮想変位した質点の状態をP_i'とし，P_i'の軌跡をC'とする。図[**8-1**]に示したように，時刻$t = t_1$および時刻$t = t_n$での仮想変位を$|\delta r_1 \rangle = |\delta r_n \rangle = 0$とする。

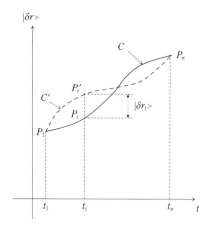

図[8-1] 変分法と仮想仕事

速度 $|v\rangle = \left|\dfrac{dr}{dt}\right\rangle$, 加速度 $|a\rangle = \left|\dfrac{dv}{dt}\right\rangle = \left|\dfrac{d^2r}{dt^2}\right\rangle$ として, 運動方程式

$$m_i|a_i\rangle = |F_i\rangle$$

について仮想仕事を考えると,

$$\sum_i \{\langle F_i|\delta r_i\rangle - m_i\langle a_i|\delta r_i\rangle\} = 0 \tag{8-19}$$

が成立する。軌跡 P_1CP_n と $P_1C'P_n$ 上での運動エネルギー T, T' を時間について積分して，その差をとれば，

$$\int_{t_1}^{t_n}(T'-T)dt = \int_{t_1}^{t_n}\delta T dt = \delta\int_{t_1}^{t_n}T dt \tag{8-20}$$

が成立する。ここで，微分演算子 d/dt と δ は可換であり，速度 $|v\rangle$ として関係式

$$|\delta v_i\rangle = \delta\left(\dfrac{d|r_i\rangle}{dt}\right) = \dfrac{d}{dt}|\delta r_i\rangle \tag{8-21}$$

が成立するので，δT は §1-3 での Dirac の Bracket に対する議論から

$$\begin{aligned}\delta T &= \delta\sum_i \dfrac{m_i}{2}\langle\tilde{v}_i|v_i\rangle = \sum_i \dfrac{m_i}{2}\{\langle\tilde{v}_i+\delta\tilde{v}_i|v_i+\delta v_i\rangle - \langle\tilde{v}_i|v_i\rangle\} \\ &= \sum_i m_i\langle\tilde{v}_i|\delta v_i\rangle\end{aligned} \tag{8-22}$$

となる。式(8-22)に式(8-21)を用いて

$$\begin{aligned}\delta\int_{t_1}^{t_n}T dt &= \left[\sum_i m_i\langle\tilde{v}_i|\delta r_i\rangle\right]_{t_1}^{t_n} - \int_{t_1}^{t_n}\sum_i m_i\langle a_i|\delta r_i\rangle dt \\ &= -\int_{t_1}^{t_n}\sum_i m_i\langle a_i|\delta r_i\rangle dt\end{aligned} \tag{8-23}$$

となる。式(8-23)に式(8-19)を用いて

$$\delta\int_{t_1}^{t_n}T dt = -\int_{t_1}^{t_n}\sum_i\langle F_i|\delta r_i\rangle dt = -\int_{t_1}^{t_n}\delta' W dt$$

が成立する．したがって，関係式

$$\int_{t_1}^{t_n}\{\delta T + \delta' W\}dt = 0 \tag{8-24}$$

が得られる．ここで，力 $\langle F| = \sum_i \langle F_i|$ のポテンシャルを U とすれば，

$$\langle F|\delta r\rangle = d'W = -dU$$

であるので，Lagrange 関数（Lagrangian）

$$L = T - U \tag{8-25}$$

を定義すれば，式(8-24)は

$$\delta \int_{t_1}^{t_n} L dt = 0 \tag{8-26}$$

となる．式(8-26)は Hamilton の原理と言われるが，その意味するところは，質点が束縛条件を満たして時間 $t_1 \leq t \leq t_n$ に P_1 の状態から P_n の状態に至る道筋 C' はいろいろあるけれども，自然な運動は式(8-26)を満たすような運動方程式にしたがって質点は運動することである．§7-8 での変分法の議論にしたがって，Lagrange 関数が $L = L(t, x, \dot{x})$ とすれば Euler の方程式

$$\frac{\partial L}{\partial x} - \frac{d}{dt}\left(\frac{\partial L}{\partial \dot{x}}\right) = 0 \tag{8-27}$$

は質点の運動方程式である．ここで，$\dot{x} = dx/dt = v$ であり，以下でも時間微分について $\dot{q} = dq/dt$ や $\ddot{q} = d^2q/dt^2$ とする．

Lagrange 関数に一般座標 $(q_1, q_2, \cdots, q_n)$ と $(\dot{q}_1, \dot{q}_2, \cdots, \dot{q}_n)$ を用いて，

$$L = L(t; q_1, q_2, \cdots, q_n, \dot{q}_1, \dot{q}_2, \cdots, \dot{q}_n) \tag{8-28}$$

と定義する．ここで，$p_i = m_i \dot{q}_i = \partial L/\partial \dot{q}_i$ として，Legendre 変換

$$H = \sum_i p_i \dot{q}_i - L \tag{8-29}$$

をしたものを Hamilton 関数（Hamiltonian）と定義する．ここで，Lagrange 関数と Hamilton 関数をそれぞれ $(t; q_1, q_2, \cdots, q_n, \dot{q}_1, \dot{q}_2, \cdots, \dot{q}_n)$，$(t; q_1, q_2, \cdots, q_n, p_1, p_2, \cdots, p_n)$ の関数とし，関係式

$$\begin{cases} p_i = p_i(t; q_1, q_2, \cdots, q_n, \dot{q}_1, \dot{q}_2, \cdots, \dot{q}_n) \\ \dot{q}_i = \dot{q}_i(t; q_1, q_2, \cdots, q_n, p_1, p_2, \cdots, p_n) \end{cases}$$

を考慮して

$$\delta H = \sum_i \dot{q}_i \delta p_i + \sum_j p_j \sum_i \left\{\frac{\partial \dot{q}_j}{\partial q_i}\delta q_i + \frac{\partial \dot{q}_j}{\partial p_i}\delta p_i\right\}$$
$$- \sum_i \frac{\partial L}{\partial q_i}\delta q_i - \sum_j \frac{\partial L}{\partial \dot{q}_j}\sum_i \frac{\partial \dot{q}_j}{\partial q_i}\delta q_i - \sum_j \frac{\partial L}{\partial \dot{q}_j}\sum_i \frac{\partial \dot{q}_j}{\partial p_i}\delta p_i$$

が成立する．式(8-28)に関する Euler の方程式

$$\frac{\partial L}{\partial q_i} - \frac{d}{dt}\left(\frac{\partial L}{\partial \dot{q}_i}\right) = 0 \tag{8-30}$$

から得られる

$$\frac{\partial L}{\partial q_i} = \frac{dp_i}{dt}, \quad \frac{\partial L}{\partial \dot{q}_i} = p_i$$

を上式に代入して

$$\delta H = \sum_i \{\dot{q}_i \delta p_i - \dot{p}_i \delta q_i\} \tag{8-31}$$

が得られる。式(8-31)からHamiltonの正準方程式

$$\begin{cases} \dfrac{dq_i}{dt} = \dfrac{\partial H}{\partial p_i} \\ \dfrac{dp_i}{dt} = -\dfrac{\partial H}{\partial q_i} \end{cases} \tag{8-32}$$

が得られる。

任意の関数 $F(t; q_1, q_2, \cdots, q_n, p_1, p_2, \cdots, p_n)$ の時間微分

$$\frac{dF}{dt} = \sum_{i=1}^n \left\{\frac{\partial F}{\partial q_i}\frac{dq_i}{dt} + \frac{\partial F}{\partial p_i}\frac{dp_i}{dt}\right\} + \frac{\partial F}{\partial t}$$

に正準変換を適用すると,

$$\frac{dF}{dt} = \sum_{i=1}^n \left\{\frac{\partial F}{\partial q_i}\frac{\partial H}{\partial p_i} - \frac{\partial F}{\partial p_i}\frac{\partial H}{\partial q_i}\right\} + \frac{\partial F}{\partial t} \tag{8-33}$$

が成立する。ここで,

$$\{F, H\} = \left\{\frac{\partial F}{\partial q_i}\frac{\partial H}{\partial p_i} - \frac{\partial F}{\partial p_i}\frac{\partial H}{\partial q_i}\right\} \tag{8-34}$$

をPoissonの括弧式という。Fが時間tを陽に含んでいない場合,

$$\frac{dF}{dt} = \{F, H\}$$

となり,Hamiltonianと可換な量は時間的に一定となる。

§8-3 自由エネルギー最小の原理とエントロピー増大の法則

物理現象はエネルギーが最小のとき最も安定であることは容易に想定できる。多くの粒子で構成されている物質では,それぞれの粒子が整然と配位されている方が混沌として存在しているときよりも系全体のエネルギーは小さい。一方で,自然現象は整然とした状態から混沌とした状態になろうとする傾向にある。物理系の平衡状態とは,これら二律相反する現象が拮抗した状態である。以下でこれらの現象について具体的に述べる。

簡単な問題として,1つの粒子がエネルギー0またはeの状態のいずれかであるN個の粒子からなる多粒子系を考える。この場合,系全体の微視的な状態数は2^Nである。

エネルギー状態についてm個の粒子がエネルギーeの状態にあるときの状態数を$W_N(m)$と

すれば，

$$W_N(m) = {}_N C_m = \frac{N!}{m!(N-m)!} \tag{8-35}$$

が考えられる．多粒子系が温度 T で活性化エネルギー Q の状態にある確率は，§1-3 で Boltzmann 因子

$$\exp\left[-\frac{Q}{k_B T}\right]$$

として示したようによく知られている．ここでの問題では，活性化エネルギー $Q = me$ の状態にあるための確率を $P_N(m)$ とすれば，

$$P_N(m) = C \frac{N!}{m!(N-m)!} \exp\left[-\frac{me}{k_B T}\right] \tag{8-36}$$

となる．ここで，C は全確率 $\sum_{m=0}^{N} P_N(m) = 1$ から決定される規格化定数であり，関係式 $(1+\xi)^N = \sum_{m=0}^{N} {}_N C_m \xi^m$ において $\xi = \exp[-e/k_B T]$ とすれば，規格化定数は

$$C = \left(1 + \exp\left[-\frac{e}{k_B T}\right]\right)^{-N}$$

となる．以上の議論から，多粒子系のエネルギー状態は式(8-36)の確率が最大のときであると考えられる．

$N \leq x < N+1$ について

$$\ln N! \rightarrow f(x) = \ln x! = \ln x + \ln(x-1) + \cdots$$

として，N が十分大きい数であれば，$\ln N! = \sum_{k=1}^{N} \ln k$ の平均値に注目して

$$\frac{\ln N!}{N} \cong \frac{1}{N} \int_{1}^{N} \ln x \, dx$$

が成立する．したがって，

$$\int_{1}^{N} \ln x \, dx = \left[x \ln x - x\right]_{1}^{N}$$

であり，近似式として Stirling の公式 $\ln N! \cong N \ln N - N$ が成立する．これを用いて，式(8-36)の両辺の対数をとると，

$$\ln[P_N(m)] = \ln C + \ln N! - \ln m! - \ln(N-m)! - \frac{me}{k_B T}$$

$$= \ln C + N \ln N - m \ln m - (N-m)\ln(N-m) - \frac{me}{k_B T}$$

$$= \ln C + N \ln N - m\left\{\ln m - \ln(N-m) + \frac{e}{k_B T}\right\} - N \ln(N-m)$$

となる．上式において，

$$f(m) = m\left\{\ln(N-m) - \ln m - \frac{e}{k_B T}\right\} - N\ln(N-m) \tag{8-37}$$

とすると,$f(m)$ が最大となる m の値のとき,$P_N(m)$ は最大となる。したがって,$\partial f/\partial m = 0$ から,

$$m = \frac{N}{1 + \exp[-e/k_B T]} \tag{8-38}$$

のとき,活性化エネルギー $Q = me$ の状態にある確率 $P_N(m)$ は最大となる。したがって,多粒子系では全系のエネルギーが最小の状態ではなく,確率的に式(8-38)を満たす状態になる。このことには,エントロピー増大則が関係しており,これについて以下で述べる。

§1-3で述べたように,式(8-35)はエントロピー S を $S = S_N(m)$ として次の関係

$$S_N(m) = k_B \ln W_N(m) \tag{8-39}$$

にある。式(8-39)は,式(8-35),(8-37)から N が偶数の場合 $m = N/2$,奇数の場合 $m = (N\pm 1)/2$ のときのエントロピーが最大になることを示している。一方,式(8-38)は

$$N/2 < m < N$$

であることを示している。したがって,式(7-38)が成立するときは,活性化エネルギーが最小の状態ではなく,同時にエントロピー最大の状態でもない。換言すれば,式(8-38)の m はエネルギー最小の原理とエントロピー増大の法則が拮抗する平衡状態を意味する。

式(8-35),(8-39)を式(8-36)に代入して,

$$P_N(m) = C\exp\left[-\frac{me - S_N T}{k_B T}\right] \tag{8-40}$$

が成立する。ここで,me は多粒子系の活性化エネルギーであり,これは系の内部エネルギー U に等しい。したがって,熱力学における自由エネルギーを

$$F = U - ST \tag{8-41}$$

と定義すれば,式(8-40)は

$$P(m) = C\exp\left[-\frac{F}{k_B T}\right] \tag{8-42}$$

に書き換えられる。

多粒子系では,自由エネルギー F が最小になる状態が最も安定した状態にあるといえる。自由エネルギー F がどのような物理量で指定されるのか,式(8-41)の全微分

$$dF = dU - d(ST)$$

を検討する。ここで,化学ポテンシャルが関与しないとき,内部エネルギーは関係式 $dU = TdS - pdV$ を満たすので,関係式

$$dF = TdS - pdV - d(ST) = -pdV - SdT$$

が成立する。自由エネルギーは体積と温度の関数であることが分かる。

§8-4 エネルギー等分配則

温度 T の多粒子系の1自由度あたりに同一のエネルギー $k_BT/2$ が分配されることが知られている。このエネルギー等分配則を以下で明らかにする。

今，N 個の微粒子からなる多粒子系において，粒子間の相互作用は無視できるものとして，質量 m_i の粒子 i の運動エネルギーおよび調和振動子のポテンシャル・エネルギーを

$$\frac{1}{2m_i}\langle \tilde{p}_i | p_i \rangle, \quad \frac{1}{2}k_i \langle q_i | q_i \rangle$$

とする。ここで，$\langle \tilde{p}_i | = (p_{i1}, p_{i2}, p_{i3})$ は運動量を意味し，k_i は振動子のバネ定数であり，$\langle q_i | = (q_{i1}, q_{i2}, q_{i3})$ は振動の中心からの変位ベクトルである。したがって，粒子 i の全エネルギー E_i は

$$E_i = \sum_{j=1}^{3}\left\{a_i p_{ij}^2 + b_i q_{ij}^2\right\} \tag{8-43}$$

となる。ここで，改めて $a_i = 1/2m_i$，$b_i = k_i/2$ とした。

温度 T の多粒子系でエネルギー状態 E_i が出現する確立 $P(E_i)$ は Boltzmann 因子を適用し，規格化定数 C とすれば，

$$P(E_i) = C\exp\left[-\frac{E_i}{k_BT}\right] \tag{8-44}$$

で表される。N 個の多粒子系での位相空間を $(q_1, q_2, \cdots, q_{3N}, p_1, p_2, \cdots, p_{3N})$ とする。したがって，この位相空間での全確率は1であるから

$$C\int_{-\infty}^{\infty}\int_{-\infty}^{\infty}\cdots\int_{-\infty}^{\infty}\sum_{k=1}^{3N}\exp\left[-\frac{E_k}{k_BT}\right]dq_1 dq_2\cdots dq_{3N}dp_1 dp_2\cdots dp_{3N} = 1$$

となり，運動エネルギーの平均値 $\langle a_k p_k^2 \rangle$ は

$$\langle a_k p_k^2 \rangle = C\int_{-\infty}^{\infty}\int_{-\infty}^{\infty}\cdots\int_{-\infty}^{\infty}a_k p_k^2\sum_{k=1}^{3N}\exp\left[-\frac{E_k}{k_BT}\right]dq_1 dq_2\cdots dq_{3N}dp_1 dp_2\cdots dp_{3N}$$

となる。ここで，規格化定数 C を消去して

$$\langle a_k p_k^2 \rangle = \frac{\int_{-\infty}^{\infty}\int_{-\infty}^{\infty}\cdots\int_{-\infty}^{\infty}a_k p_k^2\sum_{k=1}^{3N}\exp\left[-\frac{E_k}{k_BT}\right]dq_1 dq_2\cdots dq_{3N}dp_1 dp_2\cdots dp_{3N}}{\int_{-\infty}^{\infty}\int_{-\infty}^{\infty}\cdots\int_{-\infty}^{\infty}\sum_{k=1}^{3N}\exp\left[-\frac{E_k}{k_BT}\right]dq_1 dq_2\cdots dq_{3N}dp_1 dp_2\cdots dp_{3N}}$$

となるが，重積分の性質から

$$\langle a_k p_k^2 \rangle = \frac{\int_{-\infty}^{\infty}\int_{-\infty}^{\infty}\cdots\int_{-\infty}^{\infty} a_k p_k^2 \sum_{k=1}^{3N} \exp\left[-\frac{a_k p_k^2}{k_B T}\right] dp_1 dp_2 \cdots dp_{3N}}{\int_{-\infty}^{\infty}\int_{-\infty}^{\infty}\cdots\int_{-\infty}^{\infty} \sum_{k=1}^{3N} \exp\left[-\frac{a_k p_k^2}{k_B T}\right] dp_1 dp_2 \cdots dp_{3N}}$$

$$= \frac{\int_{-\infty}^{\infty} a_k p_k^2 \exp\left[-\frac{a_k p_k^2}{k_B T}\right] dp_k}{\int_{-\infty}^{\infty} \exp\left[-\frac{a_k p_k^2}{k_B T}\right] dp_k} \tag{8-45}$$

が成立する．式(8-45)において，$x = p_k \sqrt{a_k/k_B T}$ とすると，

$$\langle a_k p_k^2 \rangle = k_B T \frac{\int_{-\infty}^{\infty} x^2 \exp[-x^2] dx}{\int_{-\infty}^{\infty} \exp[-x^2] dx}$$

となり，これはよく知られた Gauss 積分である．したがって，

$$\langle a_k p_k^2 \rangle = \frac{1}{2} k_B T \tag{8-46}$$

が得られる．以上に 1 つの自由粒子の運動エネルギーの 1 自由度あたりに $k_B T/2$ のエネルギーが分配されることが判明した．したがって，3 次元空間の 1 原子分子にはエネルギー $3k_B T/2$，2 原子分子にはエネルギー $5k_B T/2$ が分配される．固体の多粒子系では振動子のポテンシャル・エネルギーが問題となるが，この場合も全く同様の計算にてエネルギー等分配則が成立することが容易に分かる．しかしながら，エネルギーが式(8-43)の関数形で近似できない場合や量子効果が無視できない問題にはエネルギー等分配則は適用できない．

§8-5 Boltzmann 因子の物理的な意味

§1-3 で議論したように，絶対温度 T において原子または分子 N 個の大集団の中で 1 個の原子または分子 i がエネルギー E_i の状態に存在する確率 $p(E_i)$ は関係式

$$p(E_i) \propto \exp[-E_i/k_B T] \tag{8-47}$$

で表される．このとき，$\exp[-E_i/k_B T]$ は Boltzmann 因子である．また，k_B は Boltzmann 定数である．以下で Boltzmann 因子の物理学的な意味を明らかにするために，気体の状態方程式から具体的に式(8-47)を考察する．

N 個からなる単原子分子の気柱を考える．気柱の断面積 S は一様であり，底面を座標原点 $y=0$ として上方に y 軸を設定する．このとき，圧力 $P(y)$ および体積 $V = Sy$ として，気体の状態方程式は，Avogadro 定数 N_A および気体定数 R とすれば，

$$PV = (N/N_A)RT = N k_B T \tag{8-48}$$

となる．ここで，気柱における絶対温度 T は一定として，単原子分子の数密度 $n(y) = N/Sy$ とすると，式(8-48)は

$$P(y) = n(y)k_B T$$

となる．これを微分すれば，

$$dP/dy = k_B T\, dn/dy \tag{8-49}$$

となる．

一方，重力場 g の存在を考えると，圧力差が生じる．このとき，微小体積 $S\Delta y$ に存在する平均数密度は $\bar{n}(y)=\{n(y+\Delta y)+n(y)\}/2$ であるが，次式において2次の微小量を無視して単原子分子の質量 m として力の釣合の関係

$$\Delta PS = \{P(y+\Delta y) - P(y)\}S = -(nS\Delta y)mg$$

が成立する．これから微分方程式

$$dP/dy = -nmg \tag{8-50}$$

が得られる．

したがって，微分方程式(8-49)，(8-50)から

$$dn/n = -mg\,dy/k_B T$$

が成立し，積分定数 n_0，重力の位置エネルギー $E(y) = mgy$ として

$$n(y) = n_0 \exp[-E(y)/k_B T]$$

が得られる．

以上に重力場が作用する場合について，Boltzmann因子の物理的な意味を説明した．一般に，多粒子系の中で1つの粒子がエネルギー Q の状態にあるとき，気体，液体，固体の状態に拘わらず，その存在確率はBoltzmann因子 $\exp[-Q/k_B T]$ に比例することが知られている．

§8-6 前期量子論

原子や分子が実在するか否かの問題は，量子論の出現までの物理学上の最重要な課題の1つであった．原子や分子の実在はEinsteinによるBrown運動論により明らかにされた．しかしながら，それ以前にすでに気体分子を想定して，MaxwellやBoltzmannによる分子の力学的特性から熱力学を論じた気体分子運動論が発表されていた．そこで得られたエネルギー等分配則は，熱力学での温度の概念を力学における運動エネルギーから説明したものである．それは，原子または分子の絶対温度 T の集合体において，それらの種類に無関係にそれらの1自由度あたりにエネルギー $k_B T/2$ が等しく分配されることを意味する．

そこで，エネルギー等分配則を空洞輻射に関するRayleigh Jeansの公式や固体比熱に関するDulong-Petitの法則に適用すると，実験結果を説明できないことが判明した．この問題解決には，量子効果を考慮したPlanckの輻射理論とDebyeの比熱理論を待つことになる．

Brown運動は顕著な拡散現象である．拡散現象は多体系微粒子の集団運動であり，その挙動はFickによる物質保存則としての微粒子濃度に関する拡散方程式で表される．しかしながら，拡散方程式に含まれる拡散係数は1つの微粒子と拡散場との相互作用によって決定され

る。したがって，拡散係数には微粒子の特性が関与する筈である。このことを勘案して，§2-3において，拡散の素過程を考察して拡散方程式から Schrödinger 方程式を導出し，その解析過程で拡散係数が量子力学における角運動量演算子に対応することが判明した。

拡散問題では，拡散係数に関する知識を得ることが極めて重要であり，§2-3 での議論に関連して量子力学の基礎を把握しておくことは必要不可欠であると考えられる。そこで，以下に前期量子論と称されている分野について，量子力学に至るまでの微粒子の特性を把握できる問題を時系列には無関係に述べることにする。

(1) 光量子

量子力学創生の発端となった Planck の黒体からの輻射電磁波の単位体積当たりのエネルギー分布の実験結果を再現できる関係式は §1-1 で示した

$$U(\upsilon) = \frac{8\pi h}{c^3}\upsilon^3 \Big/ \{\exp[h\upsilon/k_B T] - 1\} \tag{1-1}$$

である。Planck は式(1-1)の想定に当たり，Boltzmann 統計にしたがって黒体中にはエネルギー $h\upsilon$ をもった振動子が存在していると考えた。このことは，電磁波の輻射エネルギーが $h\upsilon$ を単位とする離散的なエネルギー状態をとることになり，それまでエネルギーは任意の実数値を取り得るとした従来の物理概念を変更するものであった。しかしながら，離散的なエネルギーの概念が量子力学誕生の第一歩となる。

エネルギー等分配則との関係を調べると，Boltzmann 統計にしたがって振動子のエネルギー $h\upsilon$ の平均値 $\langle h\upsilon \rangle$ は

$$\langle h\upsilon \rangle = \int_0^\infty h\upsilon \exp\left[-\frac{h\upsilon}{k_B T}\right] d\upsilon \Big/ \int_0^\infty \exp\left[-\frac{h\upsilon}{k_B T}\right] d\upsilon$$

となる。ここで，$x = h\upsilon/k_B T$ とすると

$$\begin{aligned}\langle h\upsilon \rangle &= k_B T \int_0^\infty x\exp[-x]dx \Big/ \int_0^\infty \exp[-x]dx \\ &= k_B T\end{aligned} \tag{8-51}$$

となるが，振動子には運動エネルギーとバネの位置エネルギーがあり，式(8-51)は運動エネルギーとバネの位置エネルギーの合計を表している。したがって，それぞれのエネルギーの 1 自由度当たりに $k_B T/2$ が分配されることになる。電磁波のエネルギーが離散値をとることから，さらに新しい物理概念として，電磁波がエネルギー $h\upsilon$ をもった粒子のようなものとして存在すると想定して，Einstein はこれを光量子として光電効果の説明に成功した。以下で，光の粒子性を端的に示している光電効果と Compton 効果について述べる。

光電効果とは，金属表面に光を照射すると，表面から電子が飛び出す現象のことである。この現象を調べると，光の振幅には無関係に，ある振動数 υ_0 として条件 $\upsilon \geq \upsilon_0$ を満たすときにだけ電子は飛び出し，電子の運動エネルギーは υ だけに依存し，振幅の大きい光ほど飛び出す電子数は多いことが判明した。古典物理学では，波動のエネルギーは振幅に依存するので，電磁波としての光の特性ではこの現象を説明できなかった。そこで，Einstein は光を粒子のような性質をもつ光量子と想定して，光量子と金属表面の電子との衝突問題として，光電効果に

ついて次の関係式

$$h\upsilon \geq \frac{1}{2}mv^2 + W \tag{8-52}$$

を満たす振動数 υ の光を照射したときに，この現象が生じるとした．ここで，$mv^2/2$ は飛び出した電子の運動エネルギーであり，W は電子を金属から引き離すエネルギー W_1 と電子が金属の電場を脱出するのに必要なエネルギー W_2 である．$W = W_1 + W_2$ について，金属では自由電子が多量存在しており，$W_1 \approx 0$ として，通常 $W = W_2$ は仕事関数と言われている．この理論によって光に粒子性があることが明らかにされたが，さらに Compton 効果によって光に粒子性があることは疑う余地のないものとなった．

　Compton 効果とは，X 線の結晶による散乱現象を光量子と結晶中の電子との衝突問題として捉えることで実験結果を理解するものである．光に粒子性があれば，光のエネルギー $E = h\upsilon$，波長 λ，速さ c として運動量 $p = h\upsilon/c = h/\lambda$ をもっていることになる．したがって，完全弾性衝突問題と考えて，入射 X 線の運動量を $p = h/\lambda$，散乱 X 線の運動量を $p' = h/\lambda'$，質量 m の電子の速度を v として運動量は $p_e = mv$ であり，運動量保存則はベクトル表示して

$$|p\rangle = |p'\rangle + |p_e\rangle \tag{8-53}$$

となる．$|p\rangle$ と $|p'\rangle$ のなす角度 θ とすれば，式(8-53)は次式

$$p_e^2 = p^2 + p'^2 - 2pp'\cos\theta \tag{8-54}$$

と同値である．一方，特殊相対論効果を考慮してエネルギー保存則は

$$pc + mc^2 = p'c + \sqrt{(mc^2)^2 + (p_e c)^2} \tag{8-55}$$

である．式(8-55)を書き換えると，

$$p_e^2 = (p - p')^2 + 2(p - p')mc \tag{8-56}$$

となる．式(8-54)と(8-56)から

$$1 - \cos\theta = mc\left(\frac{1}{p'} - \frac{1}{p}\right) = \frac{mc}{h}(\lambda' - \lambda)$$

となり，Compton 効果 $\Delta\lambda = \lambda' - \lambda$ として，

$$\Delta\lambda = \frac{h}{mc}(1 - \cos\theta) \tag{8-57}$$

が得られる．ここでの理論式が実験結果と一致したことで，光の粒子性は疑う余地のないものとなった．

(2) 物質波

　de-Broglie は上述の光の運動量

$$p = h/\lambda \tag{8-58}$$

の関係式が物質粒子にも適用できると想定した．この場合，この関係式には波動の要素である

波長λが含まれているので，物質粒子は波動の性質をもつことになる。この想定は古典物理学からは受け入れ難いものであったが，物質粒子が波動の性質である干渉・回折現象を示すことが実験で明らかになり，物質波として認知され，量子力学の物質科学への適用が本格的に進展していくことになる。

de-Broglieの提唱した式(8-58)は実験結果からは受け入れられてきたが，その導出過程で光速度を物質の速度に置換したものであり，de-Broglieの仮説と称されている。しかしながら，§2-5では，拡散素過程におけるミクロ粒子の挙動から，式(8-58)が光速度とは無関係に直接導出され，式(8-58)の正当性が明らかにされた。

以下で物質波に関する挙動の事例を述べる。波長λのX線を結晶面間隔dの結晶に入射角θで照射すると，結晶は回折格子としての機能を果たして干渉縞が生じ，nを整数としてBraggの法則

$$2d\sin\theta = n\lambda \tag{8-59}$$

が成立する。X線の替わりに電子線を用いても同様の干渉縞ができることが明らかにされ，物質粒子としての電子が波動の特性である回折・干渉の性質を示すことが判明した。現在は電子顕微鏡として広く応用されている。ここでの干渉縞の本質は，古典波動像における波の干渉とは異なり，物質波は単独で干渉することである。通常の物理概念では理解し難いものであるが，この事実はTonomuraによるスリット実験によって明らかにされた。

原子構造について原子核の周りを半径r_nの円運動している電子を考えるとき，電子が波長λ_nの波動であるとすると，nを自然数として円周と波長の間には関係式

$$2\pi r_n = n\lambda_n \tag{8-60}$$

が成立することが必要である。したがって，電子と原子核にはCoulomb力が作用するけれども，電子は原子核に捕獲されることなく，電子の円運動には$n=1$とした最内殻の軌道半径が存在することになる。式(8-58)と(8-60)から$\hbar = h/2\pi$，$p \to p_n$として

$$r_n p_n = n\hbar \tag{8-61}$$

が成立する。

エネルギーに注目すると，Coulomb力と遠心力の釣合の関係式

$$\frac{e^2}{4\pi\varepsilon r_n^2} = \frac{p_n^2}{mr_n} \tag{8-62}$$

が成立するので，これに式(8-61)を代入して

$$p_n = \frac{me^2}{4\pi\varepsilon n\hbar}, \quad r_n = \frac{4\pi\varepsilon n^2\hbar^2}{me^2}$$

が成立し，軌道半径は離散的になる。一方，電子の全エネルギーE_nは

$$E_n = \frac{p_n^2}{2m} - \frac{e^2}{4\pi\varepsilon r_n} \tag{8-63}$$

であるので，p_n, r_nを消去すれば，自然数nに依存して

$$E_n = -\frac{me^4}{32n^2\pi^2\varepsilon^2\hbar^2} \tag{8-64}$$

となり，エネルギーには最小の状態 $n=1$ があり，エネルギーは離散的になる。

§2-3 で議論したように，量子力学では，加速度の概念は存在せず，古典力学に比して角運動量が重要な物理量となる。角運動量演算子 $|L\rangle = |r \times p\rangle$ および波動関数 $|\psi\rangle$ として

$$L^2|\psi\rangle = l(l+1)\hbar^2|\psi\rangle \tag{8-65}$$

$$L_z|\psi\rangle = m\hbar|\psi\rangle \tag{8-66}$$

が成立する。エネルギーを決定する n を主量子数，角運動量の大きさ l を方位量子数，方位量子数 l の z 成分 m を磁気量子数という。したがって，角運動量は $\hbar$ を単位とした整数倍の離散値をとることを意味する。また，主量子数 n を定めると，方位量子数 l は $0, 1, 2, \cdots, n-1$ の n 個の値をとることができ，さらに1つの l に対して磁気量子数 m は $-l \leq m \leq l$ を満たす $2l+1$ 個の整数値をとることができる。したがって，n が定まると，

$$\sum_{l=0}^{n-1}(2l+1) = n^2$$

を満たす独立な固有関数が存在することになる。

(3) Heisenberg の不確定性原理

拡散の素過程に関して，§2-4 で拡散粒子の識別不可能性を取り入れることで，拡散方程式が Schrödinger 方程式に変換されることを示した。隣接する2個のミクロ粒子を観測することで識別するためには，ミクロ粒子に照射した光の反射光を網膜でその有意差を感知しなければならない。そこで，波長 $\lambda(=c/\upsilon)$ の光をミクロ粒子に照射するとき，ミクロ粒子の位置をより正確に把握するためには光の振動数 υ が大きいことが求められる。このとき，振動数 υ が大きいと，エネルギー $\hbar\upsilon$ はミクロ粒子を撹乱するに十分なエネルギーとなり，反射光を網膜で感知したとき2個のミクロ粒子は撹乱によって粒子の位置を識別できないことになる。物質波についても同様の議論が成立し，運動量 $p=h/\lambda$ と位置を共に正確に測定することには限界がある。

ミクロ粒子の属性の一面を上で述べたが，量子の世界ではある物理量 A と B の組み合わせにおいて，原理的にそれらの標準偏差を同時にゼロにするような量子状態は存在しないという不確定性原理が成立する。このことを以下で明らかにする。

Hermite 演算子 H，規格化された状態ベクトル $|\psi\rangle$ とすると，H の分散 $(\Delta H)^2$ は

$$(\Delta H)^2 = \langle\psi|H^2|\psi\rangle - \langle\psi|H|\psi\rangle^2 \equiv \langle H^2\rangle - \langle H\rangle^2 \tag{8-67}$$

で表される。Hermite 演算子 A と B について，$\tilde{A} = A - \langle A\rangle$，$\tilde{B} = B - \langle B\rangle$ として，任意の実数 α に対して関係式

$$\left\langle \left|\tilde{A} - i\alpha\tilde{B}\right|^2 \right\rangle \geq 0 \tag{8-68}$$

が成立する。ここで，関係式

$$\left|\tilde{A} - i\alpha\tilde{B}\right|^2 = \left(\tilde{A}^\dagger + i\alpha\tilde{B}^\dagger\right)\left(\tilde{A} - i\alpha\tilde{B}\right) = \tilde{A}^2 + \alpha^2\tilde{B}^2 - i\alpha\left(\tilde{A}\tilde{B} - \tilde{B}\tilde{A}\right)$$

を用いて式(8-68)は

$$\left\langle \left| \tilde{A} - i\alpha \tilde{B} \right|^2 \right\rangle = \left\langle \tilde{B}^2 \right\rangle \alpha^2 - i\left\langle \left[\tilde{A}, \tilde{B} \right] \right\rangle \alpha + \left\langle \tilde{A}^2 \right\rangle \geq 0$$

となる。ここで，交換子の定義 $\left[\tilde{A}, \tilde{B} \right] = \tilde{A}\tilde{B} - \tilde{B}\tilde{A}$ を適用した。

A と B は Hermite 演算子であり，関係式

$$\left(i[A,B] \right)^\dagger = -i\left[B^\dagger, A^\dagger \right] = i[A,B]$$

が成立するので，$i[A,B]$ は Hermite 演算子であり，同時に実数である。また，式(8-67)に関係式

$$\left\langle \tilde{A}^2 \right\rangle = \left\langle A^2 \right\rangle - \left\langle A \right\rangle^2, \quad \left\langle \tilde{B}^2 \right\rangle = \left\langle B^2 \right\rangle - \left\langle B \right\rangle^2$$

を用いて $(\Delta A)^2 = \left\langle \tilde{A}^2 \right\rangle$, $(\Delta B)^2 = \left\langle \tilde{B}^2 \right\rangle$ が成立する。

以上から，式(8-68)は

$$(\Delta B)^2 \alpha^2 - i\left\langle [A,B] \right\rangle \alpha + (\Delta A)^2 \geq 0 \tag{8-69}$$

が任意の実数 α について成立する条件と同値であり，Robertson の不等式

$$\Delta A \Delta B \geq \frac{1}{2} \left| \left\langle [A,B] \right\rangle \right| \tag{8-70}$$

が得られる。ここで，$A = x, B = p_x = -i\hbar \frac{\partial}{\partial x}$ とすると，

$$[x, p_x]\psi = \left\{ x\left(-i\hbar \frac{\partial}{\partial x} \right) - \left(-i\hbar \frac{\partial}{\partial x} \right)x \right\}\psi$$

$$= i\hbar \left\{ \frac{\partial}{\partial x} x - x \frac{\partial}{\partial x} \right\}\psi = i\hbar \psi$$

が成立するので，位置座標 x と運動量成分 p_x についての交換子の関係

$$[x, p_x] = i\hbar \tag{8-71}$$

が得られる。したがって，式(8-71)を式(8-70)に用いて，不確定性原理の関係式

$$\Delta x \Delta p_x \geq \frac{1}{2}\hbar \tag{8-72}$$

が得られる。

式(8-72)は，量子力学では位置と運動量を同時に正確に観測できないことを意味する。また，時間 t とエネルギー E についても，$A = t, B = E = i\hbar \partial/\partial t$ とすれば，

$$\Delta t \Delta E \geq \frac{1}{2}\hbar \tag{8-73}$$

が成立する。さらに，Ozawa によって，Heisenberg の不確定性原理について測定限界や測定によって生じた撹乱による誤差と量子特性によるゆらぎを考察して，より厳密な Ozawa 不等式が提唱されている。しかしながら，ここではこの詳細については割愛することにする。

§2-6 で議論したように，Brown 粒子の単一挙動を示す拡散係数は不確定性原理とも関係し

ており，Brown 粒子のランダム運動は式(2-41)に起因していると想定され，局所的には式(6-28)に示されているように時空に依存しない固有流束を有している。

§8-7 基礎量子力学

　ミクロ粒子に関する量子力学の問題として，初めにまず最も簡単な自由場における量子の運動について，Schrödinger 方程式を Descartes 座標系で解析する。Schrödinger 方程式の解析には，極座標を適用することが多く，これに関連して直交関数系を構成する Legendre 関数についての知識が求められる。さらに，§2-4 で拡散方程式と Schrödinger 方程式の関係から，拡散係数が角運動量演算子に対応していることが判明した。この意味でも Legendre 関数は角運動量に関係しており，拡散問題に関わる基礎知識として Legendre 関数について述べておくことは有意義であると思われる。

(i) 自由場における量子の運動

　3 辺が a, b, c の直方体中の自由量子の運動を考える。この自由量子の質量を m とすれば，Schrödinger 方程式が波動関数であることから，定常状態では拡散方程式の場合のように時間変化がゼロにはならない。したがって，Schrödinger 方程式は，全エネルギー E のとき

$$i\hbar \frac{\partial \varphi(t,x,y,z)}{\partial t} = H\varphi(t,x,y,z), \quad i\hbar \frac{\partial \varphi(t,x,y,z)}{\partial t} = E\varphi(t,x,y,z), \quad H = \frac{\langle p|p \rangle}{2m}$$

で表され，$|p\rangle = -i\hbar|\nabla\rangle$ として

$$-\frac{\hbar^2}{2m}\nabla^2 \varphi(x,y,z) = E\varphi(x,y,z) \tag{8-74}$$

となる。

　直方体の外での量子の存在確率はゼロだから座標原点を直方体の一隅にとり，3 辺に沿って直方体の内部を $0<x<a, 0<y<b, 0<z<c$ として Descartes 座標を設定すれば，式(8-74)の境界条件は

$$\varphi(0,y,z) = \varphi(a,y,z) = 0$$
$$\varphi(x,0,z) = \varphi(x,b,z) = 0$$
$$\varphi(x,y,0) = \varphi(x,y,c) = 0$$

となる。波動関数を

$$\varphi(x,y,z) = X(x)Y(y)Z(z) \tag{8-75}$$

に変数分離して，これを式(8-74)に代入して

$$\frac{1}{X}\frac{d^2 X}{dx^2} + \frac{1}{Y}\frac{d^2 Y}{dy^2} + \frac{1}{Z}\frac{d^2 Z}{dz^2} = -\frac{2mE}{\hbar^2} \tag{8-76}$$

が得られる。式(8-76)は次式を意味する。

$$\frac{1}{X}\frac{d^2X}{dx^2}=\alpha^2,\ \frac{1}{Y}\frac{d^2Y}{dy^2}=\beta^2,\ \frac{1}{Z}\frac{d^2Z}{dz^2}=\gamma^2$$

$$E=-\frac{\hbar^2}{2m}(\alpha^2+\beta^2+\gamma^2) \tag{8-77}$$

ここで，$X(x)$ の解は $x=0$ での境界条件を考慮すると，

$$X(x)=A\left(e^{\alpha x}-e^{-\alpha x}\right) \tag{8-78}$$

となるが，α が実数であれば $x=a$ で $X(a)=A\left(e^{\alpha a}-e^{-\alpha a}\right)$ となり，境界条件を満たさない。したがって，α は虚数でなければならない。$\alpha=i\omega$ として式(8-78)は

$$X(x)=2iA\sin(\omega x) \tag{8-79}$$

に書き換えられる。

式(8-79)において，$X(a)=0$ であることから n_x を自然数として

$$\omega=\frac{n_x\pi}{a} \tag{8-80}$$

が成立する。$Y(y), Z(z)$ についても同様なことが成立するので，式(8-77)は

$$E=\frac{\pi^2\hbar^2}{2m}\left(\frac{n_x^2}{a^2}+\frac{n_y^2}{b^2}+\frac{n_z^2}{c^2}\right) \tag{8-81}$$

となる。また，波動関数について規格化の条件

$$\iiint|\varphi(x,y,z)|^2 dxdydz=1$$

から式(8-74)の解

$$\varphi(x,y,z)=\sqrt{\frac{8}{abc}}\sin\left(\frac{n_x\pi x}{a}\right)\sin\left(\frac{n_y\pi y}{b}\right)\sin\left(\frac{n_z\pi z}{c}\right) \tag{8-82}$$

が得られる。

エネルギー固有値 E の最小値は $n_x=n_y=n_z=1$ の場合であり，このように最低エネルギーをもつ定常状態を基底状態という。また，$a=b=c$ である立方体におけるエネルギー固有値を $E_{n_xn_yn_z}$ とすると，基底状態 E_{111} に最も近い励起状態として $E_{211}, E_{121}, E_{112}$ の3通りが考えられる。これらは等しいエネルギーをもつが，波動関数は異なる運動状態にあることを示している。このような場合，量子は縮退した状態にあるという。

(ii) Legendre 関数

発展方程式は，物理系の初期・境界条件にしたがって，極座標系 (r,θ,φ) で表示することが少なくない。さらに，その多くの場合，変数分離して解析することになるが，具体的には，Laplace 方程式の角度部分 (θ,φ) についての解である球面調和関数 $Y_l^m(\theta,\varphi)$ は

$$Y_l^m(\theta,\varphi)=(-1)^{(m+|m|)/2}\sqrt{\frac{2l+1}{4\pi}\frac{(l-|m|)!}{(l+|m|)!}}P_l^{|m|}(\cos\theta)e^{im\varphi}$$

で表わされ，完全直交関数系を構成している。球面上の任意の関数 $f(\theta,\varphi)$ は $Y_l^m(\theta,\varphi)$ を用い

て級数展開できることがよく知られている。ここで，l は非負の整数であり，m は $-l \leq m \leq l$ を満たす $(2l+1)$ 通りの整数である。また，$P_l^{|m|}(\cos\theta)$ は Legendre 関数 $P_l(\cos\theta)$ を $|m|$ 回微分したもので直接 Legendre の陪関数に関係している。

定常状態における球対称なポテンシャル $V(r)$ 中での質量 M の単一ミクロ粒子の運動は，Hermite 演算子

$$H = -\frac{\hbar^2}{2M}\langle\tilde{\nabla}|\nabla\rangle + V(r)$$

として，Schrödinger 方程式

$$H\psi(r,\theta,\varphi) = E\psi(r,\theta,\varphi)$$

で表される。Schrödinger 方程式の角度部分の解は球面調和関数 $Y_l^m(\theta,\varphi)$ で表される。このとき，l, m は波動関数 $\psi(r,\theta,\varphi)$ の角運動量 $|L\rangle, L_z$ に関する固有値として極めて重要な量子数であり，方位量子数，磁気量子数と言われる。なお，波動関数の動径部分からエネルギー固有値 E_n に対応する主量子数 n が求められる。量子力学では，これらの量子数の組 (n, l, m) が極めて重要な物理量となる。

数学的には，球対称なポテンシャルが力場の中心からの距離に反比例するとき，上述の Legendre 関数 $P_l(\cos\theta)$ はそれに関連して以下に示すように Taylor 展開を適用しても得られる。

位置ベクトル $|a\rangle, |r\rangle$ のなす角 θ として，$|R\rangle = |r\rangle - |a\rangle$ について一般に

$$\langle R|R\rangle = \langle r|r\rangle + \langle a|a\rangle - 2\langle r|a\rangle$$

が成立する。ここで，$R = \sqrt{\langle R|R\rangle}$，$r = \sqrt{\langle r|r\rangle}$，$1 = \sqrt{\langle a|a\rangle}$ とすると，$\langle r|a\rangle = r\cos\theta$ であるから

$$\frac{1}{R} = \frac{1}{\sqrt{1 - 2r\cos\theta + r^2}} \tag{8-83}$$

が成立する。式(8-83)はポテンシャルに関連して物理学においてよく見かける式である。

式(8-83)の右辺を $x = \cos\theta$ として r の関数 $f(r)$

$$f(r) = (r^2 - 2xr + 1)^{-\frac{1}{2}}$$

を定義し，$r=0$ の回りに Taylor 展開すれば，

$$f(r) = 1 + xr + \frac{3x^2 - 1}{2!}r^2 + \frac{3(5x^3 - 3x)}{3!}r^3 + \cdots \tag{8-84}$$

が成立する。このとき，式(8-84)における r^l についての係数を l 次の Legendre 多項式

$$P_l(x) = \frac{1 \cdot 3 \cdots (2l-1)}{l!} \times \left\{ x^l - \frac{l(l-1)}{2(2l-1)}x^{l-2} + \frac{l(l-1)(l-2)(l-3)}{8(2l-1)(2l-3)}x^{l-4} - \cdots \right\} \tag{8-85}$$

として定義する。したがって，式(8-83)は

$$\frac{1}{R} = \sum_{n=0}^{\infty} P_n(x) r^n$$

となることが分かる。

Legendre 多項式(8-85)を $y = P_l(x)$ として Sturm Liouville 型の微分方程式

$$(1-x^2)y'' - 2xy' + l(l+1)y = 0 \tag{8-86}$$

に代入すれば，$P_l(x)$ は Legendre の微分方程式(8-86)の解であることが容易に確かめられる。また，[付録 8-A]で明らかにされているように，Legendre 多項式 $P_l(x)$ は直交関数系を構成している。

(iii) Legendre の陪関数と量子数

中心力場の量子力学問題で行列の計算に用いられる整数固有値 $m\,(m>0)$ と連続整数固有値 l に関する Legendre の陪関数

$$P_l^m(x) = (1-x^2)^{m/2} \frac{d^m}{dx^m} P_l(x) = (1-x^2)^{m/2} P_l^{(m)}(x)$$

の基本的な関係を求めておく。その前に，Legendre 多項式間の漸化関係を求める必要がある。

数学的に一般に成立する関係式

$$\oint \frac{(z^2-1)^l}{(z-x)^l} dz = \oint \frac{z(z^2-1)^l}{(z-x)^{l+1}} dz - x \oint \frac{(z^2-1)^l}{(z-x)^{l+1}} dz$$

の右辺第 1 項は，関係式

$$\frac{d}{dz}\left(\frac{z^2-1}{z-x}\right)^{l+1} = (l+1)\left\{2z\frac{(z^2-1)^l}{(z-x)^{l+1}} - \frac{(z^2-1)^{l+1}}{(z-x)^{l+2}}\right\}$$

の左辺の閉曲線上での周回積分値がゼロとなることから，

$$\oint \frac{z(z^2-1)^l}{(z-x)^{l+1}} dz = \frac{1}{2}\oint \frac{(z^2-1)^{l+1}}{(z-x)^{l+2}} dz$$

となる。以上から，次の関係式が成立する。

$$\oint \frac{(z^2-1)^l}{(z-x)^l} dz = \frac{1}{2}\oint \frac{(z^2-1)^{l+1}}{(z-x)^{l+2}} dz - x \oint \frac{(z^2-1)^l}{(z-x)^{l+1}} dz \tag{8-87}$$

ここで，式(8-87)の両辺に $(2^{l+1}\pi i)^{-1}$ を掛けて，[付録 8-B]に示した Schlaefli の公式と言われる $P_l(x)$ の積分表示を用いれば，式(8-87)は

$$P_{l+1}(x) - xP_l(x) = \frac{1}{2^{l+1}\pi i}\oint \frac{(z^2-1)^l}{(z-x)^l} dz \tag{8-88}$$

に書き換えられる。さらに，式(8-88)を x について微分して

$$P'_{l+1}(x) - xP'_l(x) = (l+1)P_l(x) \tag{8-89}$$

となる。式(8-88)または(8-89)は次数 l と $l+1$ の Legendre の多項式の関係を示している。

以下に，3 個の異なる次数の Legendre の多項式間の関係を求めておく。一般に関係式

$$\oint \frac{d}{dz}\left\{\frac{z(z^2-1)^l}{(z-x)^l}\right\} dz = 0$$

が成立するので，次式が成立する。

$$\oint \frac{(z^2-1)^l}{(z-x)^l}dz + 2l\oint \frac{z^2(z^2-1)^{l-1}}{(z-x)^l}dz - l\oint \frac{z(z^2-1)^l}{(z-x)^{l+1}}dz = 0 \tag{8-90}$$

式(8-90)において，$z^2 = (z^2-1)+1$ および $z = (z-x)+x$ として変形すると，次式

$$(l+1)\oint \frac{(z^2-1)^l}{(z-x)^l}dz + 2l\oint \frac{(z^2-1)^{l-1}}{(z-x)^l}dz - lx\oint \frac{(z^2-1)^l}{(z-x)^{l+1}}dz = 0 \tag{8-91}$$

が得られる。ここで，式(8-88)および(8-89)を用いて式(8-91)をLegendreの多項式間の関係に書き換えると，

$$(l+1)P_{l+1}(x) - (2l+1)xP_l(x) + lP_{l-1}(x) = 0 \tag{8-92}$$

または，式(8-89)を用いて

$$P'_{l+1}(x) - P'_{l-1}(x) = (2l+1)P_l(x) \tag{8-93}$$

として3個の異なる次数のLegendreの多項式間の関係が得られる。

以上にLegendreの多項式間の漸化式を求めたので，これを用いて $P_l(x)$ の m 回微分に対して連続整数値 l に関するLegendreの陪関数の基本的な関係を求める。式(8-92)を m 回微分すると，

$$(l+1)P_{l+1}^{(m)}(x) - (2l+1)xP_l^{(m)}(x) - (2l+1)P_l^{(m-1)}(x) + lP_{l-1}^{(m)}(x) = 0 \tag{8-94}$$

が得られる。次に，式(8-93)を $m-1$ 回微分して

$$P_{l+1}^{(m)}(x) - P_{l-1}^{(m)}(x) = (2l+1)P_l^{(m-1)}(x) \tag{8-95}$$

が得られる。式(8-94)と(8-95)から $P_l^{(m-1)}(x)$ を消去して漸化式

$$xP_l^{(m)}(x) = (2l+1)^{-1}\left\{(l-m+1)P_{l+1}^{(m)}(x) + (l+m)P_{l-1}^{(m)}(x)\right\} \tag{8-96}$$

が成立する。式(8-96)に $(1-x^2)^{\frac{m}{2}}$ を掛けて同じ m に対して連続整数値 l に関するLegendreの陪多項式 $P_l^m(x) = (1-x^2)^{m/2}P_l^{(m)}(x)$ の漸化式

$$xP_l^m(x) = (2l+1)^{-1}\left\{(l-m+1)P_{l+1}^m(x) + (l+m)P_{l-1}^m(x)\right\} \tag{8-97}$$

が得られる。式(8-96)，(8-97)は量子力学における中心力場の問題で軌道角運動の量子数 l と磁気量子数 m に関連して行列要素の計算に用いられる。

Legendreの微分方程式(8-86)はSturm Liouvilleの方程式

$$\left\{-(1-x^2)\frac{d^2}{dx^2} + 2x\frac{d}{dx}\right\}P_l(x) = l(l+1)P_l(x) \tag{8-98}$$

に変形できる。また，$P_l^m(x)$ の微分方程式も同様に

$$\left\{-(1-x^2)\frac{d^2}{dx^2}+2x\frac{d}{dx}+\frac{m^2}{1-x^2}\right\}P_l^m(x)=l(l+1)P_l^m(x) \tag{8-99}$$

に書き換えられる．したがって，Legendre の多項式および $P_l^m(x)$ は演算子

$$\left\{-(1-x^2)\frac{d^2}{dx^2}+2x\frac{d}{dx}\right\} \quad \text{および} \quad \left\{-(1-x^2)\frac{d^2}{dx^2}+2x\frac{d}{dx}+\frac{m^2}{1-x^2}\right\}$$

の固有関数で，その固有値は共に $l(l+1)$ である．ここでの固有値 l および m は量子力学における重要な角運動量に関する量子数を意味している．以下に，拡散係数と関連のある量子力学における演算子としての角運動量を定義し，固有値問題を介して量子数を明らかにしておく．

(iv) 角運動量演算子

質量 M の粒子が速度 $|v\rangle$ で運動しているとき，その運動量 $|p\rangle$ は $|p\rangle=M|v\rangle$ で定義される．この粒子が座標原点から $|r\rangle$ の位置にあるとき，その角運動量 $|L\rangle$ を $|r\rangle$ と $|p\rangle$ の外積

$$|L\rangle=|r\times p\rangle \tag{8-100}$$

で定義する．量子力学では，対応原理から $|p\rangle=-i\hbar|\nabla\rangle$ で定義されている．したがって，次式

$$|L\rangle=\begin{pmatrix}L_x\\L_y\\L_z\end{pmatrix}=-i\hbar\begin{pmatrix}y\frac{\partial}{\partial z}-z\frac{\partial}{\partial y}\\z\frac{\partial}{\partial x}-x\frac{\partial}{\partial z}\\x\frac{\partial}{\partial y}-y\frac{\partial}{\partial x}\end{pmatrix} \tag{8-101}$$

が成立する．次の交換子

$$[A,B]=AB-BA \tag{8-102}$$

を用いると，角運動量の各成分間には関係式

$$[L_x,L_y]=i\hbar L_z, \quad [L_y,L_z]=i\hbar L_x, \quad [L_z,L_x]=i\hbar L_y \tag{8-103}$$

が成立する．上式が成立することを具体的に示すと，

$$\frac{1}{\hbar^2}[L_x,L_y]=-\left(y\frac{\partial}{\partial z}-z\frac{\partial}{\partial y}\right)\left(z\frac{\partial}{\partial x}-x\frac{\partial}{\partial z}\right)+\left(z\frac{\partial}{\partial x}-x\frac{\partial}{\partial z}\right)\left(y\frac{\partial}{\partial z}-z\frac{\partial}{\partial y}\right)$$

$$=-y\frac{\partial}{\partial x}-yz\frac{\partial^2}{\partial z\partial x}+xy\frac{\partial^2}{\partial z^2}+z^2\frac{\partial^2}{\partial x\partial y}-zx\frac{\partial^2}{\partial y\partial z}+yz\frac{\partial^2}{\partial z\partial x}-z^2\frac{\partial^2}{\partial x\partial y}$$

$$-xy\frac{\partial^2}{\partial z^2}+x\frac{\partial}{\partial y}+zx\frac{\partial^2}{\partial y\partial z}$$

以上の計算結果から

$$[L_x,L_y]=\hbar^2\left(x\frac{\partial}{\partial y}-y\frac{\partial}{\partial x}\right)=i\hbar(xp_y-yp_x)=i\hbar L_z$$

が成立する．他の成分についても同様に成立する．これらから，ベクトル表示すれば，

$$|L\times L\rangle=i\hbar|L\rangle$$

となる。
　交換子の一般的に成立する関係

$$[A^2, B] = A^2B - BA^2 - ABA + ABA = A[A,B] + [A,B]A$$

を利用して、$L^2 = L_x^2 + L_y^2 + L_z^2$ であるので、

$$\begin{aligned}[L^2, L_z] &= L_x[L_x, L_z] + [L_x, L_z]L_x + L_y[L_y, L_z] + [L_y, L_z]L_y \\ &= -i\hbar(L_xL_y + L_yL_x - L_yL_x - L_xL_y) = 0\end{aligned} \tag{8-104}$$

となる。式(8-104)は L^2 と L の1成分が同時に観測可能であることを意味する。
　角運動量を極座標系で示しておく。最初に、昇降演算子を次式

$$L_\pm = L_x \pm iL_y \tag{8-105}$$

で定義する。$x = r\sin\theta\cos\varphi$, $y = r\sin\theta\sin\varphi$, $z = r\cos\theta$ とすると、

$$\begin{aligned}L_x &= -i\hbar r\sin\theta\sin\varphi\left(\cos\theta\frac{\partial}{\partial r} - \frac{\sin\theta}{r}\frac{\partial}{\partial \theta}\right) \\ &\quad + i\hbar r\cos\theta\left(\sin\theta\sin\varphi\frac{\partial}{\partial r} + \frac{\cos\theta\sin\varphi}{r}\frac{\partial}{\partial \theta} + \frac{\cos\varphi}{r\sin\theta}\frac{\partial}{\partial \varphi}\right) \\ &= i\hbar\sin\varphi\frac{\partial}{\partial \theta} + i\hbar\cot\theta\cos\varphi\frac{\partial}{\partial \varphi}\end{aligned}$$

$$\begin{aligned}L_y &= -i\hbar r\cos\theta\left(\sin\theta\cos\varphi\frac{\partial}{\partial r} + \frac{\cos\theta\cos\varphi}{r}\frac{\partial}{\partial \theta} - \frac{\sin\varphi}{r\sin\theta}\frac{\partial}{\partial \varphi}\right) \\ &\quad + i\hbar r\sin\theta\cos\varphi\left(\cos\theta\frac{\partial}{\partial r} - \frac{\sin\theta}{r}\frac{\partial}{\partial \theta}\right) \\ &= -i\hbar\cos\varphi\frac{\partial}{\partial \theta} + i\hbar\cot\theta\sin\varphi\frac{\partial}{\partial \varphi}\end{aligned}$$

となるので、昇降演算子は

$$\begin{aligned}L_\pm &= i\hbar\sin\varphi\frac{\partial}{\partial \theta} + i\hbar\cot\theta\cos\varphi\frac{\partial}{\partial \varphi} \pm \hbar\left(\cos\varphi\frac{\partial}{\partial \theta} - \cot\theta\sin\varphi\frac{\partial}{\partial \varphi}\right) \\ &= \hbar(\cos\varphi \pm i\sin\varphi)\left(\pm\frac{\partial}{\partial \theta}\right) - \hbar\cot\theta(\pm\sin\varphi - i\cos\varphi)\frac{\partial}{\partial \varphi} \\ &= \hbar(\cos\varphi \pm i\sin\varphi)\left(\pm\frac{\partial}{\partial \theta}\right) + i\hbar\cot\theta(\cos\varphi \pm i\sin\varphi)\frac{\partial}{\partial \varphi}\end{aligned}$$

となる。したがって、次式

$$L_\pm = \hbar e^{\pm i\varphi}\left(\pm\frac{\partial}{\partial \theta} + i\cot\theta\frac{\partial}{\partial \varphi}\right) \tag{8-106}$$

が成立する。
　状態 ψ に対する全微分の関係式から、

$$d\psi = \frac{\partial \psi}{\partial x}dx + \frac{\partial \psi}{\partial y}dy + \frac{\partial \psi}{\partial z}dz$$

が成立する。ここで，z軸の回りの微小回転を考えると，

$$dx = -r\sin\theta\sin\varphi d\varphi = -yd\varphi, \ dy = r\sin\theta\cos\varphi d\varphi = xd\varphi, \ dz = 0$$

となるので，

$$d\psi = \left(x\frac{\partial}{\partial y} - y\frac{\partial}{\partial x}\right)\psi d\varphi = -\frac{1}{i\hbar}L_z\psi d\varphi$$

が成立する。これから，

$$L_z = -i\hbar\frac{\partial}{\partial \varphi} \tag{8-107}$$

が成立する。さらに，$L^2 = \frac{1}{2}(L_+L_- + L_-L_+) + L_z^2$ であることに注目すれば，

$$\frac{1}{\hbar^2}L^2 = -\left[\frac{1}{\sin\theta}\frac{\partial}{\partial\theta}\left(\sin\theta\frac{\partial}{\partial\theta}\right) + \frac{1}{\sin^2\theta}\frac{\partial^2}{\partial\varphi^2}\right] \tag{8-108}$$

が成立する。これから，極座標表示 ∇^2 の角度部分に式(8-108)を用いて

$$\nabla^2 = \frac{1}{r^2}\frac{\partial}{\partial r}\left(r^2\frac{\partial}{\partial r}\right) - \frac{1}{\hbar^2}\frac{L^2}{r^2} \tag{8-109}$$

が成立する。

次に，角運動量演算子の固有値と固有関数について調べる。式(8-104)から，L^2とL_zが同時に確定した固有値をもつ状態ψが存在する。これを次式で表す。

$$L_z\psi = -i\hbar\frac{\partial\psi}{\partial\varphi} = \mu\psi \tag{8-110}$$

$$L^2\psi = \lambda\psi \tag{8-111}$$

式(8-110)の一般解は，Cをφに無関係な数として，

$$\psi = Ce^{i\mu\varphi/\hbar}$$

となるが，物理的に一価関数

$$\psi(\varphi) = \psi(\varphi + 2\pi)$$

であることが要求される。このことから，ある整数をmとして$\mu/\hbar = m$が成立しなければならない。また，$\langle\psi|\psi\rangle = 1$に規格化すれば，式(8-110)の解は

$$\psi = \frac{1}{\sqrt{2\pi}}e^{im\varphi} \quad (m = 0, \pm1, \pm2,,,) \tag{8-112}$$

である。ここで，$\mu = m\hbar$は角運動量L_zの固有値であり，mは磁気量子数という。同時に，式(8-112)を固有関数という。

次に，式(8-111)の固有値について調べる。式(8-110)，(8-111)から得られる

$$(L^2 - L_z^2)\psi = (L_x^2 + L_y^2)\psi = (\lambda - \mu^2)\psi$$

において，$\sqrt{\lambda} \geq |\mu|$が成立する。角運動量演算子の交換関係

$$[L_z, L_\pm] = L_z L_\pm - L_\pm L_z = [L_z, L_x] \pm i[L_z, L_y] = i\hbar L_y \pm \hbar L_x = \pm \hbar (L_x \pm i L_y) = \pm \hbar L_\pm$$

から

$$L_z L_\pm \psi(\lambda, \mu) = L_\pm L_z \psi(\lambda, \mu) \pm \hbar L_\pm \psi(\lambda, \mu) = (\mu \pm \hbar) L_\pm \psi(\lambda, \mu) \qquad (8\text{-}113)$$

が成立し，$L_\pm$ が昇降演算子と言われる所以である。

式(8-104)から式(8-110)と式(8-111)が同時に成立することになる。したがって，式(8-113)から $L_\pm$ の演算を繰り返すと，固有値の組として

$$,,, ,(\lambda, \mu - 2\hbar), (\lambda, \mu - \hbar), (\lambda, \mu), (\lambda, \mu + \hbar), (\lambda, \mu + 2\hbar), ,,,$$

が許されることになる。しかしながら，条件式 $\sqrt{\lambda} \geq |\mu|$ のために L_z の固有値には上限 μ_L，下限 μ_S が存在しなければならない。この場合，

$$L_- \psi(\lambda, \mu_S) = 0, \ L_+ \psi(\lambda, \mu_L) = 0$$

が物理的に成立する。したがって，次式

$$L_+ L_- \psi(\lambda, \mu_S) = \left(L_x^2 + L_y^2 + i(L_y L_x - L_x L_y)\right) \psi(\lambda, \mu_S)$$
$$= \left(L_x^2 + L_y^2 + \hbar L_z\right) \psi(\lambda, \mu_S) = (\lambda - \mu_S^2 + \hbar \mu_S) \psi(\lambda, \mu_S) = 0$$

$$L_- L_+ \psi(\lambda, \mu_L) = \left(L_x^2 + L_y^2 + i(L_x L_y - L_y L_x)\right) \psi(\lambda, \mu_L)$$
$$= \left(L_x^2 + L_y^2 - \hbar L_z\right) \psi(\lambda, \mu_L) = (\lambda - \mu_L^2 - \hbar \mu_L) \psi(\lambda, \mu_L) = 0$$

が成立する。これから，$\lambda - \mu_S^2 + \hbar \mu_S = \lambda - \mu_L^2 - \hbar \mu_L = 0$ となり，変形して

$$(\mu_L + \mu_S)(\mu_L - \mu_S + \hbar) = 0$$

となるが，$\mu_L > \mu_S$ から関係式

$$\mu_S = -\mu_L \qquad (8\text{-}114)$$

が得られる。したがって，$2l = \mu_L - \mu_S$ とすれば $\mu_L = l\hbar, \mu_S = -l\hbar$ となり，

$$\lambda = l(l+1)\hbar^2 \qquad (8\text{-}115)$$

が得られる。

上で求めた量子状態を固有関数 $\psi(l, m)$ とすると，

$$\begin{cases} L^2 \psi(l, m) = l(l+1)\hbar^2 \psi(l, m) \\ L_z \psi(l, m) = m\hbar \psi(l, m) \end{cases}$$

で表される。これから，1つの量子状態 l 対して $(2l+1)$ の量子状態 m が縮重していることになる。

質量 m の自由粒子が全エネルギー E の状態で運動している問題を

$$-\frac{\hbar^2}{2m} \nabla^2 \psi(r, \theta, \varphi) = E \psi(r, \theta, \varphi)$$

で表すと，式(8-109)を用いて上式は

$$\left\{ \frac{1}{r^2} \frac{\partial}{\partial r} \left(r^2 \frac{\partial}{\partial r} \right) - \frac{L^2}{\hbar^2 r^2} + \frac{2mE}{\hbar^2} \right\} \psi(r, \theta, \varphi) = 0$$

となる。ここで，L^2 の固有値に注目すれば上式は

$$\left\{\frac{1}{r^2}\frac{d}{dr}\left(r^2\frac{d}{dr}\right)-\frac{l(l+1)}{r^2}+\frac{2mE}{\hbar^2}\right\}\psi(r)=0$$

として動径部分に関する常微分方程式となる。

　前述したように，ミクロ粒子の集団運動を表す拡散方程式に含まれる拡散係数は単一ミクロ粒子の挙動から決定される。したがって，拡散係数は従来の古典力学的な描像ではなく，量子力学的な効果を取り入れて検討するべきである。

(v) トンネル効果

　古典力学における粒子像の概念では理解できない量子力学特有の現象としてトンネル効果がある。以下で，簡単な2次元問題を解析してトンネル効果を説明する。

　図[8-2]に示しているように，(x,y) 平面上の $0 \leq x \leq l$ に一定のポテンシャル $y=V_0$ があり，$x<0, x>l$ ではポテンシャル $y=0$ であるとする。このとき，エネルギー $E(>0)$ の定常状態について考察する。この物理系の Schrödinger 方程式は

$$\left\{-\frac{\hbar^2}{2m}\frac{d^2}{dx^2}+V_0\right\}\psi(x)=E\psi(x) \tag{8-116}$$

である。線形常微分方程式(8-116)は $k^2=2m(V_0-E)/\hbar^2$ とすれば，

$$\left\{\frac{d^2}{dx^2}-k^2\right\}\psi(x)=0 \tag{8-117}$$

となる。式(8-117)の一般解は

$$\psi(x)=A_1 e^{kx}+A_2 e^{-kx} \tag{8-118}$$

であるが，V_0 の存在領域に関連して関数 $\psi(x)$ の存在領域や k の虚実を具体的に検討しなければならない。

(a) $x<0, x>l$ の場合は $V_0=0$ であり，k は虚数となる。このとき，k の値を $k_1=\sqrt{2mE}/\hbar$ として $k=ik_1$ を式(8-118)に代入する。ここで，波動の進行方向と入射波の規格化を勘案して，求める解は積分定数 R, T を用いて

$$\begin{aligned} x<0 &: \psi(x)=e^{ik_1x}+Re^{-ik_1x} \\ x>l &: \psi(x)=Te^{ik_1x} \end{aligned} \tag{8-119}$$

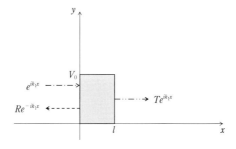

図[8-2]　量子のトンネル効果

として得られる。式(8-119)において，e^{ik_1x}，Re^{-ik_1x}，Te^{ik_1x} はそれぞれ入射波，反射波，透過波を表している。

(b) $0 \leq x \leq l$ のときは，入射エネルギー E の大きさに応じて k が虚数の場合と実数の場合がある。このとき，k の値を $k_2 = \sqrt{2m(E-V_0)}/\hbar$ として $k = ik_2$ を式(8-118)に代入する。したがって，式(8-118)の解は

$$\psi(x) = A_1 e^{ik_2 x} + A_2 e^{-ik_2 x} \tag{8-120}$$

となる。

　以下で，波動関数およびその導関数が $x=0, x=l$ で連続である条件と波動関数の規格化条件から，反射率 $|R|^2$ と透過率 $|T|^2$ を求める。最初に，連続の方程式について述べておく。

Schrödinger 方程式

$$i\hbar \frac{\partial}{\partial t}\psi(t,r) = \left\{-\frac{\hbar^2}{2m}\nabla^2 + V\right\}\psi(t,r) \tag{8-121}$$

の両辺の複素共役をとると，

$$-i\hbar \frac{\partial}{\partial t}\bar{\psi}(t,r) = \left\{-\frac{\hbar^2}{2m}\nabla^2 + V\right\}\bar{\psi}(t,r) \tag{8-122}$$

となる。式(8-121)の両辺に左から $\bar{\psi}(t,r)$ を掛け，式(8-122)の両辺に左から $\psi(t,r)$ を掛けてその差をとると，

$$\left\{i\hbar\bar{\psi}(t,r)\frac{\partial}{\partial t}\psi(t,r) + i\hbar\psi(t,r)\frac{\partial}{\partial t}\bar{\psi}(t,r)\right\}$$
$$= \bar{\psi}(t,r)\left\{-\frac{\hbar^2}{2m}\nabla^2 + V\right\}\psi(t,r) - \psi(t,r)\left\{-\frac{\hbar^2}{2m}\nabla^2 + V\right\}\bar{\psi}(t,r)$$

となるが，さらに，$\bar{\psi}(t,r)\psi(t,r) = \psi(t,r)\bar{\psi}(t,r)$ であるので，次式

$$\frac{\partial}{\partial t}\bar{\psi}(t,r)\psi(t,r) = \frac{i\hbar}{2m}\left\{\bar{\psi}(t,r)\nabla^2\psi(t,r) - \psi(t,r)\nabla^2\bar{\psi}(t,r)\right\} \tag{8-123}$$

に変形できる。したがって，

$$\rho = \bar{\psi}(t,r)\psi(t,r), \ |J\rangle = -\frac{i\hbar}{2m}\left\{\bar{\psi}(t,r)\nabla\psi(t,r) - \psi(t,r)\nabla\bar{\psi}(t,r)\right\} \tag{8-124}$$

とすると，式(8-123)は連続の方程式

$$\frac{\partial \rho}{\partial t} + \langle \tilde{\nabla}|J\rangle = 0 \tag{8-125}$$

となる。ここで，

$$\bar{\psi}(t,r)\nabla^2\psi(t,r) - \psi(t,r)\nabla^2\bar{\psi}(t,r) = \nabla \cdot \left\{\bar{\psi}(t,r)\nabla\psi(t,r) - \psi(t,r)\nabla\bar{\psi}(t,r)\right\}$$

について，実関数 $\psi_1(t,r)$，$\psi_2(t,r)$ を用いて $\psi(t,r) = \psi_1(t,r) + i\psi_2(t,r)$ とすると，

$$\begin{aligned}
&\bar{\psi}(t,r)\nabla\psi(t,r) - \psi(t,r)\nabla\bar{\psi}(t,r) \\
&= \{\bar{\psi}_1(t,r) - i\bar{\psi}_2(t,r)\}\nabla\{\psi_1(t,r) + i\psi_2(t,r)\} - \{\psi_1(t,r) + i\psi_2(t,r)\}\nabla\{\bar{\psi}_1(t,r) - i\bar{\psi}_2(t,r)\} \\
&= \bar{\psi}_1(t,r)\nabla\psi_1(t,r) + \bar{\psi}_2(t,r)\nabla\psi_2(t,r) - \psi_1(t,r)\nabla\bar{\psi}_1(t,r) - \psi_2(t,r)\nabla\bar{\psi}_2(t,r) \\
&\quad + i\{\bar{\psi}_1(t,r)\nabla\psi_2(t,r) - \bar{\psi}_2(t,r)\nabla\psi_1(t,r) + \psi_1(t,r)\nabla\bar{\psi}_2(t,r) - \psi_2(t,r)\nabla\bar{\psi}_1(t,r)\} \\
&= 2i\{\bar{\psi}_1(t,r)\nabla\psi_2(t,r) - \bar{\psi}_2(t,r)\nabla\psi_1(t,r)\}
\end{aligned}$$

であるので,

$$|J\rangle = \frac{\hbar}{m}\mathrm{Im}\{\bar{\psi}(t,r)\nabla\psi(t,r)\}$$

となる.

以上から,式(8-119)に対して確率流束$|J\rangle$の大きさ$J(x)$を求めると,

$$\begin{aligned}
J(x<0) &= \frac{\hbar}{m}\mathrm{Im}\left[\{e^{-ik_1 x} + \bar{R}e^{ik_1 x}\}\frac{\partial}{\partial x}\{e^{ik_1 x} + Re^{-ik_1 x}\}\right] \\
&= \frac{\hbar k_1}{m}\mathrm{Re}\left[\{e^{-ik_1 x} + \bar{R}e^{ik_1 x}\}\{e^{ik_1 x} - Re^{-ik_1 x}\}\right] \\
&= \frac{\hbar k_1}{m}\left(1 - |R|^2\right)
\end{aligned} \tag{8-126}$$

$$\begin{aligned}
J(x>l) &= \frac{\hbar}{m}\mathrm{Im}\left\{\bar{T}e^{-ik_1 x}\frac{\partial}{\partial x}Te^{ik_1 x}\right\} \\
&= \frac{\hbar k_1}{m}|T|^2
\end{aligned} \tag{8-127}$$

式(8-126)と式(8-127)の意味するところは,規格化された入射波の流束は反射波と透過波の流束の和に等しいとき,関係式

$$|R|^2 + |T|^2 = 1 \tag{8-128}$$

が成立することを意味する.物理的には,反射波の存在はポテンシャルV_0の存在によるものであり,以下で波動関数およびその導関数の$x=0, x=l$での連続条件と波動関数の規格化条件から,具体的に反射率$|R|^2$と透過率$|T|^2$を求める.

波動関数とその微分係数の連続条件から,$x=0$で波動関数$\psi(x) = e^{ik_1 x} + Re^{-ik_1 x}$と$\psi(x) = A_1 e^{ik_2 x} + A_2 e^{-ik_2 x}$について,

$$\begin{cases} 1 + R = A_1 + A_2 \\ k_1(1 - R) = k_2(A_1 - A_2) \end{cases} \tag{8-129}$$

が得られる.$x = l$では,$\psi(x) = Te^{ik_1 x}$と$\psi(x) = A_1 e^{ik_2 x} + A_2 e^{-ik_2 x}$について,

$$\begin{cases} Te^{ik_1 l} = A_1 e^{ik_2 l} + A_2 e^{-ik_2 l} \\ k_1 Te^{ik_1 l} = k_2(A_1 e^{ik_2 l} - A_2 e^{-ik_2 l}) \end{cases} \tag{8-130}$$

が成立する.したがって,式(8-129),(8-130)からA_1, A_2を消去して,次式が得られる.

$$R = \left(k_2^2 - k_1^2\right)\left(e^{ik_2 l} - e^{-ik_2 l}\right) \Big/ \left\{(k_2 + k_1)^2 e^{-ik_2 l} - (k_2 - k_1)^2 e^{ik_2 l}\right\} \tag{8-131}$$

$$T = 4k_1 k_2 e^{-ik_1 l} \Big/ \left\{ (k_2 + k_1)^2 e^{-ik_2 l} - (k_2 - k_1)^2 e^{ik_2 l} \right\} \tag{8-132}$$

$E \geq V_0$ のとき，式(8-131)，(8-132)は

$$|R| = V_0 \left| \sin\left(l\sqrt{2m(E-V_0)}/\hbar\right) \right| / K_1 \tag{8-133}$$

$$|T| = 2\sqrt{E(E-V_0)}/K_1 \tag{8-134}$$

となる．ここで，K_1 を

$$K_1 = \left| 2\sqrt{E(E-V_0)} \cos\left(l\sqrt{2m(E-V_0)}/\hbar\right) - i(2E-V_0)\sin\left(l\sqrt{2m(E-V_0)}/\hbar\right) \right|$$

$$K_1^2 = \left| 4E^2 - 4EV_0 + V_0^2 \sin^2\left(l\sqrt{2m(E-V_0)}/\hbar\right) \right|$$

として用いた．

式(8-133)，(8-134)は式(8-128)を満たしている．古典力学における粒子像とは異なり，量子力学では式(8-133)は $V_0 \neq 0$ である限り反射波が存在することを示している．また，$E = V_0$ の場合，式(8-133)，(8-134)は不定形となるが，極限 $E \to V_0$ をとれば

$$|R|^2 = 1/\left(1 + 2\hbar^2/ml^2 V_0\right), \quad |T|^2 = \left(2\hbar^2/ml^2 V_0\right)/\left(1 + 2\hbar^2/ml^2 V_0\right)$$

となる．

$E < V_0$ のときは，式(8-131)，(8-132)において $ik_2 = k_2' = \sqrt{2m(V_0-E)}/\hbar$ として

$$R = \left(-k_2'^2 - k_1^2\right)\left(e^{k_2' l} - e^{-k_2' l}\right) \Big/ \left\{ (-ik_2' + k_1)^2 e^{-k_2' l} - (-ik_2' - k_1)^2 e^{k_2' l} \right\} \tag{8-135}$$

$$T = -4ik_1 k_2' e^{-ik_1 l} \Big/ \left\{ (-ik_2' + k_1)^2 e^{-k_2 l} - (-ik_2' - k_1)^2 e^{k_2 l} \right\} \tag{8-136}$$

となる．式(8-135)，(8-136)から

$$|R| = \left| V_0 \sinh\left(l\sqrt{2m(V_0-E)}/\hbar\right) \right| / K_2 \tag{8-137}$$

$$|T| = 2\sqrt{E(V_0-E)}/K_2 \tag{8-138}$$

となる．ここで，K_2 は

$$K_2 = \left| (-ik_2 + k_1)^2 e^{k_2 l} - (-ik_2 - k_1)^2 e^{-k_2 l} \right|$$

$$= \left| (2E - V_0) \sinh\left(l\sqrt{2m(V_0-E)}/\hbar\right) - i2\sqrt{(V_0-E)} \cosh\left(l\sqrt{2m(V_0-E)}/\hbar\right) \right|$$

$$K_2^2 = 4E(V_0 - E) + V_0^2 \sinh^2\left(l\sqrt{2m(V_0-E)}/\hbar\right)$$

である．

式(8-137)，(8-138)から $E < V_0$ のときも式(8-128)を満たしている．古典力学の粒子像では，$E > V_0$ のときはポテンシャルによる反射は想定し難い．一方，$E < V_0$ のときは，粒子の透過を想定できない．しかしながら，上記 $|R|$，$|T|$ の結果を見れば，量子力学ではトンネル効果が存在し，この量子の挙動は拡散の素過程に本質的な影響を与えていると思われる．

付録 8-A　Legendre 関数

Legendre 関数の積 $P_n(x)P_m(x)$ を $-1 \leq x \leq 1$ の範囲で x について積分して

$$\sum_{n=0}^{\infty}\sum_{m=0}^{\infty}\left(\int_{-1}^{1} P_n(x)P_m(x)dx\right)r^n s^m$$
$$= \int_{-1}^{1}\frac{1}{\sqrt{1-2rx+r^2}}\frac{1}{\sqrt{1-2sx+s^2}}dx = \frac{1}{2\sqrt{rs}}\int_{-1}^{1}\frac{1}{\sqrt{(x-a)^2-b^2}}dx$$
$$= \frac{1}{2\sqrt{rs}}\left[\ln\left|x-a+\sqrt{(x-a)^2-b^2}\right|\right]_{-1}^{1} = \frac{1}{\sqrt{rs}}\ln\left|\frac{1+\sqrt{rs}}{1-\sqrt{rs}}\right|$$

となる。ここで,

$$a = \frac{1}{4}\left(r+s+\frac{1}{r}+\frac{1}{s}\right) = \frac{1}{4}\left(\sqrt{r}\pm\frac{1}{\sqrt{r}}\right)^2 + \frac{1}{4}\left(\sqrt{s}\pm\frac{1}{\sqrt{s}}\right)^2 \mp 1$$
$$b = \frac{1}{4}\left(r-s+\frac{1}{r}-\frac{1}{s}\right) = \frac{1}{4}\left(\sqrt{r}\pm\frac{1}{\sqrt{r}}\right)^2 - \frac{1}{4}\left(\sqrt{s}\pm\frac{1}{\sqrt{s}}\right)^2$$

とした。上式で

$$\frac{1}{\sqrt{rs}}\ln\left|\frac{1+\sqrt{rs}}{1-\sqrt{rs}}\right|$$

を Taylor 展開すれば,

$$\frac{1}{\sqrt{rs}}\ln\left|\frac{1+\sqrt{rs}}{1-\sqrt{rs}}\right| = \sum_{n=0}^{\infty}\frac{2}{2n+1}r^n s^n$$

が得られる。したがって, 次式

$$\sum_{n=0}^{\infty}\sum_{m=0}^{\infty}\left(\int_{-1}^{1} P_n(z)P_m(z)dz\right)r^n s^m = \sum_{n=0}^{\infty}\frac{2}{2n+1}r^n s^n$$

が成立する。

以上の結果から, Legendre の多項式の直交性

$$\int_{-1}^{1} P_n(z)P_m(z)dz = \begin{cases} 0 & : n \neq m \\ \dfrac{2}{2n+1} & : n = m \end{cases}$$

が成立する。したがって, $P_n(z)\sqrt{2n+1}/\sqrt{2}$ は実軸上の区間 $-1 \leq z \leq 1$ で正規直交関数系を構成している。

付録 8-B Rodriguesの公式

Legendreの多項式の表式として，l回の微分を含むが，簡便なRodriguesの公式を示し，Schlaefliによる$P_l(x)$の積分表示を明らかにしておく。2項定理を用いて次式が成立する。

$$(x^2-1)^l = \sum_{\lambda=0}^{l} (-1)^\lambda \,_lC_\lambda x^{2(l-\lambda)} \tag{B-1}$$

式(B-1)をl回微分して

$$\frac{d^l}{dx^l}(x^2-1)^l = \sum_{\lambda=0}^{l} (-1)^\lambda \,_lC_\lambda \frac{(2l-2\lambda)!}{(l-2\lambda)!} x^{l-2\lambda} \tag{B-2}$$

が得られる。上式の右辺は具体的に

$$\frac{(2l)!}{l!}\left\{ x^l - \frac{l(l-1)}{2(2l-1)} x^{l-2} + \cdots \right\}$$

となる。したがって，$(2l)! = 2^l l!(2l-1)(2l-3)\cdots 1$を勘案して，式(B-2)と$P_l(x)$の定義式(8-85)を比較して，

$$P_l(x) = \frac{1}{2^l l!} \frac{d^l}{dx^l}(x^2-1)^l \tag{B-3}$$

が成立する。これをRodriguesの公式という。

Cauchyの積分定理

$$\frac{1}{2\pi i} \oint_C \frac{f(z)}{z-z_0} dz = f(z_0) \tag{B-4}$$

において，$z_0 = x$としてxについてl回微分すれば，

$$\frac{d^l}{dx^l} f(x) = \frac{l!}{2\pi i} \oint_C \frac{f(z)}{(z-x)^{l+1}} dz \tag{B-5}$$

となる。ここで，$f(x) = (x^2-1)^l$とすれば，式(B-5)から$P_l(x)$の積分表示として

$$P_l(x) = \frac{2^{-l}}{2\pi i} \oint_C \frac{(z^2-1)^l}{(z-x)^{l+1}} dz \tag{B-6}$$

が得られる。これをSchlaefliの公式という。さらに，半径$\sqrt{|x^2-1|}$の円を積分路にとり，$z = x + \sqrt{x^2-1}\, e^{i\theta}$として$\theta$の積分に変換することで，式(B-6)は

$$P_l(x) = \frac{1}{\pi} \int_0^\pi \left(x + \sqrt{x^2-1}\cos\theta\right)^l d\theta$$

に書き換えられる。

以上の関係式を用いても$P_l(x)$の直交性

$$\int_{-1}^{1} P_l(x) P_{l'}(x) dx = \frac{2}{2l+1} \delta_{ll'}$$

が確かめられる。ここで，$l' > l$として式(B-6)を用いると

$$\int_{-1}^{1} P_l(x) P_{l'}(x) dx = \frac{1}{2^{l+l'} l! l'!} \int_{-1}^{1} \frac{d^l}{dx^l}(x^2-1)^l \frac{d^{l'}}{dx^{l'}}(x^2-1)^{l'} dx \tag{B-7}$$

が成立する。ここで，被積分関数について部分積分

$$\frac{d^l}{dx^l}(x^2-1)^l \frac{d^{l'}}{dx^{l'}}(x^2-1)^{l'} = \frac{d}{dx}\left\{\frac{d^l}{dx^l}(x^2-1)^l \frac{d^{l'-1}}{dx^{l'-1}}(x^2-1)^{l'}\right\} - \frac{d^{l+1}}{dx^{l+1}}(x^2-1)^l \frac{d^{l'-1}}{dx^{l'-1}}(x^2-1)^{l'}$$

を適用して

$$\int_{-1}^{1} P_l(x) P_{l'}(x) dx = \frac{(-1)^l}{2^{l+l'} l! l'!} \int_{-1}^{1} (x^2-1)^l \frac{d^{l+l'}}{dx^{l+l'}}(x^2-1)^{l'} dx \tag{B-8}$$

となる。

式(B-8)において，$l+l' > 2l$ であるので $\frac{d^{l+l'}}{dx^{l+l'}}(x^2-1)^l = 0$ となり積分値はゼロとなる。このことは，$l' < l$ の場合でも全く同様である。そこで，$l = l'$ の場合を調べると，

$$\int_{-1}^{1} \{P_l(x)\}^2 dx = \frac{(-1)^l}{2^{2l}(l!)^2} \int_{-1}^{1} (x^2-1)^l \frac{d^{2l}}{dx^{2l}}(x^2-1)^l dx$$

$$= \frac{(-1)^l (2l)!}{2^{2l}(l!)^2} \int_{-1}^{1} (x^2-1)^l dx$$

が成立する。上式の積分において，$x = \cos\theta$ とすれば，

$$\int_{-1}^{1} (x^2-1)^l dx = (-1)^l 2 \int_{0}^{\frac{\pi}{2}} \sin^{2l+1}\theta d\theta = \frac{(-1)^l 2^{l+1} l!}{3 \cdot 5 \cdots (2l+1)}$$

となるので，以上の結果から

$$\int_{-1}^{1} P_l(x) P_{l'}(x) dx = \frac{2}{2l+1} \delta_{ll'}$$

が成立し，直交関数系を構成することが示される。

参考文献・参考書

　本書は拡散問題全般に関する基礎理論を応用数学の視点から述べたものであり，拡散研究の最前線の研究に直接役立つものではない．しかしながら，応用数学の視点からとは言っても，拡散現象の物理学を把握しておくことは必要不可欠である．そこで，拡散に関する多数の書籍の中で拡散問題全般について，拡散現象の物理学を理解するための参考書としては，

(1)　A. C. Damask and G. J. Dienes : Point Defects in Metals, Gordon & Breach, Science Publishers, New York, 1971.

(2)　P. G. Shewmon : Diffusion in Solids, MaGraw-Hill, 1963.
　　　邦訳：笛木和雄，北沢宏一，固体内の拡散，コロナ社，1976.

(3)　Editor, H. I. Aaronson : Diffusion, the American Society for Metals, Metal Park Ohio, 1972.

(4)　L. A. Girifalco : Atomic Migration in Crystals, Blaisdell Pub. Co., 1964.
　　　邦訳：北田正弘，入門 結晶中の原子の拡散，共立全書，1980.

(5)　D. Shaw, J. C. Brice, H. C. Casey, Jr., S. M. Hu, D. A. Stevenson, R. A. Swalin, J. Bruce Wangner, Jr., T. H. Yeh : ATOMIC DIFFUSION IN SEMICONDUCTORS, PLENUM PRESS, LONDON and NEW YORK, 1973.

(6)　Editors, G. E. Murch ; Hans Neber-Aeschbacher, Fred H. and David J. Fisher ; R. A. Pethrick, P. C. T. D. Ajello, T. Okino, H. Cerva, D. P. Yu et.al, P. G. Baranov, F. A. Lewis et.al : DEFECT AND DIFFUSION FORUM, SCITEC PUBLICATIONS Ltd, Switzerland, 1997.

(7)　Editor, R. P. Agarwala ; T. Okino, J. Dabrowski, H. Kitagawa, J. C. Bourgoin, H. Overhof, S. P. Murarka, M. Milosavljevic et.al, R. Jones et.al, C. Vautier : Special Defects in Semiconducting Materials, SCITEC PUBLICATIONS Ltd, Switzerland, 2000.

を挙げておきたい．これらの参考書は古いものもあるが，拡散の基礎理論を把握するには十分である．また，拡散問題全般について拡散の各論について網羅したものとして最近出版された

(8)　Helmut Mehrer : Diffusion in Solids, Springer-Verlag Berlin Heidelberg, 2007.
　　　邦訳：藤川辰一郎，固体中の拡散，丸善出版，2012.

がある．本書は材料科学における拡散研究の意義を把握するのに役立つ．また，この書籍には最近に至るまでの多数の参考書・参考文献が引用されており，拡散問題の詳細を調べるには役立つと考えられる．

　拡散に関する数学の参考書としては，

(9)　J. Crank : The Mathematics in Diffusion, Oxford 1956.

(10)　H. S. Carslaw and J. C. Jaeger : Conduction of Heat in Solid, Second Edition, Oxford, 1959.

がよく知られている．これらは，数学的な視点から拡散問題を解析した専門書であるが，拡散関係の初学者にとっては物理的なイメージを把握することが難しい．また，(10)は拡散方程式が熱方程式と同等である前提で解析されており，物理的な状態量(温度)に関する熱伝導方程式と物理的な実体量(濃度)に関する拡散方程式との相異については議論されていない．

　参考文献としては，本書は従来とは異なる視点から拡散の基礎問題を論じたものであり，本

書の中核をなす理論構成は，最近発表した一連の拙著下記7論文

[1] New Mathematical Solution for Analyzing Interdiffusion Problems
 Takahisa Okino, *Maters. Trans.*, **52**, No.12, 2220–2227(2011).

[2] Brownian Motion in Parabolic Space
 Takahisa Okino, *J. Mod. Phys.*, **3**, No.3, 255–259(2012).

[3] Theoretical Evidence for Revision of Fickian First Law and New Understanding of Diffusion Problems
 Takahisa Okino, *J. Mod. Phys.*, **3**, No.10, 1388–1393(2012).

[4] Correlation between Diffusion Equation and Schrödinger Equation
 Takahisa Okino, *J. Mod. Phys.*, **4**, No.5, 612–615(2013).

[5] Ending of Darken Equation and Intrinsic Diffusion Concept
 Takahisa Okino, *J. Mod. Phys.*, **4**, No.10, 1350–1353(2013).

[6] Diffusion Theory of Many Elements System
 Takahisa Okino, *Applied Physics Research*, **6**, No.2, 1–7(2014).

[7] Mathematical Physics in Diffusion Problems
 Takahisa Okino, *J. Mod. Phys.*, **6**, No.12, 2109–2144(2015).

を加筆再編集したものである。以下で，各章における参考書について述べる。

第1章では，量子力学誕生までの物理学史については

(11) 辻哲夫，広重徹，西尾成子，八木江里，小川功，谷口亘　編集：物理学古典論文叢書，1〜12，東海大学出版会，1970．

に詳細な研究史が紹介されている。また，量子力学誕生に向けての物理学史的な意義については

(12) 朝永振一郎：量子力学 I, II, みすず書房，1952．

に論述されている。Brown運動については

(13) 米沢冨美子：ブラウン運動，共立出版，1986．

にコンパクトに纏められている。また，ここでの参考書・参考文献はBrown運動を理解する上で役立つと考えられる。さらに，Einsteinの理論については

(14) 湯川秀樹監修：アインシュタイン選集1〜3，共立出版，1971．

に見ることができる。

　第2章での議論は，参考文献[4]を加筆して論じたものである。したがって，文献[4]の内容を把握する上で必要に応じて第7, 8章に示した書籍を参照されたい。

　第3章は，典型的な拡散問題を変数分離解法および積分変換解法によって具体的に解析したものである。これらの解析は複雑であり，通常の拡散に関する教科書では結果だけが示されている。解析過程を理解するには応用数学の教科書を何冊か見る必要があるが，本書では便宜上第7章を設けており，必要に応じて第7章を参照して頂きたい。なお，拡散方程式は第4章での放物空間における解析が優位であるが，その比較検討のためにも具体的な解析例を示した。

　第4章における放物空間の解析方法は前例のないものである。ここでは，参考文献[1]，[2]

の解説を示したものである．放物空間での拡散方程式の解析は，第3章での積分変換による解析や変数分離法に比べて容易に直接初等積分によって拡散方程式が解析できることが判明するであろう．

第5章では，参考文献[3]に基づいて拡散方程式の座標系設定に関する議論を展開している．拡散史において，拡散方程式の座標系設定の議論が行われていない．しかしながら，拡散方程式を解析して拡散現象を把握するためには，拡散方程式の座標系設定に関する議論が必要不可欠であることが認識されるであろう．

第6章では，第5章での理論にしたがって文献[5]，[6]に示した相互拡散問題を論じている．従来の拡散理論における問題点を新たな視点から合理的に論じている．ここでの議論について参考書(1)〜(10)をも参照して比較検討されたい．基礎数理物理学に基づいて得られた拡散理論の新知見は，拡散実験の結果を把握する上で極めて有意なものと考えられる．

第7章は，物理学や工学で必須と思われる数学分野について，大分大学の学部生・大学院生への講義ノートを再編集したものである．ここでの数学理論について次の参考書を挙げておきたい．

(15) 高木貞治：解析概論(増訂版)，岩波書店，1943．

(16) Henry Margenau and George Moseley Murphy : The Mathematics of Physics and Chemistry, D. VAN NOSTRAND COMPANY, Inc., 1943.

　　邦訳：佐藤次彦，国宗真，物理と化学のための数学 I, II，共立出版，1953．

(17) R. Courant and D. Hilbert : Methoden der Mathematischen Physik, Berlin, Verlag von Julius Springer, 1937.

　　邦訳：丸山滋弥，斎藤利弥，数理物理学の方法 1〜4，東京図書，1984．

(18) 矢野健太郎，石原繁：解析概論，裳華房，1982．

(19) 寺沢寛一：自然科学者のための数学概論，岩波書店，1954．

(20) 松浦武信，吉田正廣，小泉義晴：物理・工学のためのグリーン関数入門，2000．

数学の守備範囲は広く，他の関連数学書をも参照されたい．

第8章は拡散現象の素過程を理解する上で必要と思われる物理学分野の一部を書きしたためたものである．したがって，物理学の本質を理解するためには下記の参考書を並読されたい．

(21) 久保亮五：統計力学：共立出版，2003．

(22) Л. Ландау и Е. Дифшиц : МЕХАНИКА, Москва, 1965.

　　邦訳：広重徹，水戸巌：力学，東京図書，1967．

(23) L. I. Shiff : QUANTUM MECHANICS, McGRAW-HILL BOOK COMPANY, INC., 1955.

　　邦訳：井上健：量子力学 上，下，吉岡書店，1957．

(24) 平川浩正：電磁気学，培風館，1986．

(25) А. С. Компанеец : ТЕОРЕТИЧЕСКАЯ ФИЗИКА, Москва, 1961.

　　邦訳：山内恭彦，高見穎郎，理論物理学，岩波書店，1964．

索 引

A～E

Avogadro の法則または Avogadro 定数・3, 15, 36
Bessel の不等式 ・・・・・・・・・・・・・・・・・・・ 137, 172
Boltzmann 分布 ・・・・・・・・・・・・・・・・・・・・・ 26, 123
Boltzmann 因子 ・・・・・・・・・・・ 12, 35, 121, 185, 188
Boltzmann の原理 ・・・・・・・・・・・・・・・・・・・・・ 10, 12
Boltzmann 定数 ・・・・・・・・・・・・・・・・・・・・・・・ 12, 25
Boltzmann 変換式 ・・・・・・・・・・・・・・・・・・・・・・ 6, 63
Boltzmann の分子運動論 ・・・・・・・・・・・・・・・・ 3, 12
Boyle Charles の法則 ・・・・・・・・・・・・・・ 3, 10, 110
Brown 運動 ・・・・・・・・・・・・・・・・ 2, 23, 33, 40, 110
微分作用素または微分演算子 ・・・・ 10, 23, 62, 155
物質波 ・・・・・・・・・・・・・・・・・・・・・・・・・・ 5, 38, 192
物質保存則または物質保存の方程式 ・・・ 11, 28, 95
Cauchy の積分定理 ・・・・・・・・・・・・・・・・・・・・・・ 130
Cauchy の積分公式 ・・・・・・・・・・・・・・ 51, 131, 166
Cauchy Riemann の関係式 ・・・・・・・・・・・・・・・ 131
超関数 ・・・・・・・・・・・・・・・・・・・・・・・・・・・・・・・・ 147
直交関数系 ・・・・・・・・・・・・・・・・・・・・・ 44, 136, 208
調和振動(子) ・・・・・・・・・・・・・・・・・・・・・・・ 21, 187
Compton 効果 ・・・・・・・・・・・・・・・・・・・・・・・・ 4, 190
楕円型の(偏)微分方程式 ・・・・・・・・・・・・・・・ 29, 65
Darken 式 ・・・・・・・・・・・・・・・・・・・・・・・・・・・ 6, 114
de Broglie の仮説 ・・・・・・・・・・・・・・・・・・・ 5, 39, 192
電荷保存則 ・・・・・・・・・・・・・・・・・・・・・・・・・・・・・・ 30
デルタ関数または δ 関数 ・・・・・・・ 49, 54, 147, 158
Dirac の Bracket ・・・・・・・・・・・・・・・・・・ 10, 18, 136
Doppler 効果 ・・・・・・・・・・・・・・・・・・・・ 83, 94, 103
Drift Velocity ・・・・・・・・・・・・・・・・・・・・・・・ 37, 118
Driving Force ・・・・・・・・・・・・・・・・・・・・・・・ 36, 121
Einstein の関係式 ・・・・・・・・・・・・・・・・・ 16, 25, 123
Euler の関係式 ・・・・・・・・・・・・・・・・・ 127, 171, 183
Euler の方程式 ・・・・・・・・・・・・・・・・・・・・・・・・・ 156
エネルギー最小の原理 ・・・・・・・・・・・・ 22, 86, 186
エネルギー等分配則 ・・・・・・・・・・・・ 3, 36, 106, 187
エネルギー量子 ・・・・・・・・・・・・・・・・・・・・・・・・・・・ 3
エントロピー(増大の法則) ・・・ 10, 12, 75, 179, 186

F～J

Fejer の定理 ・・・・・・・・・・・・・・・・・・・・・・・・・・・ 172
Fick の第 1 法則 ・・・・・・・・・・・・・・ 6, 20, 105, 116
Fick の第 2 法則 ・・・・・・・・・・・・・・・ 6, 20, 95, 116
Fourier 級数 ・・・・・・・・・・・・・・・・・・・・ 44, 138, 170
Fourier 変換 ・・・・・・・・・・・・・・・・・・・ 6, 45, 140, 165
Fourier の熱伝導方程式 ・・・・・・・・・・・・・ 5, 21, 82
Frenkel 欠陥 ・・・・・・・・・・・・・・・・・・・・・・・・・ 56, 91
不純物拡散(係数) ・・・・・・・・・・・・ 20, 24, 75, 97, 105
不活性マーカー ・・・・・・・・・・・・・・・・ 94, 98, 102, 118
不確定性原理 ・・・・・・・・・・・・・・・・・・・・・・・ 7, 40, 193
Gauss 積分 ・・・・・・・・・・・・・・・・・・・・・・・・ 9, 45, 150
Gauss 分布または Gauss 関数 ・・・・・・・・・・・ 8, 150
Gauss の発散定理 ・・・・・・・・・・・・・・・・・ 5, 18, 30, 89
合成積または合成関数 ・・・・・・・・・・・・・ 48, 141, 147
誤差関数 ・・・・・・・・・・・・・・・・・・・・・・・・ 9, 46, 65, 76
Green 関数 ・・・・・・・・・・・・・・・・・・・・ 29, 49, 158, 165
Green の公式または Green の定理 ・・・ 154, 160, 169
Hamilton 関数 ・・・・・・・・・・・・・・・・・・・・・・・・・・ 183
波動方程式 ・・・・・・・・・・・・・・・・・・・・・・・・・・ 28, 83
半導体(素子) ・・・・・・・・・・・・・・・・・・・・・・・・・・ 5, 57
汎関数 ・・・・・・・・・・・・・・・・・・・・・・・・・・・・・・・・ 148
発展方程式 ・・・・・・・・・・・・・・・・・・・・・・・・・・・・・ 28
Heaviside の単位関数 ・・・・・・・・・・・・・・・・ 48, 148
Helmholtz の(偏)微分方程式 ・・・・・・・・・・・・・・ 29
Hermite 共役または Hermite 演算子 ・・・ 10, 32, 49, 163, 197

索　引

変分原理または変分問題	154
変数分離解法	6, 34, 42, 66
放物型の(偏)微分方程式	28
放物空間	7, 32, 62, 88
放物線則	6, 9, 23, 62, 95
筏モデル	86, 89, 102, 117
Jacobian	9, 147, 152
自己拡散(機構)	2, 16, 26, 98, 105
自己拡散(係数)	2, 75, 96, 107
磁気量子数	193, 199
Jordan の補助定理	51, 134
準格子間型拡散機構	57, 91

K〜O

化学平衡	56
化学ポテンシャル	180
確率変数または確率密度	7
確率密度関数	8, 14, 34
拡散場	7, 20, 57, 111
拡散長	9, 103
拡散機構	22, 82, 90, 110
拡散係数	5, 13, 28, 36, 122
拡散の基本方程式	21, 25, 89, 100, 116
拡散素過程	7, 17, 33, 37, 192
拡散対	74, 86
拡散領域空間	22, 24, 83, 100, 111
仮想変位または仮想仕事の原理	181
角運動量(演算子)	7, 35, 157, 195, 200
Kirkendall 界面	94, 99, 111
Kirkendall 効果	7, 22, 83, 89, 102
光電効果	3, 190
広義拡散流束	6, 95, 98, 104, 107
固有拡散(係数)	6, 89, 114
固有拡散流束	89, 95, 98, 110
固有関数	157, 163
固有点欠陥	23, 57
固有値	38, 157, 163
空孔型拡散機構または空孔(濃度)	57, 90, 102

局所平衡(状態)	56
局所空間	39, 89, 95, 106
Lagrange 関数	183
Lagrange の未定乗数法	156
Langevin 方程式	17, 33
Laplace 変換	6, 47, 143, 174
Laplace の方程式	29, 66
Legendre 変換	180, 183
Legendre の方程式	152, 156
Legendre の(陪)関数	198
Legendre の多項式	156, 197, 208
Liouville の定理	10
Maclaurin の展開式	127
Markov 過程	5, 8, 28
Matano 界面	94, 99
Maxwell の速度分布式	3, 10
ミクロホール	22, 95, 108, 111
熱平衡(状態)	22, 56, 103, 178
濃度距離曲線	24, 74, 100, 118

P〜T

Parseval の等式	137
Planck 定数または Planck の公式	4, 28, 32
Poisson の方程式	7, 30, 62, 65
Rayleigh Jeans の公式	4
連続の方程式	28, 42, 205
Riemann Lebesgue の定理	151, 176
Rodrigues の公式	209
Rolle の定理	126
サンプリング関数	150, 173
Schlaefli の公式	198, 209
Schrödinger 方程式	7, 17, 28, 32, 205
生成消滅源	19, 55, 57
正準変換または正準方程式	11, 184
正規分布(関数)	8, 14, 107
斉次線形(偏)微分方程式	28, 54
積分微分方程式	64, 68, 146
少数多体系	7, 40

シリコン（結晶） ……………… 23, 55, 91	トンネル効果 …………………… 204
質量作用の法則 ………………………… 56	
相互拡散（問題） ………… 6, 74, 86, 94, 108	
相互拡散係数 ……………… 6, 88, 97, 110	

U〜Z

Stirling の公式 ……………………… 185	運動座標系 ………………… 22, 82, 95, 99
Stockes の定理 ………………… 131, 168	van der Waals の（状態）方程式 ……… 2, 113
Stockes の法則 …………………… 15, 25	van't Hoff の法則 …………………… 14
Sturm-Liouville の（微分）方程式 …… 153, 158	Wien の変位側 …………………………… 4
Taylor 展開 ………………… 8, 13, 126	前期量子論 …………………………… 190
等重率の原理 ………………………… 10	全率固溶体 ……………………… 69, 75, 97

著者略歴

沖野　隆久（OKINO Takahisa）　大分大学名誉教授（工学部応用数学教室）

1946年6月，四万十川源流の寒村に生まれる。
九州工業大学大西研究室にて拡散問題を卒業論文の課題とする。基礎物理学に興味があり，熊本大学大学院理学研究科武宮研究室にて原子核理論を研究課題とし，Schrödinger方程式の解析問題に取り組む。30歳代後半に九州芸術工科大学吉田研究室にて半導体素子材料シリコン中の固有点欠陥の挙動を研究課題として，非線形拡散方程式の解析問題に取り組む。2012年3月の大分大学退職前後から，拡散方程式の解析問題について応用数学的な視点から解析学的な基礎理論について一連の研究発表をしてきた。なお，大学教育に関しては，終始一貫して応用数学の教科目を担当してきた。

著書：Special Defects in Semiconducting Materials, SCITECH PUBLICATIONS Ltd, Switzerland, 2000.（分担執筆），その他。

Brown粒子の運動理論
～材料科学における拡散理論の新知見～

発行日	2017年1月23日　初版第一刷発行
著　者	沖野　隆久
発行者	吉田　隆
発行所	株式会社 エヌ・ティー・エス 東京都千代田区北の丸公園2-1 科学技術館2階　〒102-0091 TEL：03(5224)5430　http://www.nts-book.co.jp/
制作・印刷	株式会社 双文社印刷

Ⓒ 2017　沖野隆久　　　　　　　　ISBN978-4-86043-489-2　C3040

乱丁・落丁はお取り替えいたします。無断複写・転載を禁じます。
定価はケースに表示してあります。
本書の内容に関し追加・訂正情報が生じた場合は，当社ホームページにて掲載いたします。
※ホームページを閲覧する環境のない方は当社営業部（03-5224-5430）へお問い合わせ下さい。